重庆大学出版社

C YUYAN CHENGXU SHEJI JICHU JIAOCHENG

C语言程序设计基础教程

主　编　潘银松　颜　烨
副主编　高　瑜　张　强

图书在版编目(CIP)数据

C 语言程序设计基础教程 / 潘银松，颜烨主编. —
重庆：重庆大学出版社，2019.8(2022.8 重印)
计算机科学与技术专业本科系列教材
ISBN 978-7-5689-1780-3

Ⅰ.①C… Ⅱ.①潘… ②颜… Ⅲ.①C 语言—程序设
计—高等学校—教材 Ⅳ.①TP312.8

中国版本图书馆 CIP 数据核字(2019)第 182851 号

C 语言程序设计基础教程

主　编　潘银松　颜　烨
副主编　高　瑜　张　强
责任编辑:杨粮菊　　版式设计:杨粮菊
责任校对:张红梅　　责任印制:张　策

*

重庆大学出版社出版发行
出版人:饶帮华
社址:重庆市沙坪坝区大学城西路 21 号
邮编:401331
电话:(023)88617190　88617185(中小学)
传真:(023)88617186　88617166
网址:http://www.cqup.com.cn
邮箱:fxk@ cqup.com.cn (营销中心)
全国新华书店经销
重庆升光电力印务有限公司印刷

*

开本:787mm×1092mm　1/16　印张:23.75　字数:595千
2019 年 8 月第 1 版　　2022年 8 月第 3 次印刷
印数:5 001—6 200
ISBN 978-7-5689-1780-3　定价:59.90 元

前言

改革开放以来,高等教育得到了快速发展,我校为了加快应用型大学建设,进一步深化学校教学改革,提高人才培养的能力和水平,更好地满足经济社会发展对高素质人才的需要,拟对我校软件工程特色专业加以规划、整理和总结,更新教学内容、改革课程体系,建设出一大批内容新、体系新、方法新、手段新的特色课程。

C 语言具有灵活、高效、可移植性等优点,是软件开发中最常用的计算机语言之一,兼具高级语言和低级语言的优点,既可用来编写系统软件,又可用来编写应用软件,目前广泛地应用在工业控制、智能仪器、嵌入式系统、硬件驱动、系统底层开发等领域。通过 C 语言的学习,可以很好地理解程序设计思想并借助程序思想理解计算机原理。

本书立足于计算机公共课程领域,以公共基础课为主、专业基础课为辅,横向满足高校多层次教学的需要。本书以技能性、实用性为原则,以培养编程能力为核心,以程序设计思想和编程方法为基础,采用项目案例式进行编写。本书较全面地体现了 C 语言基本知识及编程思想的实际应用,内容涉及程序设计和计算机语言应用的大部分环节,结构清晰,应用实例丰富,实现了理论学习和具体应用的充分结合。课后习题中的选择题较多,为了方便管理和批改,本书借助了蓝墨云班课 APP(教材编写团队申请的教育部系统育人项目,免费使用)。读者可以在手机上下载云班课 APP,用学号、班级、学校等信息注册,然后使用班课号 408248 加入《C 语言程序设计基础教程》的班课。

本书特色

1. 本书采用"互联网 +"思想,借助云班课 APP 平台,上传与理论教材相同的习题库,学生在平台中完成习题作业,后续查看习题解析,同时平台中还有短视频让学生课后预习或复习使用,锻炼学生自主学习的能力。

2. 内容丰富,重点突出,覆盖当前 C 语言程序开发的基本要点,章节安排合理。

3. 符合应用型大学教学的特点,结构由浅入深,教学内容循序渐进,理论教学与实验教学有机统一,讲练一体化,有利于提高学习效率。

4.增加综合程序设计,强化应用能力培养。增加了"项目11 C语言系统开发案例"一章,本章以学生信息管理系统设计为实例,体现软件工程思想,针对 C 语言结构化程序设计的特点,详细介绍了 C 语言应用程序的设计方法与过程。

5.优化例题,一题多解,部分例题衔接多个知识章节,加强例题的基础性与提高性的结合,适合不同层次、不同兴趣的学生学习。

本书编者

本书由在一线计算机教学的教师潘银松、颜烨、高瑜和张强编写,其中第 1、5 章及附录由潘银松负责编写,第 2—3 章由高瑜负责编写,第 4、6、9、10 章由张强负责编写,第 7、8、11 章由颜烨负责编写,全书由潘银松负责最终的统稿。本书在编写过程中,得到重庆大学计算机学院的大力支持,重庆大学曾一教授和符欲梅副教授为本书提出了许多宝贵意见,在此表示衷心的感谢。

本书声明

在编写过程中编者难免会有许多考虑不周之处,书中错误和不妥之处,恳请读者不吝赐教。

编　者

2019 年 6 月

目录

1

进入 C 语言编程世界

项目目标

- 了解 C 语言程序发展和特点,以及为什么学习 C 语言。
- 熟悉 C 语言开发环境。
- 熟悉 C 语言的编译和运行流程。
- 掌握编写第一个 C 语言程序的方法。
- 理解 C 语言程序结构以及代码编写规范。

1.1 C 语言概述

任务描述

介绍什么是程序设计语言,C 语言的发展和特点,以及为什么要学习 C 语言。

知识学习

(1)语言的特点

C 语言并不是自古就有的自然语言,而是由工程师设计出来的人造程序语言。对于 C 语言的诞生有这样一个励志故事:在知名的贝尔实验室,有两个了不起的工程师 Ken Thompson 和 Dennis M. Ritchie,如图 1.1 所示。他们为了在实验室角落里的一台 PDP-7 小型机上写一个让自己不用花钱就可以玩的《星际迷航》(*Star Travel*)的游戏,就用汇编语言编写了一个 Unix 系统;但是无法移植到其他设备,于是决定用高级语言改写 Unix 操作系统,后来在 Ken 早年设计的 B 语言的基础上设计出了 C 语言。Unix 和 C 语言堪称计算机世界的两大神器,两人也因为它们的成功在 1983 年获得了计算机界的最高奖——图灵奖。

C 语言是一门非常流行的计算机语言,它问世已近半个世纪,但是这门语言依旧散发着青春的活力,表 1.1 是 TIBOE 6 月编程语言的 TOP10 排行榜,从表中可以看出近一年 C 语言稳

1

(a)Ken Thompson　　　　(b)Dennis M. Ritchie

图 1.1　C 语言创始人

居第二的位置,通过图 1.2 所示,可以看出虽然相较于 2001 年,比例有所下降,但是仍不可否认 C 语言还是世界上最流行的计算机语言之一。

表 1.1　TIBOE 6 月编程语言的 TOP10

2019.6	2018.6	升　降	程序语言	比例/%	变化/%
1	1		Java	15.004	−0.36
2	2		C	13.300	−1.64
3	4	↑	Python	8.530	+2.77
4	3	↓	C++	7.384	−0.95
5	6	↑	Visual Basic .NET	4.624	+0.86
6	5	↓	C#	4.483	+0.17
7	8	↑	JavaScript	2.716	+0.22
8	7	↓	PHP	2.567	−0.31
9	9		SQL	2.224	−0.12
10	16	↓	Assembly language	1.479	+0.56

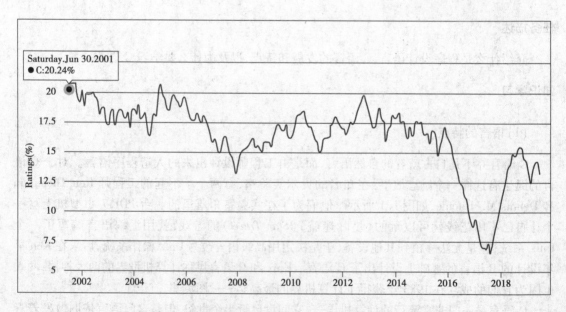

图 1.2　18 年来 C 语言在 TIBOE 排行榜中所占比例曲线图

要想学好 C 语言,首先需要了解 C 语言的特点,C 语言是一门强大的专业化编程语言,主要具有以下优点:

1)语言简洁紧凑,使用灵活方便

C 语言有 32 个关键字,9 种控制语句,主要用小写字母表示。与 Pascal 或者 Fortran 相比,C 语言更简练,源程序更简短。

2)数据结构丰富

C 语言的数据类型包含了整型、单精度浮点型、双精度浮点型、字符型、数组类型、指针类型、结构体类型和共同体类型等,可以实现比较复杂的数据结构(队列、链表、树和栈等)的运算。

3)结构化语言

C 语言具有丰富的结构化控制语句(顺序、选择或条件、循环语句等),还可以使用函数作为程序的模块单位,便于实现程序的模块化封装。

4)执行速度快

C 语言往往比较紧凑,而且运行速度快,可以与汇编语言相媲美,许多硬件驱动程序也越来越多地由汇编语言变成 C 语言,比 Python 语言的执行效率要高很多。

5)移植性强

从 C 语言的产生可看出,它就是为了可移植性而诞生的,作为一个可移植性语言,经过很小的改动甚至不改动,就可以在其他系统上运行。

(2)为什么要学习 C 语言

C 语言相比于其他的高级语言,如 C++、Java、C#等,可以让学习者更好地了解计算机是如何工作的,比如数据在内存中如何存储的,如何直接访问内存中的数据等。C 语言是其他任何高级语言的基础,学好 C 语言可以更容易地掌握其他语言。除此之外,C 语言还有其他的一些作用:

①操作系统上编程:比如实现内存管理、写服务器之类的事情,如果不了解其他可以使用系统调用的语言,做这些事情还是需要重度依赖 C 语言的。

②设计操作系统:大部分操作系统的内核都是由 C 语言实现的,要是想改一个操作系统内核或者写一个操作系统,不学好 C 语言是不行的。

③网络协议的实现:现在使用的网络其实有很多层,局域网和互联网内的传输就依赖于不同的协议,设计、实现一个传输协议往往也抛不开 C 语言。

④物联网:物联网核心的嵌入式系统编程在很大程度上也依赖 C 语言。

⑤写编译器:虽然所有的编译器并不是都需要用 C 语言来写,但是我们所用的很多效率高的编译器,都是用 C 语言写出来的。

任务总结

C 语言从 1972 年诞生到现在已经使用了 40 多年且没有被淘汰,从而证明 C 语言是一门非常重要的编程语言。C 语言是一门面向过程、抽象化的通用程序设计语言,广泛应用于底层开发,能以简易的方式编译、处理低级存储器,同时也是仅产生少量的机器语言以及不需要任何运行环境支持便能运行的高效率程序设计语言。尽管 C 语言提供了许多低级处理的功能,但仍然保持着跨平台的特性,以一个标准规格写出的 C 语言程序可在包括一些类似嵌入式处理器以及超级计算机等作业平台的许多计算机平台上进行编译。

1.2 C 语言编程环境

任务描述

介绍 Code∷Blocks 和 VS2015 两个软件如何安装,如何使用。

知识学习

利用 C 语言编写出来的程序,就像汽车一样需要在合适的环境下才能运行,所以在正式学习 C 语言之前,需要对计算机进行环境配置。目前市面上常见的计算机操作系统有 Windows、Mac OS、Unix 和 Linux。结合前面章节的介绍,C 语言是在 Unix 系统中设计出来,可以很好地被该操作系统支持,对于其衍生系统 Linux 和 Mac OS 来说也比较容易支持,只需要在终端中执行简单的命令就可安装。但是学习者的计算机绝大多数安装的是 Windows 系统,这就需要安装集成开发环境 IDE(Integrated Development Environment)。C 语言集成开发环境比较多,比如 Turbo C 2.0、Visual C++ 6.0、VC 6.0、Code∷Blocks、Dev-C++ 和 Visual Studio,VS2018 等,其相关情况对比见表 1.2。但是没有必要对每一种都熟练掌握,只需要精通一种开发环境即可,本书将介绍 Code∷Blocks 和Visual Studio 2015。

表 1.2 各 C 语言 IDE 环境对比

IDE 名称	概　述	优　点	缺　点	备　注
Turbo C	古老的	含有一套图形库	键盘操作,不能使用鼠标	仍在使用,目前版本 2.0
Visual C++ 6.0	微软开发的一款经典的 IDE	很多高校把它当作教学工具一直在沿用	无更新,在 Windows7、Windows8、Windows10 下会有各种各样的兼容性问题	早期计算机等级考试指定使用软件
Code∷Blocks	开源、跨平台、免费	小巧灵活,易于安装和卸载	适合学习,工作中较少使用	轻量级 IDE 环境,适合非计算机专业的初学者
Dev C++	一款免费开源的 C/C++ IDE,内嵌 GCC 编译器	体积小、安装卸载方便、学习成本低	调试功能弱	NOI、NOIP 等比赛的指定工具
Visual Studio	Windows 下的标准 IDE,实际开发中常用	VS 一般每隔一到两年升级更新	安装包较大,一般在 2~3 G,下载慢,安装一般需要 0.5 h	包含了很多其他功能,建议初学者选用 2015 版本

(1)安装和下载 Code∷Blocks

①在百度等搜索引擎中搜索"Codeblocks"或直接输入网址"http:∥www.codeblocks.org/"

进入 CodeBlocks 官网，如图 1.3 所示。

图 1.3　进入软件官网页面

②进入下载页面，一般使用的话选择安装二进制版，如图 1.4 所示。

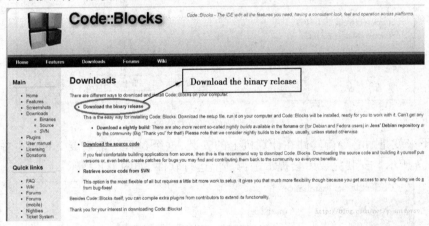

图 1.4　下载界面

③选择合适的版本，本书下载的是适用于 Windows 的带编译器等工具的版本，也是最常用的版本，如图 1.5 所示。

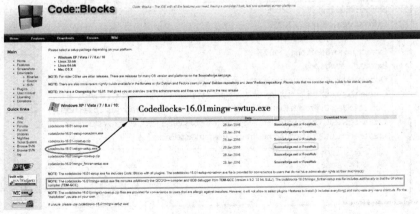

图 1.5　软件版本选择

④下载完成后启动安装程序,安装过程比较简单,根据提示点击"next"或者"I Agree"按钮就可以了。需要注意的是看读者需不需要切换软件的安装目录,如果需要,可以按照如图1.6所示进行操作。

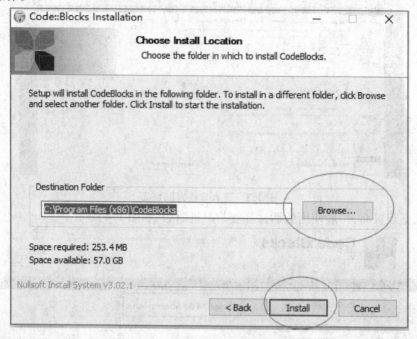

图1.6 修改软件的安装路径

⑤接下来就是耐心等待软件在计算机上的安装,这个过程一般需要 2 min 左右就可以完成,如图1.7所示。安装完成后会提示是否马上运行软件,如图1.8所示。

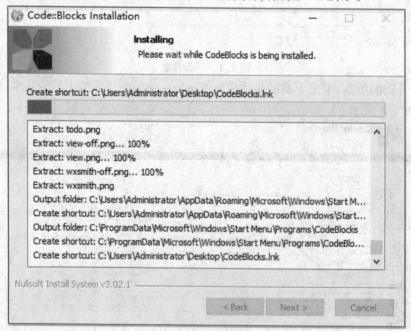

图1.7 安装过程界面

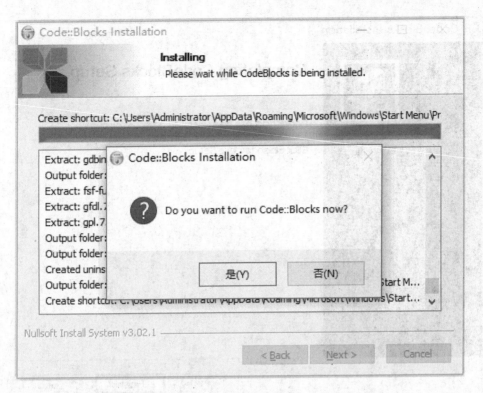

图 1.8　提示运行软件

⑥最后提示软件安装成功,如图 1.9 和图 1.10 所示。

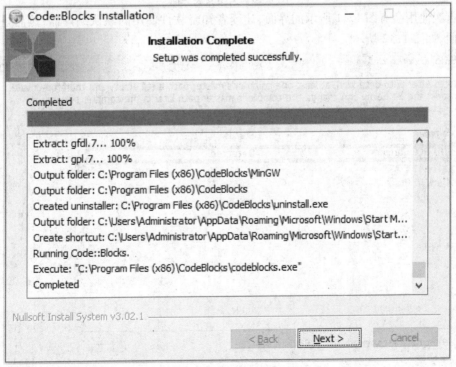

图 1.9　安装完成界面

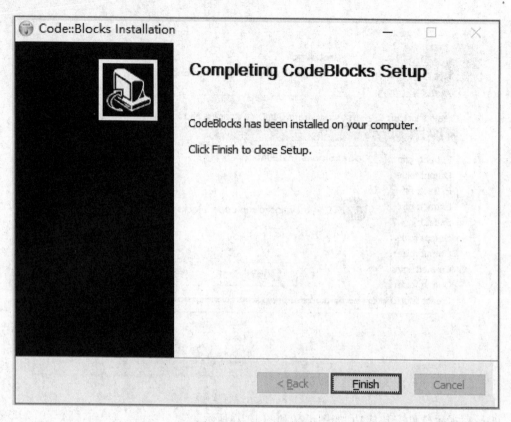

图 1.10　关闭安装界面

⑦首次使用会有图 1.11 所示的界面,让读者知晓软件使用的默认编译器;然后进入软件的首界面,如图 1.12 所示。

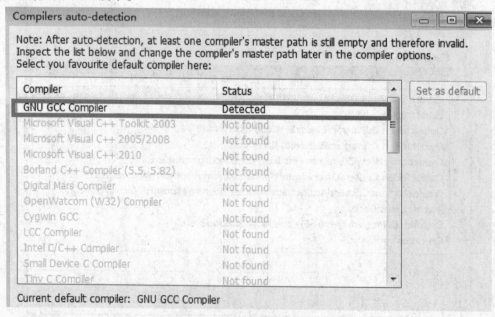

图 1.11　默认的编译器

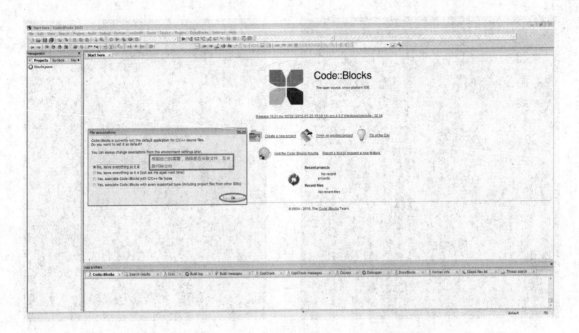

图 1.12　软件首界面

(2) VS2015 的安装

为了更好地支持 Windows10 程序的开发,微软发布了 VS2015。VS2015 支持开发人员编写跨平台的应用程序,从 Windows 到 Mac、Linux 甚至是编写 iOS 和 Android 代码。VS2015 共有 3 个版本,社区版(Community):免费提供给单个开发人员、开放源代码项目、科研、教育以及小型专业团队,大部分程序员(包括初学者)可以无任何经济负担、合法地使用 VS2015 了;专业版(Professional):售价 1 199 美元;企业版(Enterprise):售价 5 599 美元。对于大部分程序开发,这 3 个版本的区别不大,免费的社区版一样可以满足需求,所以推荐大家使用社区版,既省去了破解的麻烦,也尊重微软的版权。VS2015 下载完成后会得到一个镜像文件(. iso 文件),双击该文件即可安装。

①双击镜像文件后会弹出如下的对话框选择"运行 vs_community. exe"即可进入安装程序。开始安装后,会出现等待界面(可能需要几分钟)。之后就是进入初始化安装程序的界面,如图 1. 13 所示。

②如果你的计算机配置不恰当,VS 安装程序会发出警告,如图 1. 14 所示。出现该警告是由于我的电脑没有安装 IE10,忽略该警告,点击"继续"按钮。

③选择安装位置以及安装方式,如图 1. 15 所示。本书作者将 VS2015 安装在 D:\Program Files\ 目录下,也可以安装在别的目录。VS2015 除了支持 C/C ++ 开发以外,还支持 C#、F#、VB 等其他语言,没必要安装所有的组件,只需要安装与 C/C ++ 相关的组件即可,所以这里选择"自定义"。选择要安装的组件,不需要 VS2015 的全部组件,只需要与 C/C ++ 相关的组件,所以这里只选择了"Visual C ++ ",将其他用不到的组件全部取消勾选了,如图 1. 16 所示。

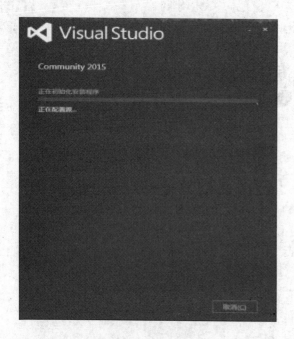

图 1.13　初始化界面　　　　　　　　　　图 1.14　警告界面

图 1.15　安装路径选择

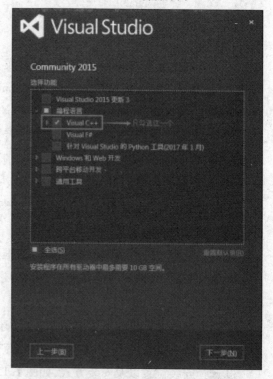

图 1.16　选择 visual c ++

　　④点击"下一步"按钮,弹出如下的确认对话框:点击"安装"按钮开始安装,如图 1.17 所示。接下来进入等待过程,可能需要 0.5 h 左右,如图 1.18 所示。安装完成后,VS2015 可能会要求重启计算机,同意即可。

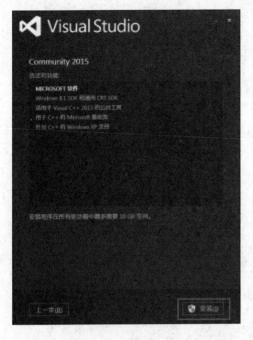

图 1.17　开始安装

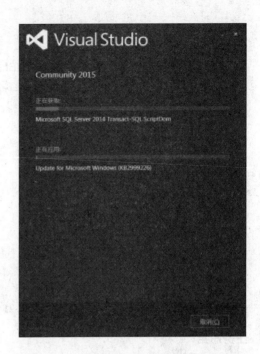

图 1.18　安装界面

⑤重启完成后，打开"开始菜单"，发现多了一个称为"Visual Studio 2015"的图标，就证明安装成功了。首次使用 VS2015 还需要进行简单配置，主要包括开发环境和主题风格等。启动 VS2015，会提示登录，如果你不希望登录，可以点击"以后再说"，如图 1.19 所示。接下来选择环境配置，如图 1.20 所示。

图 1.19　登录界面

图 1.20　环境配置界面

使用 VS2015 进行 C/C++ 程序开发，所以选择"Visual C++"这个选项，至于颜色主题，读者可以根据喜好选择。等待几分钟后，VS2015 就启动成功了，如图 1.21 所示。

图 1.21　软件准备阶段

任务总结

C 语言的开发工具有很多,不需要所有开发工具都知道如何使用。但是我们要了解 C 语言的编译器分别有:GCC,GNU 组织开发的开源免费的编译器;MinGW,Windows 操作系统下的 GCC;Clang,开源的 BSD 协议的基于 LLVM 的编译器;Visual C＋＋∷cl.exe,Microsoft VC＋＋ 自带的编译器。C 语言的集成开发环境分别有:Code∷Blocks,开源免费的 C/C＋＋ IDE;CodeLite,开源、跨平台的 C/C＋＋集成开发环境;Dev-C＋＋,可移植的 C/C＋＋IDE;C-Free;Light Table;Visual Studio 系列。

1.3　C 程序的运行流程

任务描述

介绍一个简单 C 语言程序从创建到编译最后到执行的完整流程。

知识学习

计算机语言可以分为 3 类:机器语言、汇编语言和高级语言,而计算机能直接识别的只有机器语言,对于另外两类语言需要其他工具转换成机器语言才可以。

我们把编写的代码称为源文件,或者源代码,输入修改源文件的过程称为编辑,在该过程中还需要对源代码进行布局排版,使之美观,并辅助一些说明文字,帮助我们理解代码的含义,这些文字称为注释,它们起到了说明的作用,不是代码,不会被执行;经过编辑的源代码,保存之后生成.c 文件,这些文件不能直接执行,需要先经过编译器编译生成.obj 目标文件;然后再经过连接器最终生成.exe 的可执行文件,整个流程如图 1.22 所示。这里所提到的编译器和连接器不需要读者单独安装,默认情况下都已经在 C 语言的 IDE 环境中了。

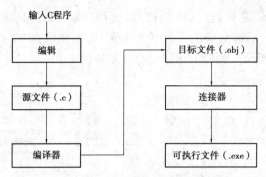

图 1.22　C 程序的执行流程

任务总结

同一个 C 语言程序在不同的集成开发环境中的操作过程会有个别操作差异。请在使用不同集成开发环境开发程序时注意差异性。

1.4　编写和分析第一个 C 程序

任务描述

介绍一个简单 C 语言程序的基本结构以及如何设计、创建源文件、编译、运行的完整过程。使用 Code∷Blocks 和 VS2015 两个软件分别实现。

知识学习

前面提到 C 语言的 IDE 有很多,本任务分别从 Code∷Bloakcs 和 VS2015 两个环境进行讲解编写第一个 C 程序,读者可以根据自身的情况选择其中一个进行 C 语言的后续学习,本书其他项目的案例都是基于 Code∷Blocks 开发的。

(1) 利用 Code∷Blocks 编写第一个 C 程序

①双击图标打开文件,进入软件首界面,第一次使用选择创建新工程,后面可以选择打开已有的工程,如图 1.23 所示。

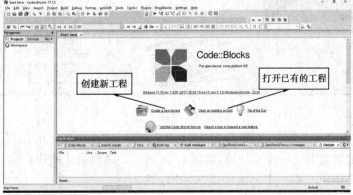

图 1.23　软件首界面

13

②点击"创建新工程"之后,进入模板选择,选择"Console application"控制台程序,如图 1.24所示,然后选择"C",后续对应的文件扩展名是. c,不要选择"C ++",因为这时对应的扩展名是. cpp,如图 1.25 所示。两者的语法是存在差异的。

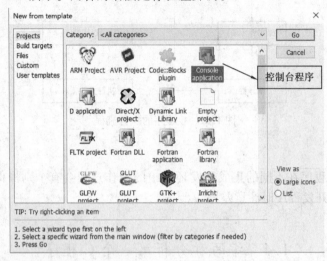

图 1.24 创建模板界面

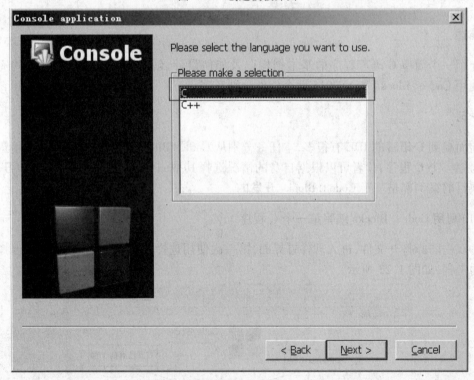

图 1.25 选择 C 语言

③需要给工程定一个名字,这里起名为"hello",然后选择所创建的工程要存放的计算机磁盘的位置,其他自动生成不需要处理,如图 1.26 所示。之后会让使用者选择编译器,这里默认软件提供的 GNU GCC Compiler 编译器,如图 1.27 所示。

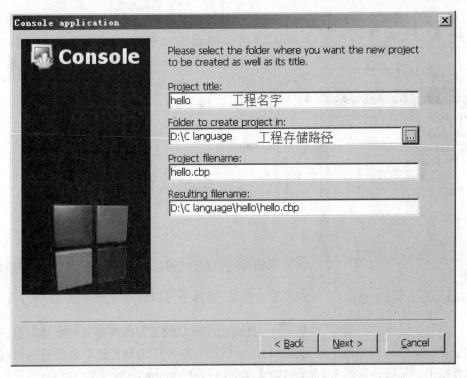

图 1.26 工程名和路径选择

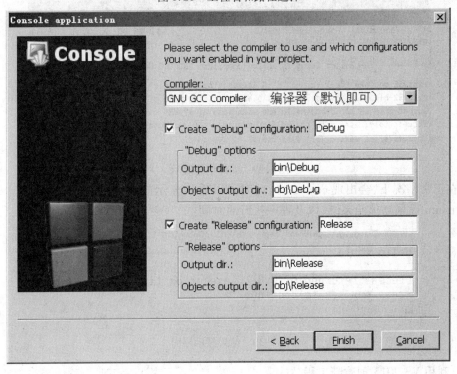

图 1.27 默认编译器

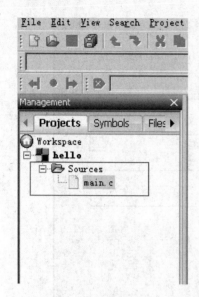

图 1.28 打开文件界面

④进入编辑窗口后,主窗口开始是灰色,依次点开左侧"hello"(前面创建的工程名)——"Sources",然后双击"main.c",如图 1.28 所示。在窗户的右侧就可以看到第一个 C 语言程序——hello word 程序。

```c
#include < stdio.h >
#include < stdlib.h >
int main()
{
    printf("Hello world! \n");
    return 0;
}
```

⑤编译运行程序,可以按下工具栏的 ____,这是编译与执行联合功能,当然也可以分开先点击按钮 ⚙,再点击按钮 ▶。此时会在窗口的下方出现相关的编译信息,这里至少要保证 0 erros(s),否则程序是无法执行的。但是有些程序出现警告不会影响执行过程,会影响执行结果。最好达到图 1.29 所示的 0 erros(s),0 warning(s)。

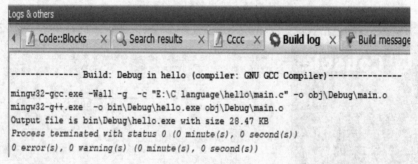

图 1.29 编译信息展示

⑥在正常情况下,会出现 cmd 窗口,此时可以看到显示的内容,如图 1.30 所示。下面还有一行 return 返回 0 值给系统,以及程序执行的时间。

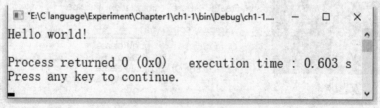

图 1.30 结果显示界面

(2)利用 VS 2015 创建新工程

①选择菜单上的"文件"→"新建"→"项目"选项,或者使用快捷键"Ctrl + Shift + N",如图 1.31所示。

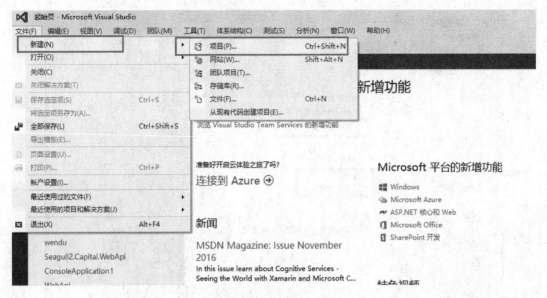

图 1.31　VS 创建项目

②之后会打开如图 1.32 所示的界面,选择左边的"已安装"→"模板"→"Visual C ++"→"Win32"→Win32 控制台应用程序(图 1.32),在名称处输入"HelloWorld",位置处设置项目要存放的路径,最后点击确定。

图 1.32　选择和填写项目信息

③在进入向导界面后,同时选中控制台应用程序和空项目,否则软件会创建出一些对于初学者来说陌生的东西,如图 1.33 所示。

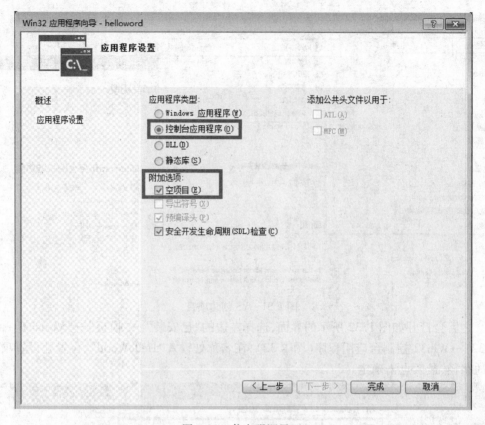

图 1.33　信息强调界面

④在主界面的右侧窗口中,展开解决方案"helloworld",然后右键点击"helloworld"项目,在弹出的级联菜单中依次选择添加和新建项功能,如图 1.34 所示。

图 1.34　新建文件

⑤在弹出的界面左侧依次展开"已安装"和"Visual C ++"模块,然后选择代码。接下来在窗口的右侧选择"C ++ 文件(.cpp)",最后在窗口的名称里面输出文件的名字,默认的依然是创建一个.cpp 文件,最后修改为.c 文件,所以此处填写的是 helloworld.c,如图 1.35 所示。

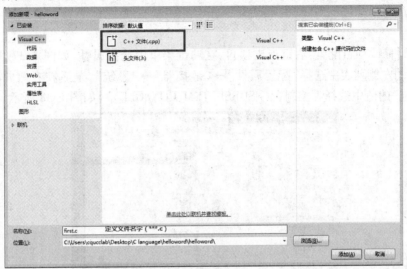

图 1.35　创建新文件

⑥接下来在右窗口双击 helloworld 项目下的源文件 helloworld.c。在主窗口读者自己添加以下代码:

```
#include < stdio. h >
int main( )
{
    printf("hello world! \n");
    return 0;
}
```

⑦运行结果,选择"调试"→"开始执行(不调试)"或者快捷键"Ctrl + F5",结果如图 1.36 所示。应该注意到,两个环境显示的信息是有所不同的。

```
"E:\C language\Experiment\Chapter1\ch1-1\bin\Debug\ch1-1...    —    □    ×
Hello world!

Process returned 0 (0x0)    execution time : 0.603 s
Press any key to continue.
```

图 1.36　程序结果展示

注意:利用 VS 有时会出现结果窗口闪退的情况,即看不到执行结果,图 1.36 所示的界面,这里给大家提供几种解决方法。

【方法 1】在程序末尾加上语句:system("pause"),但是需要头文件#include < stdlib. h >,运行结果后就会显示结果,并提示请按任意键继续。

```
#include < stdio. h >
#include < stdlib. h >
int main( )
```

```
    {
        printf("hello world! \n");
        system("pause");
        return 0;
    }
```

【方法 2】修改项目配置,右键点击项目,在右键菜单中选择属性,如图 1.37 所示,然后在弹出对话框的左侧列表中选择"配置属性"→"链接器"→"系统",最后在右侧的列表中的第一项"子系统"的值中选择"控制台(/SUBSUSTEM:CONSOLE)",如图 1.38 所示。

图 1.37　打开属性

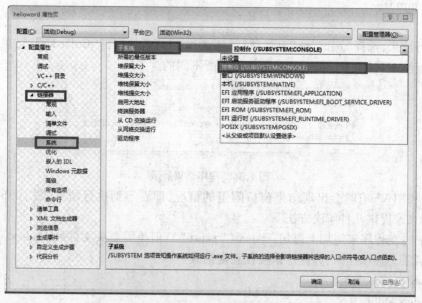

图 1.38　设置控制台

任务总结

在用 VS 创建项目时如果选择了"Win32 控制台应用程序",就必须选择"空项目";也可以在创建项目时直接选择 Visual C + +下的"空项目"。提醒大家,在用不同的集成开发环境编写 C 语言程序之前,创建项目或者创建源文件的过程有不同之处。

1.5　剖析第一个 C 程序结构

任务描述

介绍一个简单的 C 语言程序的基本组成和一些简单的语句。特别注意函数的概念和函数的使用。

知识学习

一篇文章是由段落组成的,每一段又可以由很多语句组成。C 程序也像文章一样,是由函数构成的,每个函数由不定的语句组成。C 程序结构具有模块化的特殊性,即一个 C 源程序是由一个主函数 main( )和零个以上的其他函数组成,其他函数可以是系统的库函数(如 printf( )函数),也可以是用户自定义的函数,例如上一个任务中编写的第一个 C 程序,如图 1.39 所示。

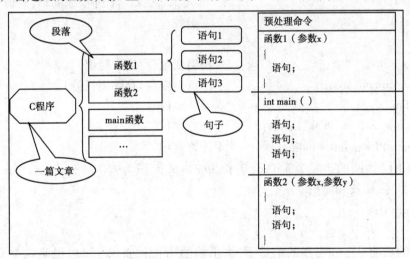

图 1.39　C 程序的结构

```
#include  < stdio. h >
#include  < stdlib. h >
int main( )                        // 主函数,程序的入口
{
    printf( " hello word ! \n" ) ;     // 输出字符串"hello word !",并另起一行
    return 0 ;
}
```

21

其中,利用include关键字引入头文件stdio. h,该头文件中包含了一些对标准的输入输出函数的定义,比如案例中的printf( )函数。该头文件是一定要包含的,在解决VS有些时候闪退的问题时,还看到另外一个头文件stdlib. h,该头文件也是标准的头文件,里面包含了system( )、rand( )、srand( )等一些函数的定义。main( )函数是主函数,函数体由花括号 ‖ 括起来,只有一个输出语句,利用printf( )函数来实现。∥表示注释部分,对编译和运行不起作用。"return 0"语句是告诉系统该程序正常结束。

用张图来表述下一个完整的C语言程序结构,如图1.40所示。

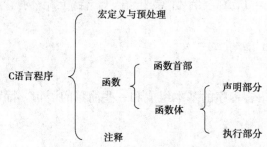

图1.40　完整C语言程序的模块

```
#include < stdio. h >              //标准输入输出头文件
#include < stdlib. h >             //一些特殊函数的头文件,前面有描述
#include < math. h >               //数学函数库的头文件
#define PI 3.14                    // 宏定义,定义一个符号常量PI,其值为3.14
int main( )                        //主函数
{
    int radius;                    //整型变量,存储半径值
    float circum,area;             //浮点型变量,存储周长值
    radius = 2;                    //半径赋值
    circum = 2 * PI * radius;      //计算周长
    area = PI * radius * radius;   //计算面积
    printf("该圆的半径为% d \n,周长为% f \n,面积为% f \n", radius, circum, area);
//输出圆的半径、周长和面积。
    return 0;
}
```

该例题的功能是已知半径的前提下,求出圆的周长和面积。可以说明一个C程序的组成。下面逐一讲解C程序的模块。

1)main( )函数

前面已经提到,每个C程序必须有且只有一个主函数,也就是main( )函数,它是一个程序的入口。main( )函数可以放在程序的任何位置,编译器总会先找到它,并开始运行。它充当指挥官的作用,按照次序控制调用其他函数,如图1.41所示。main( )函数后面的"( )"是不可省略的,表示函数的参数列表;"‖"和"‖"是函数开始和结束的标志,也不可省略。

主函数的结构详细说明如图1.41所示:

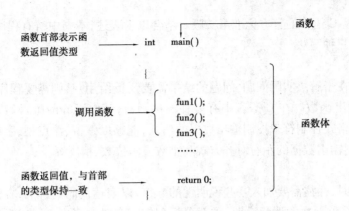

图 1.41　主函数各部分说明

特此说明,return 后面的数值需要跟 main( ) 函数前面的数据类型保持一致。前面也曾提到,这个 0 是返回给计算机的,告知程序正常结束。

对于 main( ) 函数的写法在程序中有很多,很多初学者很容易混乱,下面就把一些常见的写法在此进行说明见表 1.3。

表 1.3　main 函数的写法

序　号	函数头	特　点	写　法

1	int main(int argc, char * argv[ ])	有参数的格式,符合 C89、C99 标准	int main(int argc, char * argv[ ])
			{
			　return 0;
			}

2	int main(void)	无参数的格式,符合 C89、C99 标准的写法	int main(void)
			{
			　return 0;
			}

3	int main( )	无参数的格式,C89 标准中允许,常用的编译器也支持这种写法,但不符合最新的 C99 标准	int main( )
			{
			　return 0;
			}

4	main( )	无参数的格式,C89 标准中允许,但不符合 C99 标准	main( )
			{
			　return 0;
			}

5	void main( )	无参数无返回值格式,其定义不存在于 C ++ 或者 C,只是被某些编译器可以执行,移植性差	void main( )
			{
			}

表中的 C89 是指 1989 年,美国国家标准学会(ANSI) 发布了第一个完整的 C 语言标准——ANSI X3.159—1989,简称"C89"。C99 标准是 ISO/IEC 9899:1999-Programming languages—C 的简称,是 C 语言的官方标准第二版。结合以上表述,本书中所有程序的 main( ) 函数写法都统一为第三种写法。

2)输出函数

编程的目的在于解决实际问题,问题的结果需要反馈给用户,则需要程序输出一些信息,自然就会用到输出函数。在 C 语言中有多种输出函数,其中以 printf( ) 函数的使用率最高。该函数使用输出格式控制符来控制输出数据的格式,能够以整型、浮点型、字符型等形式输出数据,也可以控制输出数据的左右对齐方式和小数显示位数、精度等。

3)注释

在编写程序时,往往需要加入一些说明性的文字,以表达代码的含义,方便读者对程序的阅读与理解,也避免下次阅读程序时,重新分析理解。有时注释也可以成为代码的简单说明书。对于注释有如下要求:

①使用"/ * "和" * /"表示注释的起止,注释的内容在这两个符号之间,注释表示对某语句的说明,不属于代码的范畴,适用于单行注释和多行注释。

②"/"和" * "之间没有空格。

③" // "也可以作为注释,只能用于单行注释。

④不能进行嵌套,因为会产生错误,比如/ * (A)这是主函数/ * (B)程序的入口 * /(C)只能有一个 * /(D)。此时 A 符号回合 C 符号组合配对,这样就导致后面的内容被当成代码,不符合语法规范,所以会报错。

对于注释,有人曾这样举例说明:注释就像打扫你的房间,总不情愿去做,但是一旦做了会发现非常舒服和方便。

任务总结

请严格按照 C 语言的格式和要求来编写程序,特别注意分号、括弧、双引号等符号的输入。在 C 语言的程序中,除了中文以外,其余所有请使用英文输入法输入语句和符号等。

习题 1

选择题

1. 一个 C 程序的执行是从( )。

　A. 本程序的 main 函数开始,到 main 函数结束

　B. 本程序文件的第一个函数开始,到本程序文件的最后一个函数结束

　C. 本程序的 main 函数开始,到本程序文件的最后一个函数结束

　D. 本程序文件的第一个函数开始,到本程序 main 函数结束

2. 在 C 语言中,每个语句必须以( )结束。

　A. 回车符　　　　B. 冒号　　　　C. 逗号　　　　D. 分号

3. C 语言规定:在一个源程序中,main 函数的位置( )。

　A. 必须在最开始　　　　　　　B. 必须在系统调用的库函数后面

C. 可以任意　　　　　　　　　　　D. 必须在最后

4. 一个 C 语言程序是由(　　)。

  A. 一个主程序和若干子程序组成　　　B. 函数组成

  C. 若干过程组成　　　　　　　　　　D. 若干子程序组成

5. 下列说法中错误的是(　　)。

  A. 主函数可以分为两个部分:主函数说明部分和主函数体

  B. 主函数可以调用任何非主函数的其他函数

  C. 任何非主函数可以调用其他任何非主函数

  D. 程序可以从任何非主函数开始执行

6. 用 C 语言编写的源文件经过编译,若没有产生编译错误,则系统将(　　)。

  A. 生成可执行目标文件　　　　　　　B. 生成目标文件

  C. 输出运行结果　　　　　　　　　　D. 自动保存源文件

7. main( )函数为主函数,一个 C 程序总是从 main( )函数开始执行的。在关于 C 语言的网站和图书中可以看到 main 函数的多种格式,看过资料后,下列哪个不推荐使用(　　)?

  A. int main(void)　　　　　　　　　B. int main( )

  C. void main( )　　　　　　　　　　　D. int main(int argc, char * argv[ ])

8. 下面有关 C 语言特点的说法中,错误的是(　　)。

  A. C 语言编写的代码较为紧凑,执行速度也较快

  B. C 语言不仅适合编写各种应用软件,还适于编写各种系统软件

  C. C 语言是一种模块化和结构化的语言

  D. C 语言编写的程序通常不具备移植性

9. 下面有关 C 程序操作过程的说法中,错误的是(　　)。

  A. C 源程序经过编译,得到的目标文件即为可执行文件

  B. C 源程序的链接实质上是将目标代码文件和库函数等代码进行连接的过程

  C. C 源程序不能通过编译,通常是由于语法错误引起的

  D. 不能得到预期计算结果的主要原因是程序算法考虑不周

10. 以下叙述中正确的是(　　)。

  A. 在 C 程序中,main 函数必须位于程序的最前面

  B. C 程序的每一行中只能写一条语句

  C. 在对一个 C 程序进行编译的过程中,可发现注释中的拼写错误

  D. C 语言本身没有输入输出语句

11. 以下叙述中正确的是(　　)。

  A. C 程序的基本组成单位是语句　　　B. C 程序中的每一行中只能写一条语句

  C. C 语句必须以分号结束　　　　　　D. C 语句必须在一行内写完

12. 以下叙述中错误的是(　　)。

  A. 函数是 C 程序的基本组成单位

  B. 函数体一般由一组 C 语句序列组成

  C. printf 是 C 语言提供的输出语句

  D. 函数通常分为库函数和用户自定义函数两种

项目 2

C 语言编程基础

项目目标

- 认识 C 语言中的标识符和关键字；
- 能准确分别不合法的标识符；
- 掌握数据类型的分类；
- 掌握整型、浮点型、字符型三种类型的使用方法；
- 掌握不同进制之间的转换规则；
- 掌握常量与变量的使用方法及区别；
- 理解变量的存储类型；
- 掌握自动类型转换和强制类型转换的特点，并熟练运用；
- 理解 C 语言的基本语句和使用方法；
- 熟悉表达式的概念和分类；
- 理解运算符的概念、分类及优先级；
- 掌握各种运算符和表达式的使用环境；
- 掌握不同运算符的优先级和结合性。

2.1 标识符和关键字

任务描述

在程序设计语言中，标识符是用作程序的某一元素的名字的字符串或用来标识源程序中某个对象的名字的。有些是不可更改，有些是系统定义，有些是可以自定义，本任务来介绍它们。

知识学习

在 C 语言中，数据都是属于一定类型的。不同类型的数据在计算机中所占的空间大小和

26

存储方式是不同的。在程序中,数据的表现形式有常量和变量,熟练掌握常用的运算符和表达式的形式和用法。

(1)标识符

标识符是指用来标识程序中用到的变量名、数组名、函数名、文件名以及符号常量名等一系列的有效字符序列。

标识符的命名有以下规则:

①只能由字母(a~z,A~Z)、数字(0~9)和下划线(_)组成的字符串,且不能以数字开头。

②不能是 C 语言中的关键字,C 语言中常见的有 32 个关键字,如 int,float,char 等。

③严格区别大小写字母,如 Score 和 score 是两个不同的标识符。

④标识符的命名最好采用英文单词组合,不宜太复杂,用词准确,尽可能做到"见名知意",以便阅读和理解。常见的组合方式如匈牙利命名法、骆驼命名法,感兴趣的读者可以对这两种方式进行自主学习。

为了方便记忆,各位读者可以用下面几句话对上述内容进行概括:**标识符命名有规则,字母数字下划线,非数打头非关键,严格区别大小写,尽量做到见名就知意。**

合法的标识符:sum,average,_total,Class,year,month,day,Student_name,iname。

不合法的标识符:12sum,Gao-di,Student's,MYM/128,#520,3D2y。

(2)关键字

前面提到 C 语言(89 版)中常见的关键字有 32 个,关键字是什么呢? 关键字其实是由 C 语言规定且具有特定意义的字符串,也可称为保留字。C 语言中常见的关键字有 3 大类:类型说明符(用于定义,说明变量、函数或其他数据结构的类型,如 int,double 等),语句定义符(用于表示一个语句的功能,如条件结构中的 if else)和预处理命令字(用于表示一个预处理命令,前面一个项目中的 include)。关键字见表 2.1,后续也将陆续学习到这些关键字。

表 2.1 C 语言(89 版本)中的关键字

int	float	double	char
signed	unsigned	short	long
struct	enum	union	register
auto	static	extern	const
if	else	switch	case
default	while	for	do
break	continue	goto	return
void	typedef	sizeof	volatile

任务总结

ANSI C 标准 C 语言共有 32 个关键字,9 种控制语句,程序书写形式自由,区分大小写。

一旦书写错误程序将无法执行。另外自定义标识符一定要按照规则来命名,建议自定义标识符在命名的时候遵循一个原则:"见名知意",可以使用拼音或者英语单词的方式来命名。

2.2 数据类型、常量与变量

任务描述

由于不同类型的数据的存储方式是不同的,所以 C 语言中的数据是分不同类型的。本任务介绍整型、浮点型和字符型 3 大数据类型,以及它们在计算机中如何存储、表示和计算。3 大数据类型在使用的时候要区分常量和变量,本任务同时还介绍 3 大数据类型在程序中各自所需要的常量和变量的使用。

知识学习

(1)数据类型

数据是计算机程序处理的所有信息的总称,例如整数、实数、字母、单词、一段文章、一个企业的员工信息等。在 C 语言中,将各数据分为不同的类型处理,不同类型的数据在计算机中分配的内存空间大小不同,能够参与的运算也是有所区别的。

C 语言中共有 9 种数据类型,分别是整型、实型(浮点型)、字符型、枚举型、数组类型、指针类型、结构体类型、共用体类型和空类型。其中整型、实数型和字符型是 C 语言中最基本的数据类型,也是后续学习中将经常使用到的。9 种数据类型的分类情况如图 2.1 所示。

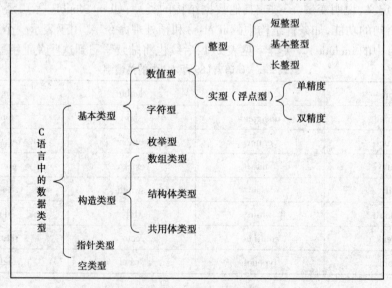

图 2.1 C 语言中的数据类型

在 C 语言中,基本数据类型按照其值在程序执行中是否改变可以分为常量和变量两种。在程序执行过程中,其值不发生改变的量成为常量,其值可变得量成为变量。两者通常跟数据类型结合起来分类,如整型常量和整型变量,浮点常量和浮点变量,字符常量和字符变量等。

(2)常量

在程序中,有些数据是不需要改变的,也不能改变。来看下面这段代码:

```
#include < stdio. h >
int main( )
{
    printf( "128\n" );
    printf( "13. 14\n" );
    printf( "a\n" );
    printf( "Hello \n" );
    return 0;
}
```

该段程序中的 128,13. 14,'a',"Hello"在程序执行中始终是保持不变的,都称为常量。其中,128 为整数常量,13. 14 为实数常量,'a'为字符常量,"Hello"为字符串常量,这都是最基本的常量类型。

1)整型常量

C 语言的整数可以使用 3 种数制表示,即十进制、八进制和十六进制。为了对它们加以区别,C 语言中规定八进制整数以 0 开头,后面的数字范围为 0 ~ 7,十六进制整数以 0x 或 0X 开头,后面的数字取值范围为 0 ~ 9 和 A ~ F(a ~ f),十进制整数与传统数学方式表达无异。其中整数实例举例如下:

十进制整数:128、1314、- 520;

八进制整数:06(6)、0106(70)、0256(174);

十六进制数:0x123(291)、0X0D(13)、0xff(255)。

2)实型常量

实数常量只有十进制一种数制,但是可以用一般和指数两种形式表示。其中一般形式是由整数部分、小数点、小数部分和符号组成。比如 0.78, - 6. 20,30. 0。如果小数点后面全是 0,可以省略 0 但是小数点必须在,如 30. 。对于指数形式则是由数字、小数点、字母 E(或 e)和正负号组成,如 123e3($123 * 10^3$)、- 3. 168E - 6(- 3. 168 * 10^{-6})、0.458e + 2(0. 458 * 10^2)。有人曾这么总结实型常量的特点:浮点小数莫忘点,指数 E(e)挑两边全,E(e)后必须是整数,前后两边紧相连。

举例:

```
#include < stdio. h >
int main( )
{
    printf( "% f\n" ,123e3 );
    return 0;
}
```

运行结果如图 2.2 所示:

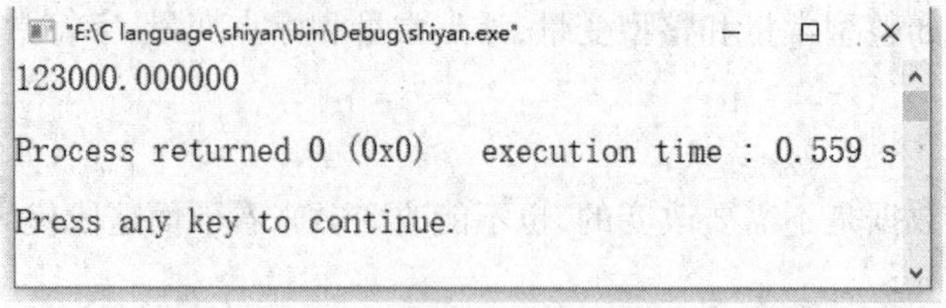

图 2.2　指数与浮点数

3)字符常量

在 C 语言中,字符常量一般是指单引号里面的单个字符,如'a' '1' 'A',注意'A'和'a'是不同的常量。除此之外,还有一种特殊的字符常量,称为转义字符,以反斜杠"\"开头的字符序列,表示反斜杠后面的字符被转换成其他意义,如上段程序中的'\n',其中字母 n 被作为换行符。C 语言中常见一些转义字符及功能见表 2.2。

表 2.2　C 语言中常见的转义字符

字符形式	含　义	备　注
\x20	控制符	
\n	换行符	将光标移到下一行的行首
\r	回车符	将光标移到本行的行首
\t	水平制表符	光标跳到下一个制表位
\b	退格	光标移到前一列
\a	响铃	警报声
\\	反斜杠	输出\
\'	单引号	输出'
\"	双引号	输出"
\ddd	1~3 位八进制代表符	对应 10 进制下的 ASCII
\xhh	1~2 位十六进制代表符	对应 10 进制下的 ASCII
\0	'0'	ASCII 编码为 0 的字符

在 C 语言中,5 和'5'的含义是不一样的,5 是数值,可运算;'5'是字符,一个符号。

举例:

```c
#include < stdio. h >
int main( )
{
    printf("a, A \n");                      //输出 a, A 并换行
    printf(" \"128\" \x20welcome to you! \x20");  //输出"128" welcome to you!
    return 0;
}
```

运行结果如图 2.3 所示:

"E:\C language\shiyan\bin\Debug\shiyan.exe"
a, A
"128" welcome to you!
Process returned 0 (0x0)   execution time : 0.544 s
Press any key to continue.

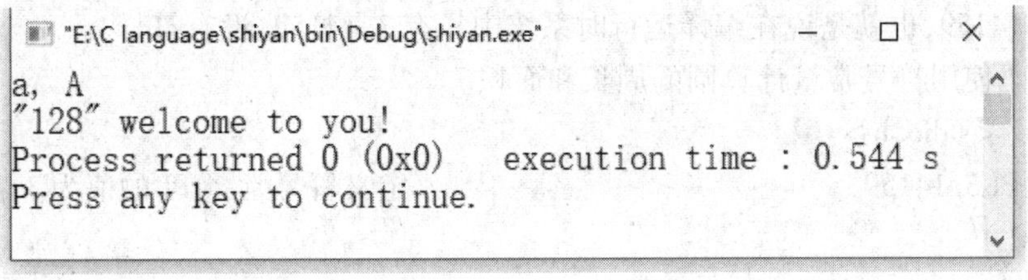

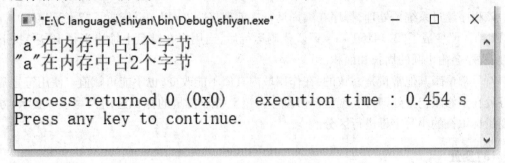

图 2.3　printf 演示

4)字符串常量

字符串常量是用一对双引号括起来的字符序列,如"welcome" "a" "abc\n"。这里要说明一下,字符串在内存中存储时,存放的是每一个字符对应的 ASCII 码值。因此一个字符只需要一个字节,但是字符串为了区别普通的字符序列,C 语言会为每个字符串多分配一个字节,该空间中存放固定的字符'\0',用以表示字符串的结束。所以'a'和"a"是两个不同的常量类型,前者是字符,在内存中只占 1 个字节,后者是字符串,在内存中占 2 个字节。

如程序:

```
#include <stdio.h>
int main()
{
    char ch = 'a';
    printf("\'a\'在内存中占%d个字节\n",sizeof(ch));
    printf("\"a\"在内存中占%d个字节\n",sizeof("a"));
    return 0;
}
```

运行结果如图 2.4 所示。

"E:\C language\shiyan\bin\Debug\shiyan.exe"
'a'在内存中占1个字节
"a"在内存中占2个字节
Process returned 0 (0x0)   execution time : 0.454 s
Press any key to continue.

图 2.4　数据类型的字节

5)符号常量

在 C 语言中,用一个标识符来表示的常量成为符号常量。其定义格式如下:

#define 标识符 常量

其中,#define 是一条预处理命令(预处理命令都以#开头),称为宏定义命令(在后续章节详细介绍),功能是把该标识符定义为其后的常量值,一旦定义,以后程序中所有出现该标识符的地方用常量值替代。如:

#define PI 3.14159

上面的代码表示用符号 PI 替代 3.14159。在编译之前,系统会自动把程序中出现的 PI 全部替换成3.14159,也就是说在编译运行时系统中只有3.14159,没有符号。

下面代码使用符号常量计算圆的周长和面积。

```
#include <stdio.h>
#define PI 3.14159                          //定义符号常量PI的值为3.14159
int main()
{
    float r;                                //定义圆的半径为r
    printf("请输入圆的半径:");              //提示输入圆的半径
    scanf("%f",&r);                         //从键盘读取输入的值
    printf("圆的周长为:%f\n",2*PI*r);      //计算圆的周长并输出
    printf("圆的面积为:%f\n",PI*r*r);      //计算圆的面积并输出
    return 0;
}
```

运行结果如图2.5所示。

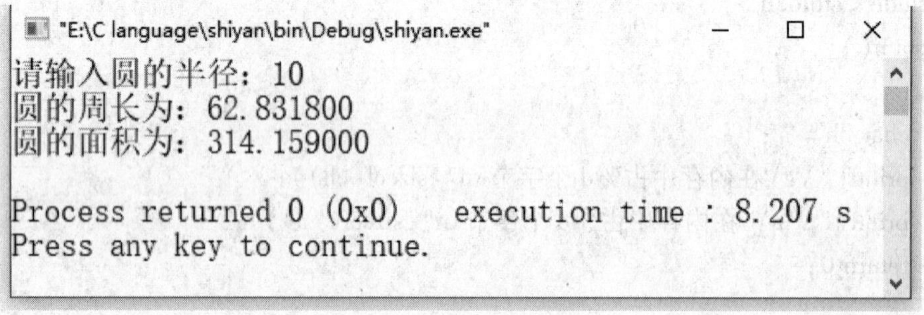

图2.5　圆的周长和面积

该程序经过系统预处理,程序在编译运行之前就将",2 * PI * r"变成了"2 * 3.14159 * r",将"PI * r * r"变成了"3.14159 * r * r"。代码运行后,当用户在键盘上输出半径10后,按下回车键,程序会输出圆的周长和面积。

符号常量跟其他常量是一致的,在作用域内其值不能改变,也不能再赋值。使用符号常量的好处在于修改定义处即可实现全部修改。习惯上符号常量的标识符用大写字母表示,方便与变量标识符的小写字母进行区分。

(3)变量

程序中的变量是用来存储数据的,在程序执行的过程中,其值是可以改变的。有人把变量比作一个抽屉,知道了抽屉的名字(变量名),就能找到抽屉的位置(变量的存储单元)以及抽屉里面的东西(变量的值),抽屉里面存放的东西和变量一样,也是可以变化的。有4个概念与变量相关:

①变量名:一个符合规则的标识符,其命名规则与标识符的命名规则一致。

②变量的类型:C语言中的数据类型或者自定义的数据类型。

③变量的地址:数据在内存中的位置。

④变量值:存放在内存空间中的值。

程序编译时,会给每一个变量分配存储空间和位置,程序读取数据的过程,其实就是根据变量名查找内存中对应的存储空间,然后从中取值的过程。通过下面这个例子先来看变量的输出问题,运行结果如图2.6所示。

```c
#include <stdio.h>
int main()
{
    int i = 8;                        //定义一个整型变量i,并赋初值
    char ch = 'a';                    //定义一个字符型变量ch,并赋初值
    printf("第1次输出i=%d\n",i);      //输出变量i的值
    i = 104;                          //再次给变量i赋值
    printf("第2次输出i=%d\n",i);      //输出变量i的值
    printf("第1次输出ch=%c\n",ch);    //输出变量ch的值
    ch = 'k';                         //再次给变量ch赋值
    printf("第2次输出ch=%c\n",ch);    //输出变量ch的值
    return 0;
}
```

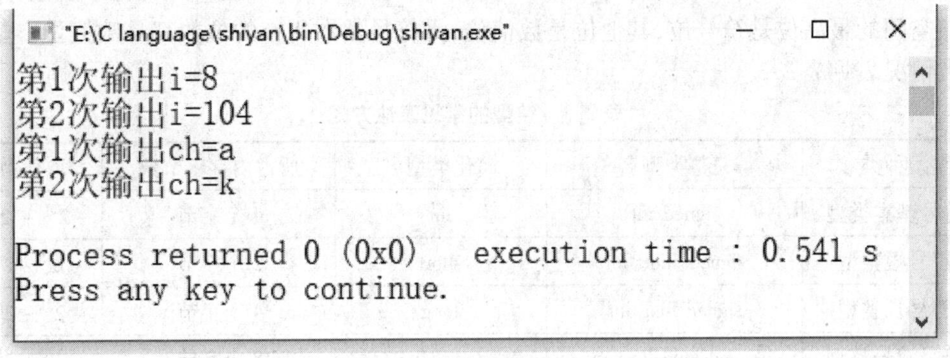

图2.6　变量的演示

C语言中的变量也分为不同的数据类型,用于存储不同类型的数据。例如,使用整型变量存储整数,使用实型变量存储实数。C语言规定,在使用一个变量前,都要对这个变量进行定义。其目的在于程序运行前,告诉编译器程序使用的变量,以及与这些变量相关的属性(变量名、类型和长度等),编译器根据这些信息对变量分配合适的内存空间。

1)变量的定义

变量定义的一般格式:

类型声明符　变量名[,变量名,…];

方括号的内容表示可选的,类型声明符用来说明变量的数据类型,变量名必须遵守标识符命名规则。例如:

```c
int    x;               //定义了整型变量x
float  a,b;             //定义了实型变量a,b
char   c1,c2,c3;        //定义了字符型变量c1,c2,c3
```

2）变量的赋值

用赋值语句把计算得到的表达式的值赋给一个变量。例如：

int x,y ;   //定义了整型变量 x,y

x = 3;   //将 3 赋给 x 这个变量

y = x + 2;   //将 x + 2 的值赋给 y 这个变量,此时 x 必须要有确定的值

3）变量的初始化

在定义变量时,给变量赋值称为变量的初始化。例如：

int x = 3,y; //在定义变量 x,y 的同时给变量 x 赋值为 3,是对变量 x 进行初始化。

需要注意的是,在定义是初始化时,如果多个变量初始化为相同的值,是不能按照下面代码书写的,int a = b = c = 9;正确的操作方式是先定义,然后再赋值:int a,b,c;a = b = c = 9。

4）变量的数据类型

在 C 语言中,数据类型可分为 4 类,即基本数据类型、构造数据类型、指针类型和空类型,在此介绍基本数据类型,其余类型在以后章节中陆续介绍。

①整型变量。整型变量可以分为基本整数型、短整数型和长整数型 3 种,分别用 int、short int 和 long int 作为类型标识符,不同类型的整数型变量占用的空间不同,能够存储的数字范围也不同。整数型变量又分为有符号和无符号,用 signed 和 unsigned 说明。有符号整数存储时,其存储空间的最高位是符号位,其他位是数值位;无符号整数所有的位数都是数值位。整型数据分类情况表见表 2.3。

表 2.3　整型的常见表达方式

整型种类	完整类型名	简化类型名	所占内存字节数	取值范围
有符号基本类型	signed int	int	4 个字节	$-2^{31} \sim 2^{31}-1$
有符号短整型	signed short int	short	2 个字节	$-2^{15} \sim 2^{15}-1$
有符号长整型	signed long int	long	4 个字节	$-2^{31} \sim 2^{31}-1$
有符号双长整型	signed long long int	long long	8 个字节	$-2^{63} \sim 2^{63}-1$
无符号基本类型	unsigned int	unsigned int	4 个字节	$0 \sim 2^{32}-1$
无符号短整型	unsigned short int	unsigned short	2 个字节	$0 \sim 2^{16}-1$
无符号长整型	unsigned long int	unsigned long	4 个字节	$0 \sim 2^{32}-1$
无符号双长整型	unsigned long long int	unsigned long long	8 个字节	$0 \sim 2^{64}-1$

每一个类型所占的字节数可以用下列代码进行验证,结果如图 2.7 所示。

```
#include  < stdio. h >
int main( )
{
  printf(" * * * * * * * * * * * * * * * * * * * * * * * * * * * * \n");
    printf(" *有符号基本类型占   % d 个字节 * \n",sizeof(int));
    printf(" * * * * * * * * * * * * * * * * * * * * * * * * * * * * \n");
    printf(" *有符号短整型占   % d 个字节 * \n",sizeof(short));
```

```
printf(" * * * * * * * * * * * * * * * * * * * * * * \n");
printf(" *有符号长整型占　%d 个字节 * \n",sizeof(long));
printf(" * * * * * * * * * * * * * * * * * * * * * * \n");
printf(" *有符号双长整型占　%d 个字节 * \n",sizeof(long long));
printf(" * * * * * * * * * * * * * * * * * * * * * * \n");
printf(" *无符号基本类型占　%d 个字节 * \n",sizeof(unsigned int));
printf(" * * * * * * * * * * * * * * * * * * * * * * \n");
printf(" *无符号短整型占　%d 个字节 * \n",sizeof(unsigned short));
printf(" * * * * * * * * * * * * * * * * * * * * * * \n");
printf(" *无符号长整型占　%d 个字节 * \n",sizeof(unsigned long));
printf(" * * * * * * * * * * * * * * * * * * * * * * \n");
printf(" *无符号双长整型占　%d 个字节 * \n",sizeof(unsigned long long));
printf(" * * * * * * * * * * * * * * * * * * * * * * \n");
return 0;
}
```

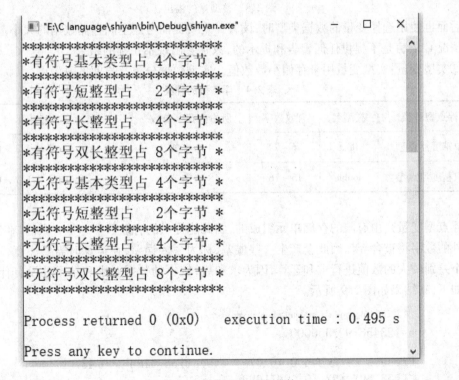

图 2.7　各整型所占的字节数

在使用时需要注意数据的溢出问题,也就是超出了能表达的数据范围。比如一个短整型量赋初值为 32767,让其做加 1 运算,预期的结果应该是 32768,但是在程序执行时得到的确是负数结果。根据前面内容知道 short 型能表达的数据范围为 −32768 ~ 32767。这有点类似于在环形跑道上跑步,终点又是起点。程序如下,其结果如图 2.8 所示。

#include < stdio. h >

35

```
int main( )
{
    short a,b;
    a = 32767;
    b = a + 1;
    printf("a = %d\nb = %d\n",a,b);
    return 0;
}
```

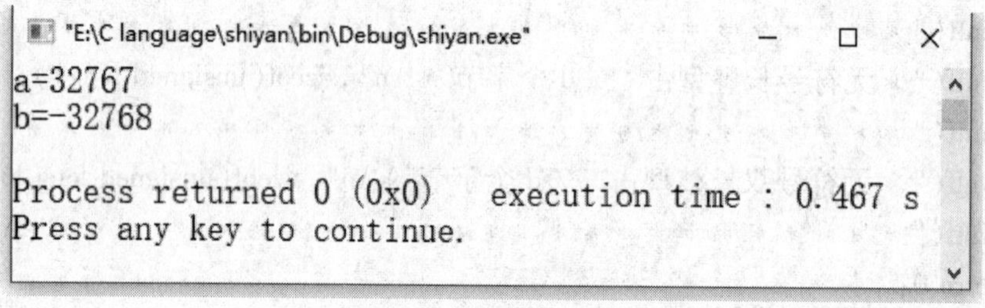

```
"E:\C language\shiyan\bin\Debug\shiyan.exe"        —    □    ×
a=32767
b=-32768

Process returned 0 (0x0)    execution time : 0.467 s
Press any key to continue.
```

图 2.8   整型量的溢出

后面再使用选择变量的数据类型时,读者一定要提前考虑空间存储数据的大小范围,由于这种情况 C 语言是不提供任何警告和提示的,只是会出现不正确的结果。

②实型变量:实型变量用来存储小数数值。实型数据分类及长度见表 2.4。

表 2.4   浮点型的种类

浮点型种类	类型名	有效数字	所占内存字节数	取值范围
单精度浮点型	float	6~7	4 个字节	$-3.4*10^{38} \sim 3.4*10^{38}$
双精度浮点型	double	15~16	8 个字节	$-1.7*10^{308} \sim 1.7*10^{308}$

浮点型变量是由有限的存储单元组成的,因此能提供的有效数字总是有限的,在其有效位数以外的数字将被舍弃。因此会产生一些误差,称为舍入误差,在运算时需要注意,一般不要对两个差别较大的数值进行求和运算,因为求和后,较小的数据对求和结果并没有什么影响,程序如下,其结果如图 2.9 所示。

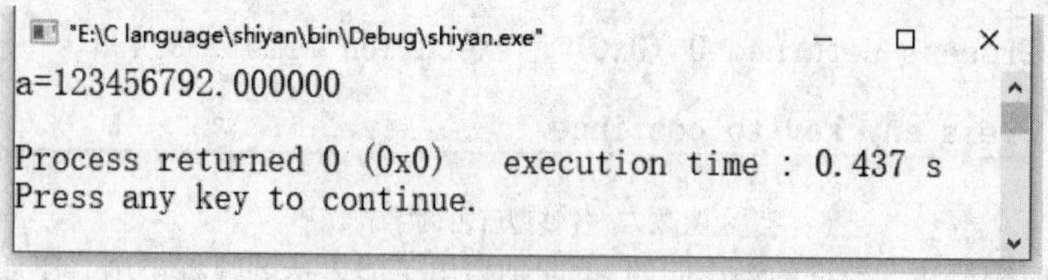

```
"E:\C language\shiyan\bin\Debug\shiyan.exe"        —    □    ×
a=123456792.000000

Process returned 0 (0x0)    execution time : 0.437 s
Press any key to continue.
```

图 2.9   浮点型的误差

```
#include <stdio.h>
int main( )
{
```

```
    float a = 123456789.00;
    a = a + 0.01;
    printf("a = %f\n",a);
    return 0;
}
```

根据前面的知识可以知道,float 类型表达数据有效数字位数为 6 ~ 7 位,double 类型的有效数字位数为 16 ~ 17 位,当有效数字超出这些时,其值也会出现误差。比如下面这个案例,结果如图 2.10 所示。

```
#include < stdio. h >
int main( )
{
    float a = 88888.888888;
    double b = 88888.888888;
    printf("a = %f\n",a);
    printf("b = %lf\n",b);
    return 0;
}
```

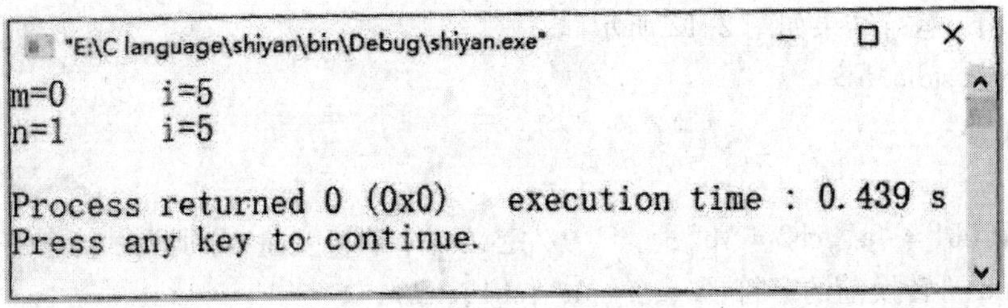

图 2.10　单精度与双精度

从结果中可以看出,a 变量是单精度浮点型,有效数字最多是 7 位,而整数部分已经占了 5 位,那么小数点两位之后的数字均为无效数字。不过系统还是会按照小数点后 6 位进行输出。读者如果演示该程序,出来的结果不一定跟这里是一样的。b 变量是双精度浮点型,有效位数为 16 位,但是默认情况下小数点后依然保存 6 位,其余部分被舍去。要想看到多余 6 位的小数部分,可以按照 "%. nlf" 的方式书写。n 是指小数点后的位数,% 后的点不能省略,结果如图 2.11 所示。

```
#include < stdio. h >
int main( )
{
    float a = 88888.888888;
    double b = 88888.8888888;
    printf("a = %.2f\n",a);        //小数点后保留两位
    printf("b = %.11lf\n",b);      //小数点后保留 11 位
    return 0;
}
```

③字符型变量:C 语言字符是语言的最基本的元素,由字母、数字、空白符、标点和特殊字

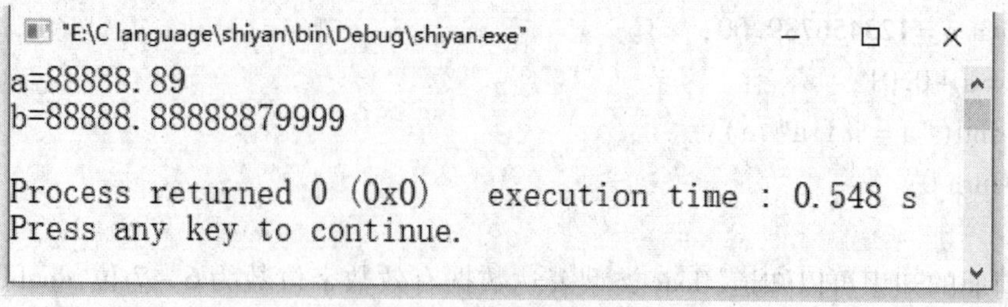

图 2.11 格式控制符控制小数点

符组成。在机器中,字符型也是一种整型,以 1 个字节(8 位)的 ASCII 存储。

可以将存储在字符变量中的值解释成一个有符号的值,也可以解释为无符号的值。字符型数据分类及长度见表 2.5。

表 2.5 字符类型

字符型种类	类型名	所占字节数	取值范围
有符号字符型	[signed] char	1	-128～127
无符号字符型	unsigned char	1	0～255

字符变量可以像数值型变量一样参与运算,比如一个比较经典的案例:实现字符的大小写转换,程序如下,运行结果如图 2.12 所示。

```c
#include <stdio.h>
int main()
{
    char ch1 = 'a',ch2 = 'b';        //定义两个字符变量,分别为赋值字符 a 和字符 b
    printf("转换前的字符:%c,%c\n",ch1,ch2);
    ch1 = ch1 - 32;                  //在 ASCII 码表中小写字母比对应的大写字母
大 32
    ch2 = ch2 - 32;
    printf("转换前的字符:%c,%c\n",ch1,ch2);
    return 0;
}
```

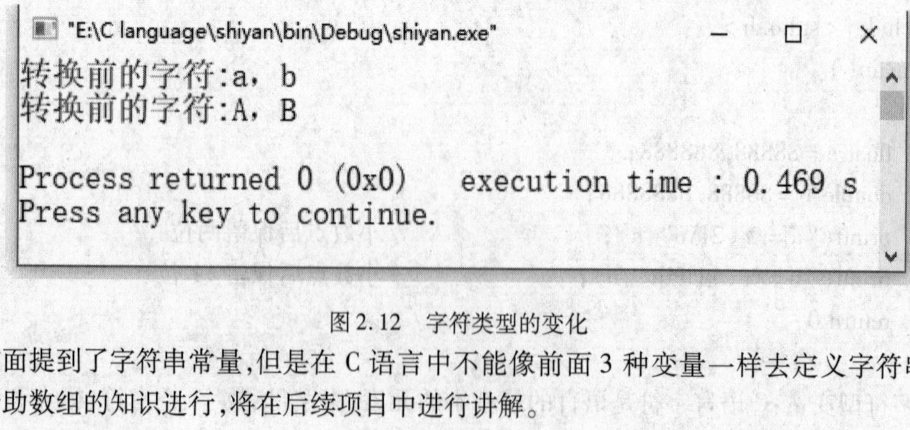

图 2.12 字符类型的变化

前面提到了字符串常量,但是在 C 语言中不能像前面 3 种变量一样去定义字符串变量,需要借助数组的知识进行,将在后续项目中进行讲解。

38

(4)类型转换

不同的数据类型之间可以进行混合运算,编译器是如何处理的呢? 当遇到该情况时,编译器一般是尝试转换成同类型,转换成功继续运算,转换失败程序报错终止运行。数据类型的转换有两种方式:自动类型转换和强制类型转换。

1)自动类型转换(隐式转换)

在 C 语言中,设定了不同数据类型参与运算时需要遵循以下规则:

①若参与运算的量类型不同,则先转换成同一类型,然后再运算。

②转换时按照数据长度增加的方向进行,以保证精度不降低。比如 long 和 int 型运算,先将 int 型转换成 long 型之后进行运算。

③所有浮点数运算都是以双精度进行的,也就是说全部是 float 型量进行运算,程序依然会先转换成 double 型再运算。

④在 char 和 short 类型参与运算时,必须先将它们转换成 int 型。

⑤如果是在赋值运算中,赋值符号的两边类型不一致时,赋值符号右边的类型将转换为左边的类型。如果右边比左边的数据类型长度大,此时会按照舍入的方式丢失一部分数据,这样会降低精度。

一般自动类型转换如图 2.13 所示:

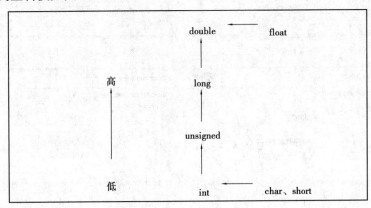

图 2.13　自动转换的方向

以下是求圆面积的例子,运行结果如图 2.14 所示。

```c
#include <stdio.h>
int main()
{
    float pi = 3.14159;           //pi 为浮点型
    float t;                      //t 为浮点型,用于接受最原始数据
    int s, r = 5;                 //s 和 r 都是整型
    t = r * r * pi;               //数学中的结果应该为 78.53975
    s = t;
    printf("s = %d\n", s);
}
```

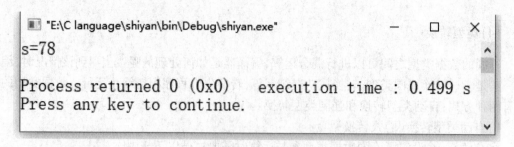

图 2.14   自动转换

在这个转换过程中,可以借助编译环境的调试功能,观察程序执行过程中变量之间的变化。图 2.15(a)显示各变量在未赋初值时的数据,为内存中的随机值,即执行第 4 行语句前。图 2.15(b)执行了 pi 赋值后的结果,执行完第 4 行语句,此时也可以看出单精度浮点型存在误差问题。图 2.15(c)执行了整数 r 赋值语句,即第 6 行代码。图 2.15(d)执行了第 7 行求圆的面积,此时 t 还是浮点型。图 2.15(e)执行了第 8 行代码,完成由浮点型向整型的转换。

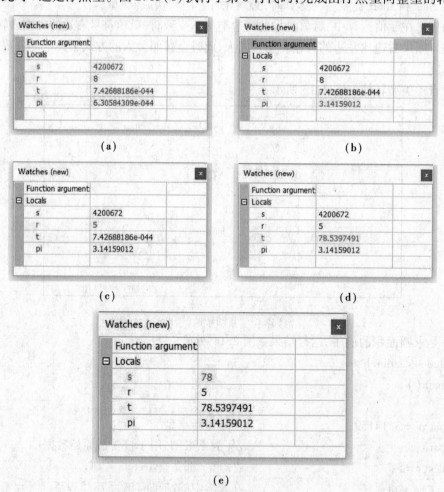

图 2.15   程序调试显示步骤

2)强制类型转换

在 C 语言中,可以把一种类型的数据通过强制类型转换为另一种类型的数据。

强制类型转换一般格式为:

(类型声明符)(表达式)

功能:把表达式的运算结果强制转换成类型声明符所表示的类型。例如:

(int)x   //把 x 转换为整型

(float)(a + b)   //把 a + b 的结果转换为实型

在使用强制转换时应注意以下问题:

①类型声明符和表达式都必须加括号(变量可不加),如把(float)(a + b)写成(float)a + b 则成了把 a 转换成 float 型之后再和 b 相加。

②将实数转换为整数时,直接截断,不是四舍五入,如(int)5.8 结果为 5。

注意:强制转换和自动转换只是为了本次运算的需要而对变量的数据长度进行的临时性转换,而不改变原来对该变量定义的类型。如(int)x 只是将 x 的值转换成一个 int 型,x 本身还是它原有的数据类型。

下面这个例子综合演示这两种转换,在阅读该程序时,请注意自动类型转换是否丢失了数据,以及强制类型转换的对象类型问题,如图 2.16 所示。

```
#include < stdio. h >
int main()
{
    int i;
    double d;
    char c = 'a';
    printf("不同进制数据输出字符\'a\'\n");
    printf("十进制\t 八进制\t 十六进制\n");
    printf("  %u\t 0%o\t   0x%x\n",c,c,c);//十进制、八进制、十六进制
    i = 2;
    d = 2 + c + 0.5f;                       //自动类型转换,a 字符的十进制为 97
    printf("自动数据类型转换%f\n",d);
    i = d;                                  //自动类型转换,舍弃小数位
    printf("自动数据类型转换%d\n",i);
    d = (int)1.2 + 3.9;                     //强制类型转换,1.2 取整
    printf("强制数据类型转换%f\n",d);
    d = (int)(1.2 + 3.9);                   //强制类型转换和取整
    printf("强制数据类型转换%f\n",d);
    return 0;
}
```

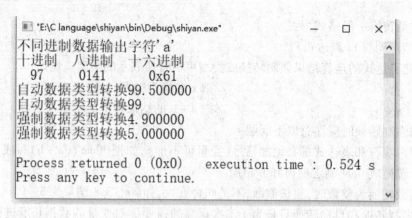

图 2.16　自动和强制类型转换

任务总结

对于变量必须先定义,再使用。根据定义变量时指定的类型,编译系统为变量分配相应的存储单元;凡未被先定义的,系统不把它作为变量名,保证程序中变量名使用正确;指定了每一变量属于一个类型,就便于在编译时据此检查在程序中要求对该变量进行的运算是否合法。

变量与内存的关系:每一个变量有名字、类型、值、位置和大小。当一个新的值赋予变量时,新值会替换原值;从内存中读取变量的值,其值不会改变。

实型数据的舍入误差:实型变量是由有限的存储单元组成的,能提供的有效数字总是有限的,在有效位以外的数字将被舍去,会产生一些误差。

字符型数据和整型数据是通用的:它们之间可以直接进行运算,也可以用字符形式输入与输出,还可以用整型形式输入与输出。

不同类型的数据进行计算时,首先应该将其转换成相同的数据类型,然后再进行计算。转换的方式有两种:自动类型转换和强制类型转换。其中自动类型转换的原则是将存储空间小的转换为存储空间大的,或者是精度低的转换为精度高的。

2.3　基本语句、表达式和运算符

任务描述

介绍基本语句的组成、使用和各种运算符(算术运算符、关系运算符、逻辑运算符、赋值运算符、逗号运算符等),以及由它们所组成的算术表达式、关系表达式、逻辑表达式、赋值表达式、逗号表达式等。

知识学习

(1)基本语句

在 C 语言中,其执行部分都是由语句构成的,而程序的功能是由执行这些语句实现的。那么语句有什么特点呢？像"i = 100"这样的是不是语句呢？C 语言规定,只有末尾有分号"；"的才算语句,那"i = 100"其实只是一个表达式,在其后面加上分号后,才能称为表达式语句。

这里需要注意的是,末尾有分号也不一定全是语句,还需要看其所处的位置,如果出现在数据操作部分,则称为语句。例如"i = 100"；或者"x = x + 1"。如果出现在数据描述部分的不能算作语句,只能称为数据定义,如"int i；"。

那么在 C 语言中常见的语句形式有多种：

①赋值语句：语法格式为【变量 = 表达式；】,如 x = x + 1；

②表达式语句：语法格式为【表达式；】,如 x + y；但是这个无法保留结果,无实际意义。

③函数调用语句：语法格式为【函数名（参数列表）；】,如 printf（"hello world！\n"）；调用函数输出内容到屏幕。

④控制语句：用于控制程序的执行流程,由特定的关键字组成,C 语言有 9 种控制语句,可分为 3 类：

a. 条件判断语句：if 语句、switch 语句。

b. 循环控制语句：do-while 语句、while 语句、for 语句。

c. 跳转语句：break 语句、continue 语句、goto 语句、return 语句。

这部分内容将在下一个项目中讲到。

⑤复合语句：把多个语句用"｛｝"括起来组成的语句。在程序中可以把这多条语句看作单条语句。例如：

```
{
    x = y + z;
    c = a + b;
    printf("%d%d",x,c);
}
```

这条复合语句内的各条语句都必须以分号结尾,但在"｝"括号外不能加分号。

⑥空语句：只有一个"；"分号,无其他内容。空语句是什么也不执行,可用于完成一个空循环体。

(2) 表达式

用运算符将常量、变量等操作对象连接起来,并符合 C 语言语法规则的式子称为表达式。每个表达式都具有一定的值,也就是运算后的结果,且与具有与结果一致的数据类型。单独表示一个表达式需要加上分号组成程序中的语句,否则语句是不完整的,程序会报错处理。注意：单个常量、变量、函数都可以看作表达式的特例。

根据表达式运算符的种类,可以将 C 语言中的表达式分为算术表达式、关系表达式、逻辑表达式、赋值表达式、条件表达式、逗号表达式和其他表达式。

以上表达式可以单独存在,也可以根据程序需要组合出现,组成复杂的表达式。例如：

x = (y > 0&&y < =9) + z；

从整体上来看,该语句是一个赋值表达式,不过赋值号右侧是由括号内的关系表达式、逻辑表达式及括号外的算术表达式组合而成的。

(3)运算符

运算符是 C 语言中语句的重要组成部分,由于程序需要对数据进行大量的运算,必须借用运算符来处理。运算符是告诉编译器程序执行什么样运算的符号,它连接各种数据。

运算符主要分为算术运算符、关系运算符、逻辑运算符、赋值运算符和位运算符等。运算符还可以根据参与运算对象的个数分为单目运算符、双目运算符和三目运算符。运算符比较丰富,共有 13 类,见表 2.6。

表 2.6　运算符分类

分类名称	运算符
算术运算符	基本(+、-、*、╱、%)和特殊(自增 ++、自减 --)
关系运算符	<、< =、>、> =、==、! =
逻辑运算符	&&、∣∣、!
赋值运算符	简单赋值运算符(=)及复合赋值运算符(+ =、- =、* =、╱ =)
位运算符	&、∣、^、~、< <、> >
条件运算符	? :
逗号运算符	,
指针运算符	*、&
求字节运算符	sizeof
强制类型运算符	(类型)
分量运算符	.、->(访问结构体成员)
下标运算符	[ ](数组)
其他运算符	函数运算符()

由该表不难发现,一些运算符有多重含义,比如 * 可以表示乘运算,也可用于指针运算中;再如 & 可以用于位运算的与运算,也可以为取地址符。至于具体代表什么意思,要看所处的程序环境决定。

正是 C 语言丰富的表达式和运算符使得 C 语言的功能十分完善,本节主要介绍算术、自增、自减、赋值、条件、逗号、逻辑等表达式及其与运算符,其他的表达式和运算符将在后续项目展开介绍。

1)算术表达式和算术运算符

算术表达式是由算术运算符和括号将操作数连接起来且符合 C 语法规则的表达式。

先来学习一下基本的算术运算符,见表 2.7。

表 2.7 算术运算符

运算符号	中文表述	介　绍	举　例	分　类
+	加法运算符	有两个数据参与运算	$1+2$、$m+n$	双目运算符
−	减法运算符	跟"+"一样,不过还可以做负值运算符,此时为单目运算符	$1-2$、$m-n$ $-x$、-8	
*	乘法运算符	跟"+"一样	$1*2$、$m*n$	
/	除法运算符	参与运算的如果都是整型,结果也为整型,会舍去小数。若参与运算的量有一个实型,结果为双精度实型	$1/2=0$ $1.0/2=0.5$ $1/2.0=0.5$ $1.0/2.0=0.5$	
%	求余运算符	求余运算符的操作数必须是整型的,其结果是两数相除后的余数,记结果的符号与被除数相同	$11/5=1$ $-11/5=-1$ $11/-5=1$ $-11/-5=-1$	

这些运算符相互组合在一起,就会出现很多复杂的表达式,在运算时与数学计算一样,有着优先级的问题。如果是读别人的程序需要很好地了解优先级,在 C 语言所有的运算符中优先级共分 15 级,1 级最高,15 级最低,后面将再次介绍。要记住这些优先级确实有点困难,如果是自己书写表达式,当不确定优先级时可以用加括号的方式来表达。

来看这个案例,结果如图 2.17 所示。

```c
#include <stdio.h>
/*先乘除,后加减
  依次从左向右运算*/
int main()
{
    int x,a = 3;
    float y;
    x = 20 + 25/5 * 2;          //20 + 5 * 2
    printf("(1)x = %d\n",x);
    x = 25/2 * 2;               //12 * 2
    printf("(2)x = %d\n",x);
    x = -a + 4 * 5 - 6;         //-3 + 20 - 6
    printf("(3)x = %d\n",x);
    x = a + 4%5 - 6;            //3 + 4 - 6
    printf("(4)x = %d\n",x);
    x = -3 * 4% - 6/5;          //12% -6/5 --------0/5
    printf("(5)x = %d\n",x);
```

```
x = (7 + 6)%5/2;                    //13%5/2
printf("(6)x = %d\n",x);
y = 25.0/2.0 * 2.0;                 //12.5 * 2.0
printf("(7)y = %f\n",y);
return 0;
}
```

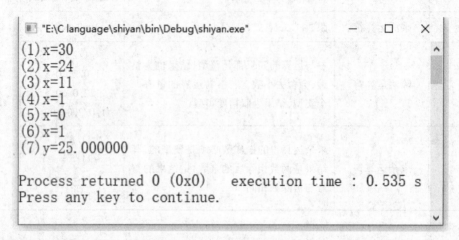

图2.17 算术运算符的优先级

2)自增、自减表达式与自增、自减运算符

自增和自减可以看作特殊的算术运算符,主要有两种写法见表2.8。

表2.8 自增自减

运算符号	中文表述	实际表达	含义	分类
++i	自增	i = i + 1 ;i + +;	该表达式的结果是变化后的i值	单目运算符
i ++		i ++ ;i = i + 1;	该表达式的结果是变化前的i值	
--i	自减	i = i - 1 ;i --;	该表达式的结果是变化后的i值	
i --		i -- ;i = i - 1;	该表达式的结果是变化前的i值	

这里对于初学者来说是一个难点,很容易混淆。读者可以这么记忆,不管自增和自减出现在程序中的任何地方,始终遵循这样的原则:++(--)在前,先加(减)后用;++(--)在后,先用后加(减),在运算过程中,使用的永远是表达式的值。如果程序只是为了让变量完成加1或者减1的效果,两种写法都是一样的。这里还有一点需要注意,该运算符的操作数只能是变量,不能是常量或者表达式。通过下面一个例子来感受一下,运行结果如图2.18所示。

```
#include < stdio.h >
int main()
{
    int i = 10,j,p,q;                   //定义变量i并赋初值,同时定义j,p,q 3个变量
```

```
printf("( ++i) = %d\ti = %d\n", ++i,i);      //输出 ++i 的值及变化后的 i 值
printf("( --i) = %d\ti = %d\n", --i,i);      //输出 --i 的值及变化后的 i 值
printf("(i++ ) = %d\ti = %d\n",i++ ,i);      //输出 i++ 的值及变化后的 i 值
printf("(i-- ) = %d\ti = %d\n",i-- ,i);      //输出 i-- 的值及变化后的 i 值
i = 5;                                        //i 变量重新赋值
j = 5;                                        //j 变量也赋值为 8
p = (i++ ) + (i++ ) + (i++ );
q = ( ++j) + ( ++j) + ( ++j);
printf("p = %d,q = %d\ni = %d,j = %d",p,q,i,j);
return 0;
}
```

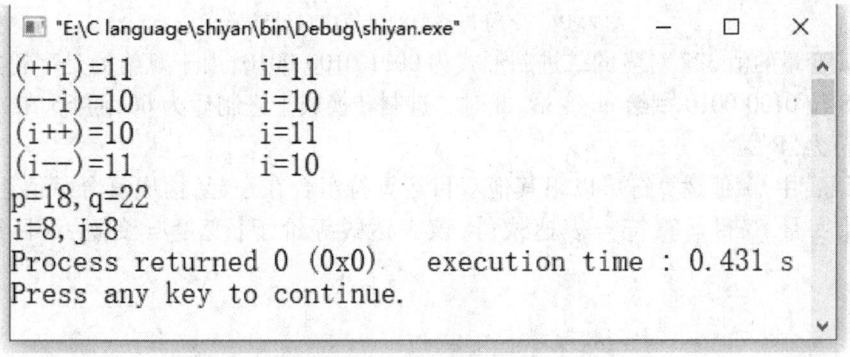

```
"E:\C language\shiyan\bin\Debug\shiyan.exe"          —   □   ×
(++i)=11          i=11
(--i)=10          i=10
(i++)=10          i=11
(i--)=11          i=10
p=18, q=22
i=8, j=8
Process returned 0 (0x0)    execution time : 0.431 s
Press any key to continue.
```

图 2.18   自增与自减

本程序中"p ="右边的运算是先计算前两个括号,即 5 +6 = 11,然后再计算后面的 11 +7 = 18;"q ="右边的运算也是先运算前面两个括号,但是由于是先加后用的原则,第一个括号 j 变成 6,第 2 个 j 变成 7,然后在运算时其实 j 已经全部为 7,所以 7 +7 = 14,再运算后面的 14 +8 = 22。

3)赋值表达式和赋值运算符

赋值运算符一般形式为:变量 = 表达式;如 x = i + j ;y = i++ + --j;,它的运算顺序是从右到左,可以翻译为:把赋值号右边的值赋给左边的变量。凡是有表达式的地方均可出现赋值表达式,是程序语言中出现的频率较高的一个运算符。例如 x = (a =3) + (b =7);这是一个合法的语句,先把 3 赋给 a,再把 7 赋给 b,然后把两个表达式的值 3 和 7 相加,结果 10 赋给 x。

前面在自动类型转换中也提到,当赋值符号左右两边的变量不一致时,右边的类型会被自动转换成左边的类型,注意舍入误差问题。这里说明一下如果是整型数赋给字符数,由于整型所占字节大于字符型所占的字节,此时只给低 8 位的值。比如下面的例子,运行结果如图 2.19 所示。

```
#include  <stdio.h>
int main( )
{
    int a = 322;
    char ch;
```

```
ch = a;
printf("a = % d\nch = % d\nch = % c\n",a,ch,ch);
return 0;
}
```

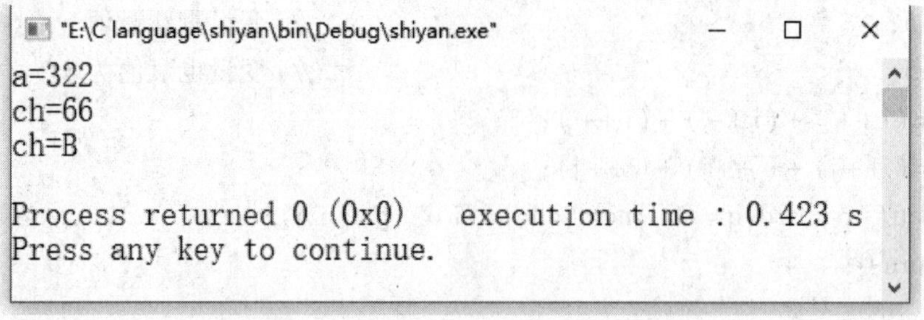

```
 "E:\C language\shiyan\bin\Debug\shiyan.exe"        —    □    ×
a=322
ch=66
ch=B

Process returned 0 (0x0)    execution time : 0.423 s
Press any key to continue.
```

图 2.19　字符与整型的赋值中自动转换

首先 a 变量的值 322 对应的二进制形式为 0001 0100 0010,由于赋给的是字符类型,所以只会把低 8 位 0100 0010 赋给 ch 变量,此时二进制转换成十进制后为 66,而 66 在 ASCII 表中对应的字符为'B'。

在 C 语言中,赋值运算符可以跟其他双目运算符组合在一起,构成复合赋值运算符。一般形式为【变量 双目运算符 = 表达式;】,该表达式等价于【变量 = 变量 双目运算符 表达式;】。

例如:
```
a + = 5;                //等价于 a = a +5;
x * = y +7              //等价于 x = x * (y +7);
r% = p                 //等价于 r = r% p;
```

4)关系表达式与关系运算符

关系运算符是对两个操作对象进行大小的比较,并给出比较的结果,可以看作逻辑运算符的一种简单形式。常用的关系运算符见表 2.9。

表 2.9　关系运算符

运算符	意　义	分　类	数学符号
<	小于		<
< =	小于或等于		≤
>	大于	双目运算符	>
> =	大于或等于		≥
==	等于		=
! =	不等于		≠

关系表达式是指用关系运算符连接两个表达式,关系表达式的结果是一个逻辑值,即 True 或 False,当为 True 时,结果用整数 1 表示,当为 False 时,结果用整数 0 表示。

关系表达式的一般形式为【表达式 关系运算符 表达式】
```
int x =20,y =30;
```

x < y;	//值为 1
x > = y	//值为 0
x == y	//值为 0
x + y < = 50	//值为 1

在上面的代码基础上,再加上一个整型变量 z,其值为 50。读者可以判断一下表达式 z > y > x 的值为多少? 如果这是在数学中,该值一定为真。但是在程序设计中会发现该表达式的结果却是假的。这是因为关系运算符的运算顺序是从左到右,先执行了 z > y,此时表达式值为真,结果为 1,那么表达式就变成了 1 > x 的比较,显然这是不成立的。这里也给读者做了一个警示,如果要表达 x 处在某个范围内,是不能按照 1 < x < 9 方式去写的,因为用户发现不只范围 2 ~ 8 成立,就连 9 以上的数据在做判断时表达式也是成立的,要想正确表达该式可以借助逻辑运算符,修改为 x > 1&&x < 9。

5)逻辑运算符与逻辑表达式

逻辑运算用来判断一件事情是否成立,判断的结果只有两个值,用数字 1 和 0 来表示。其中 1 表示逻辑运算结果成立,0 表示逻辑运算结果不成立。逻辑运算符有逻辑与(&&)、逻辑或(‖)和逻辑非(!)3 种,逻辑运算符的真值表见表 2.10。

表 2.10　逻辑关系真值表

a	b	a&&b	a‖b	! a
0	0	0	0	1
1	0	0	1	0
0	1	0	1	1
1	1	1	1	0

由表 2.10 可以看出,运算符 && 和‖也是双目运算符,从左到右执行。运算符! 为单目运算符,从右向左执行。它们三者的优先级是非最高,次之为逻辑与,最小为逻辑或。

逻辑表达式就是用逻辑运算符把多个表达式连接起来,结果只有两个:0 和 1。0 代表假,1 代表真,其一般形式为【表达式 逻辑运算符 表达式】。由于操作数的值为 1 和 0,而上节关系表达式的结果也是 1 或 0,所以这两个运算符经常会组合在一起使用。

在数学中,学过判断某年是否为闰年,需要满足该年份要满足能被 4 整除,但不能被 100 整除,或者能被 400 整除。那么借助程序的关系运算符和逻辑运算符可以表达如下:

int year;

year%4 ==0 && year%100! =0 ‖ year%400 ==0;

在逻辑表达式中,有这样一个概念:逻辑短路。这是什么意思呢? 从表 2.10 中不难发现,对于逻辑与来说,如果左边的表达式为 0,整个表达式的结果一定为 0,那么逻辑符号右边的表达式就不会再执行。同理,对于逻辑或来说,如果左边的表达式为 1,整个表达式的结果一定为 1,那么逻辑符号右边的表达式也不会执行,程序的演示结果如图 2.20 所示。

```
#include < stdio. h >
int main( )
{
```

```
    int x = 10,i = 5;
    int m,n;
    m = x < 8&&i ++ ;                          //10 < 8 不成立
    n = x > = 10||i ++ ;                        //10 > = 10 成立
    printf("m = % d\ti = % d\n",m,i);
    printf("n = % d\ti = % d\n",n,i);
    return 0;
}
```

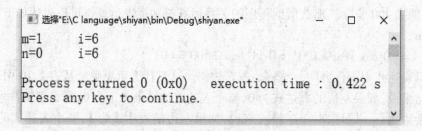

图 2.20　逻辑短路

从上述程序及结果可以看出,因为逻辑短路的问题,运算符右边的表达式是未执行的,i值始终不变。可以看到逻辑运算符的右侧并不是一个关系表达式,这里也需要读者知道任何非零值都为真。把上面的程序修改一下,运行结果如图 2.21 所示。

```
#include  < stdio. h >
int main( )
{
    int x = 10,i = 5;
    int m,n;
    m = x > 8&&i ++ ;                          //10 > 8 成立,右侧表达式值为 5,非零为真
    printf("m = % d\ti = % d\n",m,i);
    n = x < 10||i - 6;                          //10 < 0 不成立,右侧表达式为 0,为假
    printf("n = % d\ti = % d\n",n,i);
    return 0;
}
```

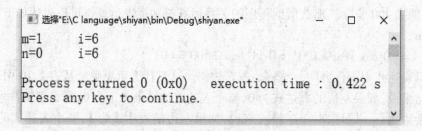

图 2.21　非零为真

6)条件表达式与条件运算符

条件运算符是由"?"和":"组成的,是 C 语言中唯一的一个三目运算符。用条件运算符连

接起来的式子称为条件表达式,语法格式如【表达式 1? 表达式 2:表达式 3】。

执行过程:先计算表达式 1 的值,表达式 1 为真,则把表达式 2 的值作为整个条件表达式的结果;否则把表达式 3 的值作为整个条件表达式的结果。

例如:(x > =0)? 1: -1;

该表达式取决于 x 的取值,当 x 为非负值时,整个表达式结果为 1,否则为 -1。

条件运算符的结合性为"右结合",优先级低于算术、关系和逻辑运算符。

例如:x > y? i ++ :i < =j? i ++ : ++j;

该式等价于 x > y ? i ++ :(i < =j ? i ++ : ++j);

通过一个求两数较大值的例子再来体会一下条件运算符,结果如图 2.22 所示:

```c
#include < stdio. h >
int main( )
{
    int x,y,max;
    scanf( "% d% d" ,&x,&y) ;
    max = x > y? x:y;
    printf( "% d 和% d 中较大者为% d" ,x,y,max) ;
    return 0 ;
}
```

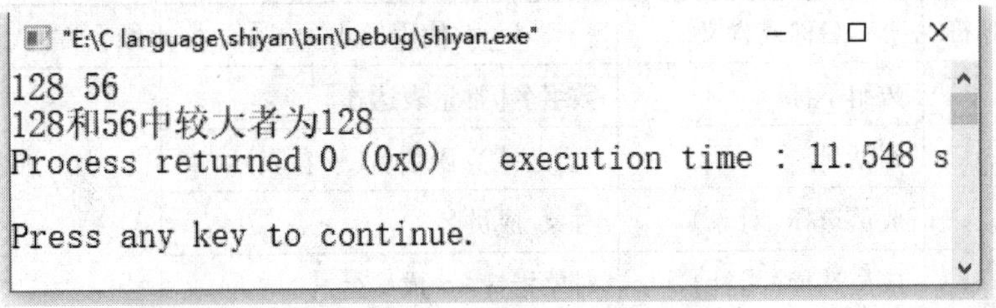

```
"E:\C language\shiyan\bin\Debug\shiyan.exe"          —    □    ×
128  56
128和56中较大者为128
Process returned 0 (0x0)     execution time : 11.548 s

Press any key to continue.
```

图 2.22　条件运算符

7)逗号表达式与逗号运算符

逗号运算符是指运用","把若干个表达式连接起来,所组成的表达式称为逗号表达式。该符号的优先级是排在所有运算符的最低位,按照左结合的方式进行。

其一般格式为【表达式 1,表达式 2,…,表达式 n;】,执行过程是先计算表达式 1,再计算表达式 2,…,最后计算表达式 n,并把最后这个表达式的值赋给整个表达式。下面这个例子的运行结果如图 2.23 所示:

```c
#include < stdio. h >
int main( )
{
    int a =1,b =3,c =5,d,x;
    x = (d = a + b + c),(b + c),(d ++ );
    printf( "x = % d \td = % d" ,x,d) ;
    return 0 ;
}
```

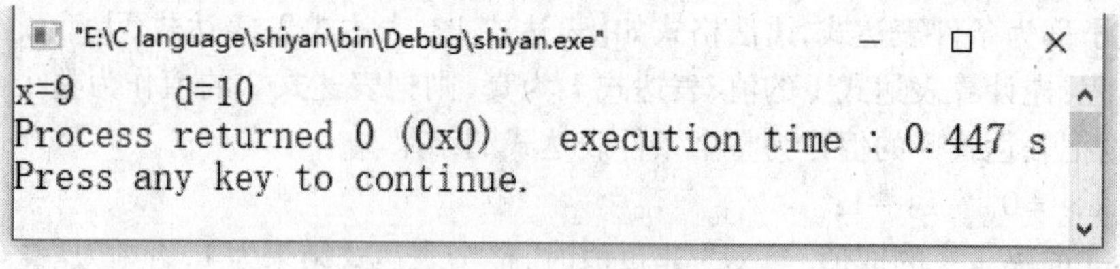

图 2.23　逗号运算符

程序先执行 d = 1 + 3 + 5(d = 9)，然后执行 3 + 5(8)，然后执行 d + +（先用后加），最后把 9 赋给 x,d 变成 10。

逗号表达式的写法，从执行顺序的角度可以转换成程序语句方式来进行表达，只是不能获取到相应的值，如【表达式 1;表达式 2;…;表达式 n】

(4)优先级与结合性

C 语言的运算符非常丰富，共有 34 种，人们为了程序的需要往往把这些运算符组合在一起，那就需要知道这些运算符的优先级以及结合性的问题，这两个问题在 C 语言中是已经规定好了的。C 语言中的运算符总共分为 15 级，1 级最高，15 级最低。在表达式中，优先级高者先执行，当优先级相同时，则按照运算符的结合性来处理。表 2.11 详细介绍了 C 语言中运算符的优先级以及结合性问题。

表 2.11　优先级与结合性

优先级	运算符	名称或含义	使用形式	结合方向	说　明
1	[ ]	数组下标	数组名[常量表达式]	左到右	--
	( )	圆括号	(表达式)/函数名(形参表)		--
	.	成员选择(对象)	对象.成员名		--
	->	成员选择(指针)	对象指针 -> 成员名		--
2	-	负号运算符	- 表达式	右到左	单目运算符
	~	按位取反运算符	~ 表达式		
	++	自增运算符	++ 变量名/变量名 ++		
	--	自减运算符	-- 变量名/变量名 --		
	*	取值运算符	* 指针变量		
	&	取地址运算符	& 变量名		
	!	逻辑非运算符	! 表达式		
	(类型)	强制类型转换	(数据类型)表达式		--
	sizeof	字求节运算符	sizeof(表达式)		--
3	/	除	表达式/表达式	左到右	双目运算符
	*	乘	表达式 * 表达式		
	%	余数(取模)	整型表达式 % 整型表达式		

续表

优先级	运算符	名称或含义	使用形式	结合方向	说　明
4	+	加	表达式 + 表达式	左到右	双目运算符
	−	减	表达式 − 表达式		
5	< <	左移	变量 < < 表达式	左到右	双目运算符
	> >	右移	变量 > > 表达式		
6	>	大于	表达式 > 表达式	左到右	双目运算符
	> =	大于等于	表达式 > = 表达式		
	<	小于	表达式 < 表达式		
	< =	小于等于	表达式 < = 表达式		
7	==	等于	表达式 == 表达式	左到右	双目运算符
	! =	不等于	表达式 ! = 表达式		
8	&	按位与	表达式 & 表达式	左到右	双目运算符
9	^	按位异或	表达式 ^ 表达式	左到右	双目运算符
10			按位或	表达式	表达式	左到右	双目运算符
11	&&	逻辑与	表达式 && 表达式	左到右	双目运算符
12	||	逻辑或	表达式 || 表达式	左到右	双目运算符
13	?:	条件运算符	表达式 1 ? 表达式 2 : 表达式 3	右到左	三目运算符
14	=	赋值运算符	变量 = 表达式	右到左	−−
	/ =	除后赋值	变量 / = 表达式		−−
	* =	乘后赋值	变量 * = 表达式		−−
	% =	取模后赋值	变量 % = 表达式		−−
	+ =	加后赋值	变量 + = 表达式		−−
	− =	减后赋值	变量 − = 表达式		−−
	< < =	左移后赋值	变量 < < = 表达式		−−
	> > =	右移后赋值	变量 > > = 表达式		−−
	& =	按位与后赋值	变量 & = 表达式		−−
	^ =	按位异或后赋值	变量 ^ = 表达式		−−
		=	按位或后赋值	变量	= 表达式		−−
15	,	逗号运算符	表达式 , 表达式 , …	左到右	−−

　　通过一个简单的例子来演示一下部分运算符之间的混合运算过程,输入三角形的三边,计算出三角形的面积。已知三边分别为 a,b,c,则该三角形的面积公式为:

area $= \sqrt{s(s-a)(s-b)(s-c)}$，其中 $s = (a+b+c)/2$。

代码如下，运行结果如图 2.24 所示。

```c
#include <stdio.h>
int main()
{
    float a,b,c,s,area;
    printf("请依次输入三边的边长:\n");
    scanf("%f%f%f",&a,&b,&c);
    s = (a+b+c)/2;
    area = sqrt(s*(s-a)*(s-b)*(s-c));
    printf("圆的面积为:%7.2f",area);
    return 0;
}
```

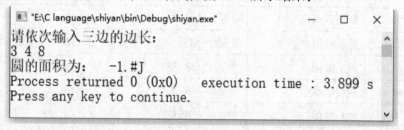

图 2.24　运行的结果

如果输入的三边分别为 3、4、8，可以看到如图 2.25 所示结果：

```
"E:\C language\shiyan\bin\Debug\shiyan.exe"        —   □   ×
请依次输入三边的边长:
3 4 8
圆的面积为:    -1.#J
Process returned 0 (0x0)    execution time : 3.899 s
Press any key to continue.
```

图 2.25　错误输入演示

出现如图 2.25 所示的错误原因是不能保证每次输入的三边能够构成三角形。为了让程序更完整，可以考虑加入对是否构成三角形的判断，同时如果三边不能构成三角形，程序会再次提示用户输入下一组 3 条边，构成三角形的条件是任意两边之和大于第三边。

代码如下，程序的运行结果如图 2.26 所示。

```c
#include <stdio.h>
#include <math.h>
int main()
{
    float a,b,c,s,area;
    printf("请依次输入三边的边长:\n");
```

```
scanf("%f%f%f",&a,&b,&c);
while(!(a+b>c&&a+c>b&&b+c>a))
{
    printf("此时三边不能构成三角形,请再次输入三边的边长:\n");
    scanf("%f%f%f",&a,&b,&c);
}
s=(a+b+c)/2;
area=sqrt(s*(s-a)*(s-b)*(s-c));
printf("圆的面积为:%7.2f",area);
return 0;
}
```

程序执行结果:

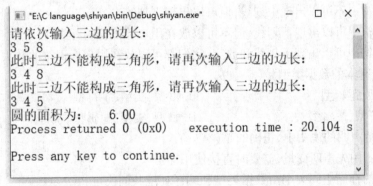

图 2.26　三角形中的逻辑关系

当三边能构成三角形时表达式 a+b>c&&a+c>b&&b+c>a 为真,前面取非后,表达式为假,循环结束;当三边不能构成三角形时表达式 a+b>c&&a+c>b&&b+c>a 为假,取非后为真,进入循环体,再次输出新的三边长。

如果看不懂修改后的程序 while 循环也没有问题,将在后面深入学习。

任务总结

单目运算符" + +"和" − −"以及双目运算符" +"和" −"的优先级是相同的,遵从自右向左的结合原则。在本任务中要求掌握各种运算符的运算符特征和运算符之间的优先级,以便在后期编程中灵活使用。

<h1 style="text-align:center">习题 2</h1>

一、选择题

1. 下列标识符中,不合法的用户标识符为(　　　)。

　　A. aBa　　　　　　　　B. _11　　　　　　　　C. a_1　　　　　　　　D. a&b

2. 下列标识符中,合法的用户标识符为( )。

    A. month   B. 5xy   C. int   D. your name

3. ( )是 C 语言提供的合法的数据类型关键字。

    A. Boolean   B. signed   C. integer   D. Char

4. 不合法的字符常量是( )。

    A. '\678'   B. '\"'   C. ' '   D. ' \4'

5. 不正确的字符串常量是( )。

    A. 'abc'   B. "12'12"   C. "0"   D. " "

6. 以下选项中合法的标识符是( )。

    A. 1_1   B. 1 – 1   C. _11   D. 1_

7. 下列关于 C 语言用户标识符的叙述中正确的是( )。

    A. 用户标识符中可以出现下划线和中划线(减号)

    B. 用户标识符中不可以出现中划线,但可以出现下划线

    C. 用户标识符中可以出现下划线,但不可以放在用户标识符的开头

    D. 用户标识符中可以出现下划线和数字,它们都可以放在用户标识符的开头

8. C 语言中,最基本的数据类型是( )。

    A. 整型、实型、逻辑型   B. 整型、实型、字符型

    C. 整型、字符型、逻辑型   D. 整型、实型、逻辑型、字符型

9. 下面有关变量声明的说法中,正确的是( )。

    A. C 语言中不用先声明变量,需要时直接使用即可

    B. 每个变量的存储空间大小由数据类型和编译环境共同决定

    C. 在 Code:Blocks 环境下,为 int 型变量分配的存储空间大小为 2 个字节

    D. 变量声明时,不能进行赋值操作

10. 关于下面的程序,正确的说法是( )。

```
#include stdio. h
int main( ) {
    float a = b = 2, result;
    result = a/b;
    printf( "result = % f\n", result);
    return 0;
}
```

    A. 程序可正常编译,结果为 result = 1.000000

    B. 共有 1 处语法错误

    C. 共有 2 处语法错误

    D. 共有 3 处语法错误

11. 下面变量声明的语句中,错误的是( )。

    A. char c = B;   B. int a = 3   C. char c = 65;   D. float area = 0;

12. 关于下面的程序,正确的说法是( )。

    #include < stdio. h >

```
int main( ) {
    int x,y,z;x = y = z = 1;
    printf("x = % d,y = % d,z = % d\n",x,y,z);
    return 0;
}
```

A. 程序无误,能正常通过编译

B. #include ＜stdio. h＞有误,需改为#include "stdio. h"

C. int x,y,z;有误,需改为 int x;y;z;

D. x = y = z = 1;有误,需改为 x = 1;y = 1;z = 1;

13. 已知字母 A 的 ASCII 码为十进制数 65,且 c2 为字符型,则执行语句 c2 = 'A' + '6' – '2';后,c2 中的值为(   )。

A. 69   B. C   C. D   D. E

14. 为了计算 s = 10!,则定义变量 s 时应该使用的数据类型是(   )。

A. int   B. unsigned

C. long   D. 以上三种类型均可

15. 以下选项中,能用作数据常量的是(   )。

A. 0119   B. o126   C. 2.5e2.5   D. 119L

16. 以下关于 short、int 和 long 类型数据占用内存大小的叙述中正确的是(   )。

A. 均占 4 个字节   B. 根据数据的大小决定所占内存的字节数

C. 由用户自己定义   D. 由 C 语言编译系统决定

17. 若已定义 char c = '\010',则变量 c 所占的字节数为(   )。

A. 1   B. 2   C. 3   D. 4

18. 要定义双精度实型变量 a 和 b,并初始化为数值 7,则正确的语句是(   )。

A. double a,b;a = b = 7;   B. double a = b = 7;

C. double a = b = '7';   D. double a = 7,b = 7;

19. 以下程序运行后的输出结果是(   )。

```
#include "stdio. h"
int main( ) {
    char c;
    c = 'B' + 32;
    printf("% c\n",m);
    return 0;
}
```

A. B   B. b   C. B32   D. b32

20. 以下程序运行后的输出结果是(   )。

```
#include "stdio. h"
int main( ) {
    char c1,c2;c1 = 'a';c2 = 'b';
    c1 = c1 – 32;
```

```
        c2 = c2 - 32;
        printf("%c %c\n",c1,c2);
        printf("%d %d\n",c1,c2);
        return 0;
    }
```
A. A   B   B. A   B   C. a   b   D. a   b
   65   66   97   98   65   66   97   98

21. 如果将一个函数的返回值类型说明为 void,则表示(   )。
    A. 该函数可以返回任意类型的值   B. 该函数不能返回任何值
    C. 该函数可以返回基本类型的值   D. 该函数是 main 函数,是程序运行的起点

22. 对于 int 型常量,不正确的是(   )。
    A. 029   B. -25   C. 0x2A   D. -0X28

23. 下列整型常量,错误的是(   )。
    A. 025   B. 285L
    C. -285u(u 表示无符号,怎么还有负号)   D. 285lu

24. 以下有关整型变量的定义中,错误的是(   )。
    A. short int x;   B. long x;   C. unsigned x;   D. short x;

25. 下列实型常量,错误的是(   )。
    A. 3.2f   B. -2.2E-2F   C. -12.0   D. e3

26. 在 Code:Blocks 环境下,sizeof(int)和 sizeof(float)的值分别为(   )。
    A. 2,2   B. 2,4   C. 4,4   D. 4,8

27. 对于浮点型数据,下列说法中不正确的是(   )。
    A. 浮点数在存储时存在舍入误差
    B. 程序设计时,不能直接对两个浮点型数据进行相等比较
    C. 将一个很小的浮点数和一个很大的浮点数进行相加,结果可能不正确
    D. C 语言中的浮点型变量有 float 和 double 两种

28. 若 ch 为字符型变量,则不能使 ch 表示字符'B'的语句是(   )。
    A. ch = B;   B. ch =66;   C. ch = '\102';   D. ch = '\x42';

29. 以下程序运行后的输出结果是(   )。
```
#include "stdio.h"
int main(){
    char ch ='a';
    int x =5;
    float s =2.5F;
    printf("%d,%d,%d\n",sizeof(ch),sizeof(x),sizeof(s));
    return 0;
}
```
A. 1,2,4   B. 1,4,4   C. 1,4,8   D. a,5,2.5

30. 以下选项中,不正确的 C 语言浮点型常量是(　　　　)。
    A. 160.　　　　　　B. 0. 12　　　　　　C. 2e4. 2　　　　　　D. 0. 0

31. 以下选项中,(　　　　)是不正确的 C 语言字符型常量。
    A. 'a'　　　　　　B. '\x41'　　　　　　C. '\101'　　　　　　D. "a"

32. 在 C 语言中,字符型数据在计算机内存中,以字符的(　　　　)形式存储。
    A. 原码　　　　　　B. 反码　　　　　　C. ASCII 码　　　　　　D. BCD 码

33. 若 x、i、j 和 k 都是 int 型变量,则计算下面表达式后,x 的值是(　　　　)。x = (i = 4,j = 16,k = 32)
    A. 4　　　　　　　B. 16　　　　　　　C. 32　　　　　　　D. 52

34. 算术运算符、赋值运算符和关系运算符的运算优先级按从高到低依次为(　　　　)。
    A. 算术运算、赋值运算、关系运算　　　　B. 算术运算、关系运算、赋值运算
    C. 关系运算、赋值运算、算术运算　　　　D. 关系运算、算术运算、赋值运算

35. 若有代数式 3ae/bc ,则不正确的 C 语言表达式是(　　　　)。
    A. a/b/c * e * 3　　B. 3 * a * e/b/c　　C. 3 * a * e/b * c　　D. a * e/c/b * 3

36. 表达式 ! x || a == b 等效于(　　　　)。
    A. ! ((x || a) == b)　B. ! (x || y) == b　C. ! (x || (a == b))　D. (! x) || (a == b)

37. 设整型变量 m,n,a,b,c,d 均为 1,执行 (m = a > b) && (n = c > d) 后,m,n 的值是(　　　　)。
    A. 0,0　　　　　　B. 0,1　　　　　　C. 1,0　　　　　　D. 1,1

38. 设有语句 int a = 3;,则执行了语句 a + = a − = a * = a;后,变量 a 的值是(　　　　)。
    A. 3　　　　　　　B. 0　　　　　　　C. 9　　　　　　　D. − 12

39. 在以下一组运算符中,优先级最低的运算符是(　　　　)。
    A. *　　　　　　　B. ! =　　　　　　C. +　　　　　　　D. =

40. 设整型变量 i 值为 2,表达式 (++i) + (++i) + (++i) 的结果是(　　　　)。
    A. 6　　　　　　　B. 13　　　　　　　C. 15　　　　　　　D. 表达式出错

41. 若已定义 x 和 y 为 double 类型,则表达式 x = 1,y = x +3/2 的值是(　　　　)。
    A. 1　　　　　　　B. 2　　　　　　　C. 2. 0　　　　　　D. 2. 5

42. sizeof (double) 的结果值是(　　　　)。
    A. 8　　　　　　　B. 4　　　　　　　C. 2　　　　　　　D. 出错

43. 设 a = 1,b = 2,c = 3,d = 4,则表达式:a < b? a : c < d? a : d 的结果为(　　　　)。
    A. 4　　　　　　　B. 3　　　　　　　C. 2　　　　　　　D. 1

44. 设 a 为整型变量,不能正确表达数学关系:10 < a < 15 的 C 语言表达式是(　　　　)。
    A. 10 < a < 15
    B. a = = 11 || a = = 12 || a = = 13 || a = = 14
    C. a > 10 && a < 15
    D. ! (a < = 10) && ! (a > = 15)

45. 设 f 是实型变量,下列表达式中不是逗号表达式的是(　　　　)。
    A. f = 3.2, 1.0　　B. f > 0, f < 10　　C. f = 2.0, f > 0　　D. f = (3.2, 1.0)

46. 表达式 18/4 * sqrt(4.0)/8 值的数据类型是(　　　　)。
    A. int　　　　　　B. float　　　　　　C. double　　　　　　D. 不确定

47. 已知字母 A 的 ASCII 码为十进制数 65,且 c2 为字符型,则执行语句 C2 = 'A' + '6' – '3';后 c2 中的值是(   )。

    A. D　　　　　　　 B. 68　　　　　　　 C. 不确定的值　　 D. C

48. 以下用户标识符中,合法的是(   )。

    A. int　　　　　　　 B. nit　　　　　　　 C. 123　　　　　　 D. a + b

49. C 语言中,要求运算对象只能为整数的运算符是(   )。

    A. %　　　　　　　 B. /　　　　　　　 C. >　　　　　　 D. *

50. 若有说明语句:char c = '\72';则变量 c 在内存占用的字节数是(   )。

    A. 1　　　　　　　 B. 2　　　　　　　 C. 3　　　　　　 D. 4

51. 字符串"ABC"在内存占用的字节数是(   )。

    A. 3　　　　　　　 B. 4　　　　　　　 C. 6　　　　　　 D. 8

52. 要为字符型变量 a 赋初值,下列语句中哪一个是正确的(   )。

    A. char a = "3";　　 B. char a = '3';　　 C. char a = %;　　 D. char a = *;

53. 下列不正确的转义字符是(   )。

    A. \\　　　　　　　 B. \'　　　　　　　 C. 074　　　　　　 D. \0

54. 已知字符 a 的 ASCII 码值为 97,则以下程序的输出结果是(   )。

```
#include "stdio. h"
int main( ) {
    char ch = 'c';
    printf("%c%d\n",ch,ch);
    return 0;
}
```

    A. c99　　　　　　　 B. c98　　　　　　　 C. c97　　　　　　 D. 编译出错

二、编程题

1. 已知长方形的长和宽分别为 x 和 y,计算其周长和面积。

2. 编写一个程序,其功能为:从键盘上输入两个整型数据,分别存放在整型变量 a 和 b 中,然后输出表达式 a/b 和 a%b 的值。

3. 编写一个程序,其功能为:从键盘上输入一个浮点数,然后分别输出该数的整数部分和小数部分。

4. 编写一个程序,其功能为:从键盘上输入一个小写字母,显示这个小写字母及它所对应的大写字母以及它们的 ASCII 码值。提示:大写字母 A ~ Z 的 ASCII 码值为 65 ~ 90,小写字母 a ~ z的 ASCII 码值为 97 ~ 122。可见,对应的大小写字母的 ASCII 码值相差 32,所以大写字母转换成小写字母就是将其 ASCII 值加上 32,小写字母转换成大写字母就是将其 ASCII 值减去 32。

5. 输入一个华氏温度 F,根据公式 c = 5(F – 32)/9 计算输出对应的摄氏温度。要求:输入要有提示,输出要有说明。

项目 3

程序流程控制

项目目标

- 了解算法的概念和熟悉算法的特征；
- 掌握常见的算法表示方法；
- 掌握流程图和 N-S 图的画法；
- 了解什么是计算机程序的基本流程；
- 掌握标准输入输出函数的基本使用；
- 掌握 if 条件选择语句的多种基本结构；
- 掌握 if-else 条件选择语句的使用方法；
- 掌握 if-elseif-else 多分支选择语句的使用方法；
- 掌握使用 switch 条件选择语句的使用方法；
- 掌握条件选择语句的循环嵌套；
- 熟悉循环结构的基本方法及形式；
- 掌握 for 循环语句的使用方法；
- 掌握 while 和 do-while 循环语句的使用方法；
- 掌握三种循环语句之间的区别及转换；
- 掌握多重循环的使用；
- 掌握循环与其他结构的配合使用。

3.1 算法及表示

任务描述

如何从多个数据中找到最大值；如何从成千上万的数据中查找数据；如何进行密码的加密处理等问题，最终都要用计算机来实现，在实现之前首先要找到问题的求解方法，然后再用计算机来实现。而这里所谓的方法就是算法。如何将问题的求解方法描述出来，将是本任务的学习重点。

知识学习

算法是解决问题的方法和步骤,生活中处处都有算法,比如打扫一个房间,做一顿美味佳肴,只有明确了算法,才能做好一件事。对于程序来说也是有算法的,著名的计算机科学家沃思(Nikiklaus Wirth)曾提过一个公式:程序 = 数据结构 + 算法。数据结构是对数据的描述,而算法则是对操作的描述。由此,程序设计是离不开算法的,算法可以看作程序的灵魂。那什么是算法呢?

(1)算法

为解决一个问题而采取的方法和步骤称为算法。对于同一个问题,可以有不同的解题方法和步骤,一般采用简单和运算步骤少的算法。算法具有以下特性:

①有穷性。一个算法的操作步骤是有限的。

②确定性。算法的每一步应该是确定的,不应该产生歧义,也就是不能被理解成多种可能性。

③有零个或多个输入。有些算法需要输入一些原始数据,有些算法就不需要输入。

④有一个或多个输出。设计算法的最终目的是解决问题,因此每个算法至少有一个输出结果来反映问题的解决情况,如果算法无输出没有任何意义。

⑤有效性。算法的每一步都应有效地被执行,并得到确定的结果。

(2)算法的表示

在实际应用中,描述算法的方法有很多,如自然语言、传统流程图、N-S 流程图、伪代码和计算机语言等。

1)自然语言表示法

自然语言表示法是人类日常生活中使用的语言,也是最接近人类思想的一种方法,简单易懂,所以是最简单的算法描述工具。

举例:用自然语言表示两个数中最大值。

①定义两个变量 x,y,存放要比较的两个数字。

②定义一个变量 z,用于存放较大值。

③在键盘上输入两个数,分别赋给 x,y。

④判断 x 是否大于 y,若成立,将 x 赋给 z,不成立,将 y 赋给 z。

⑤输出 z 值。

可以看出,用自然语言表示程序的算法,虽然易懂但是麻烦,一般情况下,不建议采用这种方式来表达。

2)伪代码表示法

伪代码介于自然语言和计算机语言之间,采用了文字和符号来描述算法。伪代码结构清晰,代码简单,可读性好,类似于自然语言的特点。

举例:伪代码表示两数中较大值的算法。

①x 获得键盘中的值。

②y 获得键盘中的值。

③

```
if( x > y )
    max = x;
else
    max = y;
```

④输出 max 的值。

可以看出,伪代码也是不使用图形,每一行或者每几行表示一个基本的操作。

3)流程图表示

流程图的作用是描述人们解决问题的方法、思路或者算法。流程图是用一些图形框来代表程序中的操作。这些图形框是由美国国家标准协会规定了的,见表3.1。

表 3.1　流程图的符号

图形符号	符号名称	功　能	数据流
⬭	起始框或者终止框	表示程序的开始和结束	起始框:一条流出线,终止框:一条流入线
▱	输入输出框	标明输入输出的内容	一条流入线和一条流出线
▭	处理框	标明作何处理	一条流入线和一条流出线
◇	判断框	框内标明判断条件,框外标明判断结果的两种流向	一条流入线和两条流出线,但只有一条流出线起作用
○	连接点	连接两段流程线	两条流程线,无流入流出之分
→ ↑	流程线		

举例:用流程图表示求两个数中较大者的算法,如图3.1 所示。

流程图具有采用简单的符号,画法简单,比较直观,结构清晰,逻辑性强,方便描述,容易理解,产生歧义等特点。

4)N-S 流程图

N-S 流程图是 1973 年由 I. Nassi 和 B. Shneiderman 两位美国学者提出的,也称为盒子图。将全部算法都写在一个矩形框内,去掉了带箭头的流程线,适用于结构化的程序设计,比较大小的 N-S 盒子图如图 3.2 所示。

5)计算机语言

人与人之间交流用自然语言是比较方便的,但是这门课程要实现的是人与计算机的交流,那这就需要能被计算机直接或间接识别的语言,就是计算机语言。

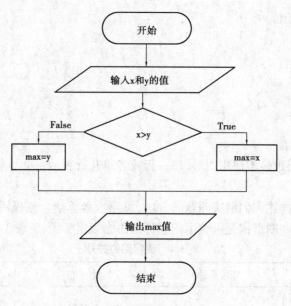

图 3.1 比较大小流程图

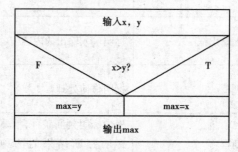

图 3.2 比较大小的 N-S 图

计算机语言作为指挥计算机工作的工具,经历了机器语言、汇编语言和高级语言 3 个阶段,C 语言就是高级语言中的一种。用计算机语言描述算法的好处在于可以在计算机中运行程序,这符合算法要最终变成程序,以便在机器上实现的需求。

使用 C 语言完成前面例子的实现:

```c
#include  < stdio. h >
int main( )
{
    int x,y,max;
    scanf( "% d% d" ,&x,&y) ;
    if( x > y)
        max = x;
    else
        max = y;
    printf( "max = % d" ,max) ;
    return 0;
}
```

任务总结

算法必须能在执行有限个步骤之后终止,算法的每一步骤必须有确切的定义。一个算法有 0 个或多个输入,以刻画运算对象的初始情况,所谓 0 个输入是指算法本身定出了初始条件;一个算法有一个或多个输出,以反映对输入数据加工后的结果。没有输出的算法是毫无意义的,算法中执行的任何计算步骤都可以被分解为基本的可执行的操作步骤,即每个计算步骤都可以在有限时间内完成(也称为有效性)。

一个问题的求解算法可能不止一种,必须择优而选,"优"主要考虑两个方面:时间复杂度和空间复杂度。

3.2　程序流程控制

任务描述

无论多复杂的程序,最终都可以由顺序结构、选择结构和循环结构来实现。本任务将简单介绍程序设计中的三大基本结构。另外在程序中输入与输出是非常重要的环节,还介绍各种基本输入与输出语句。

知识学习

无论做什么事情,都会存在一个"先做什么,后做什么,接着做什么,最后做什么"的顺序,这是生活中的流程。比如烧制一道美食,先要购买材料,然后按照菜谱顺序把握什么时候放油,什么时候放材料,什么时候放调料,火候如何,这样可以完成美食的制作。对于程序来说,也像做菜一样,讲究先做什么,后做什么。

在 C 语言中,主要包含 3 种程序结构,即顺序结构、选择结构和循环结构。任何程序都可以由这 3 种结构构成,这样程序结构便于编写、阅读、修改和维护。前面编写的程序绝大多数是顺序结构,从本项目开始将陆续加入选择和循环结构。我们来回顾一下顺序结构。

(1)顺序结构

顺序结构就是按照程序语句的先后顺序,一条一条地依次执行,可以用流程图[图3.3(a)]和 N-S 图[图3.3(b)]分别来表述。

(2)输入输出语句

由于顺序结构比较简单,没有太多需要注意的地方,一个简单的顺序结构程序由变量的定义、输入、基本运算和输出来组成。在前面介绍的程序中,经常看到 printf 和 scanf 就是输入输出语句的常见表达。现在就一起来学习 C 语言中有哪些标准的输入输出函数。

C 语言的输入和输出操作是通过 C 语言标准函数库中提供的输入输出函数来实现的。由于库函数的信息都在相关的头文件中,因此,使用前应在程序的开头使用相应的编译预处理命令,即使用前必须在程序的头部使用命令:

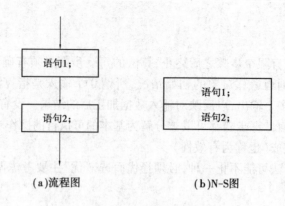

（a）流程图 （b）N-S图

图 3.3 顺序结构流程图

#include < stdio. h >

在前面的程序中,看到第一行都是这么写的,当然也可以换成#include"stdio. h"这种写法。两者的区别在于查找要包含的函数库文件时,查找的顺序不一致。前者是先在系统目录中查找所包含的内容(系统目录→环境变量目录→用户自定义目录),适合由系统写好的文件;后者是在自己的当前程序目录中开始查找所包含的文件(用户自定义目录→系统目录→环境变量目录),适合由编程人员自己编写的文件。根据不同情况选择不同的写法可以提高程序的执行效率,目前还未进入自己编写头文件的阶段,所以目前采用加 < > 的头文件添加方式。

1)格式化输出函数 printf( )

printf( )函数的功能是按用户指定的格式,把指定的数据输出到显示器屏幕上。

printf( )函数的一般格式【printf("格式字符串"[,输出项表])】。

格式字符串可以由普通字符、格式占位符、转义字符组成。比如 printf("转换后的数据为%d%d\n",x,y);其中"转换后的数据"为普通字符,原样输出,'\n'为转义字符,%d 为格式占位符。

输出项表是指要输出的数据,可以是变量也可以是表达式,还可以没有,也可以有多个,之间用',' 逗号隔开。

例如:

```
printf("请输入两个整数:\n");              //无输出项
printf("%d\n",1 +2 +8);                 //一个输出项,且为表达式
printf("a =%d,b =%d\n",a,b);            //多个输出项,输出 a 和 b 的值
```

这里需要注意的是,输出项的类型要与前一个参数中的格式符保持一致,否则会出现结果错误,演示程序如下,运行结果如图 3.4 所示。

```
#include < stdio. h >
int main( )
{
    printf("a =%d,b =%f\n",3. 1415,128);
    return 0;
}
```

a 对应的是浮点数 3. 1415,格式占位符应该是%f,b 对应的是整型数 128,格式占位符对应的是%d。当不匹配时,编译环境一般不会报错,程序正常执行,但是结果是错误的。对于初学者来

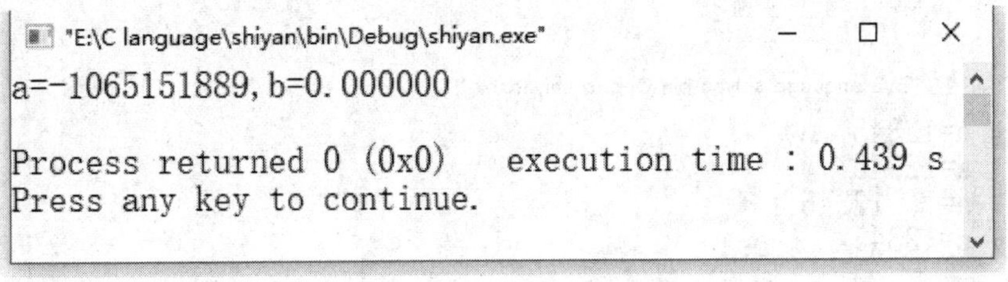

图 3.4　格式符与数据类型

说,这个错误比较常见,这就需要读者熟记常见的数据类型对应的格式占位符,见表3.2。

表 3.2　各类型的格式占位符

格式占位符	代表意义	类　型
% d	十进制整数	int
% u	一个无符号十进制整数	unsigned int
% o	八进制整数	int
% x,% X	十六进制整数	int
% f	单精度的浮点型数	float
% lf	双精度的浮点型数	double
% c	一个字符	char
% e,% E	指数形式的浮点数	float、double
% g,% G	根据数值不同自动选择% f 或% e.	float、double
% s	一个字符串,遇空格、制表符或换行符结束	无专门类型
% p	一个指针或地址	数据类型　*
% %	% 符号,输出百分号不能用'\'	

对于格式占位符,用户可以借助%md进一步规范输出数据的格式。其中 m 为整数,表示用多少位来存放数据。如果 m 值小于要输出数据的位数,原样输出,如果 m 值大于要输出数据的位数,则用空格来填充。那么在填充时,会根据 m 的正负情况,选择把空格填充在数据左侧或者右侧。当 m 为正时,空格填充在左侧,数据在右侧,类似于右对齐;当 m 为负时,空格填充在右侧,数据在左侧,类似于左对齐,如图 3.5 所示。

```c
#include < stdio. h >
int main( )
{
    int a = 12345;              //a 数据的位数为 5
    printf("a = % d| \n",a);
    printf("a = % 4d| \n",a);    //4 < 5,格式上没变化,与不写一样
    printf("a = % 8d| \n",a);    //8 > 5,出现空格,8 > 0,右对齐
    printf("a = % - 8d| \n",a);  //8 > 5,出现空格, - 8 < 0,左对齐
    return 0;
```

```
}
```

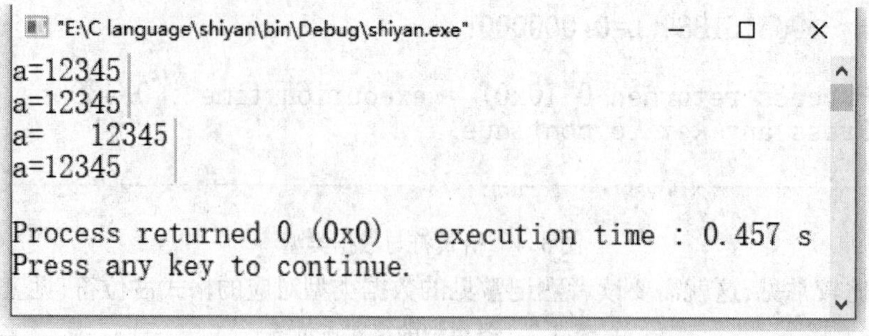

```
"E:\C language\shiyan\bin\Debug\shiyan.exe"      —    □    ×
a=12345
a=12345
a=   12345
a=12345

Process returned 0 (0x0)   execution time : 0.457 s
Press any key to continue.
```

图 3.5　输出对齐

也可以借助 %.nf 来约束输出的浮点数中小数点后面的位数,n 前面有个小数点'.',n 为几,小数点后保留几位,如图 3.6 所示。

```
#include < stdio. h >
#include < stdio. h >
int main( )
{
    float pi = 3. 1415926;        //小数点后面有 7 位
    printf( "%. f\n" ,pi);        //小数点后面保留 0 位
    printf( "%. 3f\n" ,pi);       //小数点后面保留 3 位
    printf( "%. 4f\n" ,pi);       //小数点后面保留 4 位
    printf( "%. 8f\n" ,pi);       //小数点后面保留 8 位,不足补零
    return 0;
}
```

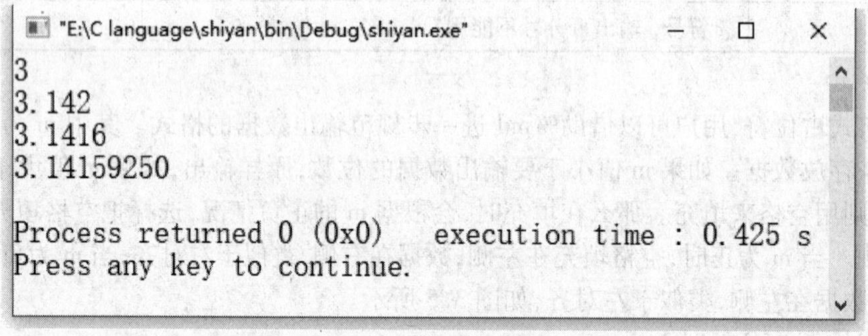

```
"E:\C language\shiyan\bin\Debug\shiyan.exe"      —    □    ×
3
3. 142
3. 1416
3. 14159250

Process returned 0 (0x0)   execution time : 0.425 s
Press any key to continue.
```

图 3.6　小数点位数

可以在约束位数的同时,规定浮点数小数后的位数,格式为 %m.nf,是指整个小数占 m 位,包括小数点在内,小数点后有 n 位,如图 3.7 所示。

```
#include < stdio. h >
#include < stdio. h >
int main( )
{
    float pi = 3. 1415;          //整个小数有 6 位,小数点后 4 位
```

```
printf("%8.f\n",pi);          //宽度为8,右对齐,小数点后面保留0位
printf("%8.3f\n",pi);         //宽度为8,右对齐,小数点后面保留3位
printf("%8.5f\n",pi);         //宽度为8,右对齐,小数点后面保留5位,不够补零
printf("%-8.5f\n",pi);        //宽度为8,左对齐,小数点后面保留8位,不足补零
return 0;
}
```

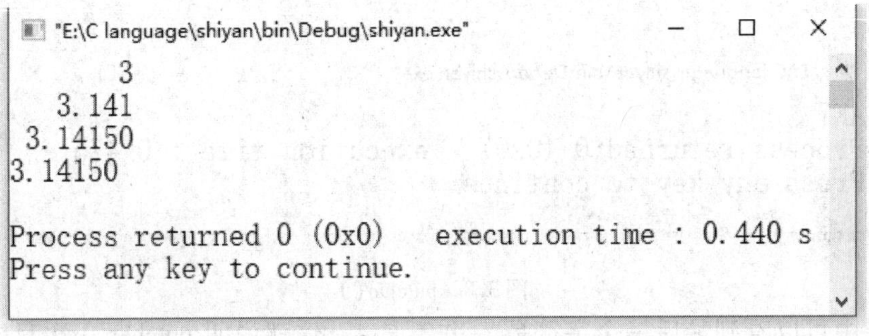

图 3.7　控制实数宽度

2)格式化输入函数 scanf( )

scanf( )函数的功能是按指定格式从键盘缓冲区中读入数据,存入地址表指定的存储单元中,并按回车键结束。

scanf( )函数的一般格式【scanf("格式字符串",输入项地址表列);】

此处的格式字符串只包含格式占位符和普通字符串两部分。格式占位符与 printf 函数基本一致,对于普通字符来说,两者的处理方式不同,printf 函数中的普通字符是按照原样输出到屏幕,但是 scanf 函数则需要程序员从键盘上按照顺序输入,不能省略,否则会出现数据读取错误。

输入项地址表,是指一系列的变量地址,这里需要使用取址运算符"&",【& 变量名】。例如 scanf("%d%d",&x,&y);

如果让 x 的值为3,y 的值为5,执行代码时,在窗口中需要输入3 空格5 回车,此处的空格也可以换成回车或者 Tab 按键。

如果代码"scanf("%d,%d",&x,&y);"变成这种,要想正确地把3 和5 传递到 x 和 y 的地址空间中,需要在窗口中输入"3 逗号5 回车"。这里逗号一定不能省略,因为 scanf 中的普通字符必须原样输入。

该函数实际的执行过程是先从键盘读取数据,然后把数据依次存放到键盘缓冲区中,最后再分配传送到相应变量地址对应的存储空间中。这个函数就像快递员一样,从中转站(键盘缓冲区)拿到数据,根据上面的地址,把快递送到对应的人(变量)手中。

3)字符输出函数 putchar( )

putchar( )函数的功能:在显示器上输出单个字符,格式为【putchar(c);】。

参数 c 可以是字符变量、字符常量和整型变量,也可以是一个转义字符,演示程序结果如图 3.8 所示。

```
#include < stdio.h >
int main( )
```

```
{
    char ch = 'K';
    putchar(65);
    putchar(ch);
    putchar('47');
    return 0;
}
```

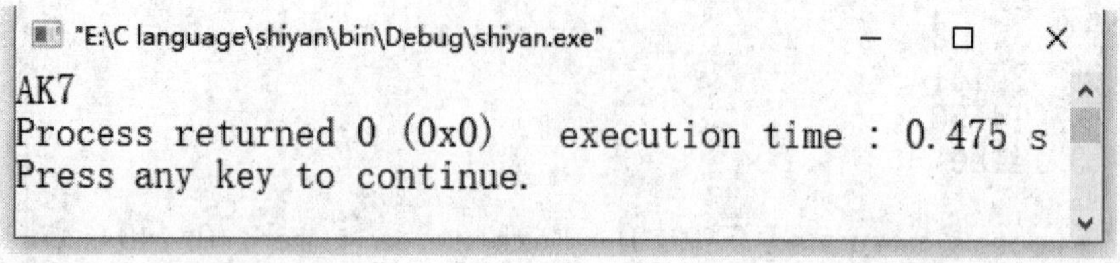

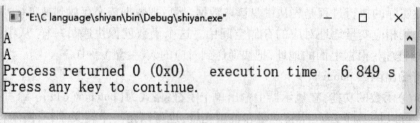

图 3.8 putchar( )

从结果中可以看到最后一个字符是 7,并不是 47,这就说明 putchar 一次只能输出 1 个字符。

4)字符输入函数 getchar( )

getchar( )函数的功能:从键盘上输入一个字符,只接受单个字符,输入数字也按字符处理。输入多于一个字符时,只接收第一个字符。输入单个字符后,必须按一次回车,计算机才接受输入的字符。

把输入的字符可以赋给一个字符变量或整型变量,构成赋值语句,也可以不赋给任何变量,而作为表达式的一部分或者清空键盘缓冲区中多余的字符。

```
#include < stdio. h >
int main( )
{
    char ch;
    ch = getchar();           //输入一个字符
    putchar(ch);              //输出字符
    return 0;
}
```

程序结果如图 3.9 所示。

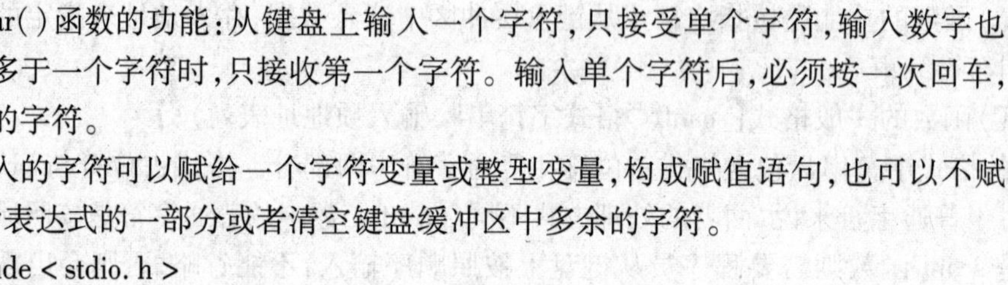

图 3.9 getchar( )

任务总结

在程序设计中,输入与输出的时候可能会需要有对齐等要求,可以使用本任务所学格式化输入与输出来实现。注意各种格式化输入与输出的用法。

习题 3.1

选择题

1. printf("f = % 3. 2f% % " ,3. 478) ;的输出结果是(　　　)。
   A. f = 3. 48%　　　　　B. f = 3. 5%　　　　　C. f = 3. 48%　%　　　　D. f = 347. 8%

2. printf("% c,% d" ,'a', 'a') ;的输出结果是(　　　)。
   A. a ,97　　　　　　　B. a　97　　　　　　　C. 97 ,a　　　　　　　D. 97　a

3. 有以下程序段:
   char c1 ,c2 ,c3 ,c4 ,c5 ,c6 ;
   scanf("% c% c% c% c" ,&c1 ,&c2 ,&c3 ,&c4) ;
   c5 = getchar( ) ;
   c6 = getchar( ) ;
   putchar(c1) ;
   putchar(c2) ;
   printf("% c% c\n" ,c5 ,c6) ;
   程序运行后,若从键盘输入:123 < 回车 >45678 < 回车 >。则输出结果是(　　　)。
   A. 1267　　　　　　　B. 1256　　　　　　　C. 1278　　　　　　　D. 1245

4. 若一个 int 类型的数据占 2 字节,则程序段:
   int x = 1 ;printf("% u,% d" ,x ,x) ;
   的输出结果是(　　　)。
   A. 65535 , 1　　　　　B. 1 ,65535　　　　　C. 32767 , 32768　　　D. 32768 ,32767

5. 在 C 语言中,getchar、putchar、printf、scanf 4 个函数均包含在头文件(　　　)中。
   A. math. h　　　　　　B. stdio. h　　　　　　C. stbio. h　　　　　　D. stdlib. h

6. 复合语句是用(　　　)括起来的语句组。
   A. ( )　　　　　　　　B. [ ]　　　　　　　　C. { }　　　　　　　　D. < >

7. 下列格式符中,可以用于以八进制形式输出整数的是(　　　)。
   A. % d　　　　　　　　B. % 8d　　　　　　　C. % o　　　　　　　　D. % ld

8. 下列格式符中,可以用于以十六进制形式输出整数的是(　　　)。
   A. % 16d　　　　　　　B. % 8x　　　　　　　C. % d16　　　　　　　D. % d

9. a 是 int 类型变量,c 是字符变量,下列输入语句中错误的是(　　　)。
   A. scanf("% d,% c" ,&a ,&c) ;　　　　　　　B. scanf("% d% c" ,a ,c) ;
   C. scanf("% d% c" ,&a ,&c) ;　　　　　　　D. scanf("d = % d,c = % c" ,&a ,&c) ;

10. 要使 double x；long a；的数据能正确输出，输出语句应是（　　）。
    A. printf("%d,%f",a,x);
    B. printf("%d,%1f",a,x);
    C. scanf("%1d,%1f",&a,&x);
    D. printf("%1d,%lf",a,x);

11. 数字字符 0 的 ASCII 值为 48，则以下程序运行后的输出结果是（　　）。

```
#include <stdio.h>
int main(){
    char a='1',b='2';
    printf("%c,",b++);
    printf("%d\n",b-a);
    return 0;
}
```
    A. 3,2　　　　　B. 50,2　　　　　C. 2,2　　　　　D. 2,50

12. 以下程序运行后的输出结果是（　　）。

```
#include <stdio.h>
int main(){
int m=12,n=34;
    printf("%d%d",m++,++n);
    printf("%d%d\n",n++,++m);
    return 0;
}
```
    A. 12353514　　　B. 12353513　　　C. 12343514　　　D. 12343513

13. 若整型变量 a、b、c、d 中的值依次为 1、2、3、4，则表达式 a+b/d*c 的值是（　　）。
    A. 1　　　　　B. 2.5　　　　　C. 0.25　　　　　D. 2

14. 以下程序运行后的输出结果是（　　）。

```
#include <stdio.h>
int main(){
    int a,b,c;
    a=10;b=20;
    c=a%b+a/b;
    printf("%d %d %d\n",a,b,c);
    return 0;
}
```
    A. 10200　　　B. 10 20 10　　　C. 102011　　　D. 10 20 1

15. 以下程序的功能是：给 r 输入数据后计算半径为 r 的圆面积 s。程序在编译时出错，出错的原因是（　　）。

```
#include <stdio.h>
int main(){
    int r;
    float s;
```

```
        scanf("%d",&r);
        s = *p*r*r;
        printf("s = %f\n",s);
        return 0;
        return 0;
    }
```

A. 注释语句书写位置错误　　　　　　　B. 存放圆半径的变量 r 不应该定义为整型

C. s = *p*r*r;语句中使用了非法变量　D. 输出语句中格式描述符非法

16. 设有定义:int k = 1, m = 2;float f = 7;,则以下选项中错误的表达式是(　　)。

A. k = k + = k　　　　　B. - k ++　　　　　C. k%int(f)　　　　　D. f = k%m

17. 设有定义:int a = 2, b = 3, c = 4;,则以下选项中值为 0 的表达式是(　　)。

A. a%b%c　　　　　B. a/b/c　　　　　C. a = b = c　　　　　D. a,b,c

18. 有以下程序段:int k = 0, a = 1, b = 2, c = 3;k = a + = b - = c;,执行该程序段后,k 的值是(　　)。

A. 0　　　　　B. 1　　　　　C. 2　　　　　D. 3

19. 以下程序运行后的输出结果是(　　)。

```
#include < stdio. h >
int main() {
    char c;
    int n = 100;
    float f = 10;
    double x;
    x = f* = n/ = (c = 50);
    printf("%d %f\n",n,x);
    return 0;
}
```

A. 2 20　　　　　B. 2 20.000000　　　　　C. 100 10　　　　　D. 50 10.000000

20. 已知字母 A 的 ASCII 码为 65,则以下程序运行后的输出结果是 (　　)。

```
#include < stdio. h >
int main() {
    char a,b;
    a = 'A' + '5' - '3';
    b = a + '6' - '2';
    printf("%d%c\n",a,b);
    return 0;
}
```

A. 6771　　　　　B. 67G　　　　　C. CG　　　　　D. C71

21. 表达式 3.6 - 5/2 + 1.2 + 5%2 的值是(　　)。

A. 3. 3　　　　　B. 3. 8　　　　　C. 4. 3　　　　　D. 4. 8

22. 若变量 x、y 已正确定义并赋值,以下符合 C 语言语法的表达式是(　　)。

　　A. ++x,y = x --　　　　　　　　　　　B. x + 1 = y

　　C. x = x + 10 = x + y　　　　　　　　D. double(x)/10

23. 以下程序运行后的输出结果是(　　)。

```
#include < stdio. h >
int main( ) {
    int x,y,z;
    x = y = 1;
    z = x ++ ,y ++ , ++y;
    printf( "%d,%d,%d\n",x,y,z);
    return 0;
}
```

　　A. 2,3,3　　　　　　B. 2,3,2　　　　　　C. 2,3,1　　　　　　D. 2,2,1

24. 以下选项中,值为 1 的表达式是(　　)。

　　A. 1 - '0'　　　　　B. 1 - '\0'　　　　　C. 'l' - 0　　　　　D. '\0' - '0'

25. 设有定义:int k = 0;,以下选项的(　　)与其他 3 个表达式的值不相同。

　　A. k ++　　　　　　B. k + 1　　　　　　C. ++k　　　　　　D. k + 1

26. 执行以下程序后的输出结果是(　　)。

```
#include < stdio. h >
int main( ) {
    int a = 10;
    a = (3 * 5,a + 4);
    printf( "a = %d\n",a);
    return 0;
}
```

　　A. a = 10　　　　　B. a = 14　　　　　C. a = 15　　　　　D. a = 19

27. 若变量均已正确定义并赋值,以下合法的 C 语言赋值语句是(　　)。

　　A. x = y = 5;　　B. x = n%2.5;　　C. x + n = i;　　D. x = 5 = 4 + 1;

28. 设变量已经正确定义并赋值,以下正确的表达式是(　　)。

　　A. x = y * 5 = x + z　　B. int(15.8%5)　　C. x = y + z * 5, ++y　　D. x = 25%5.0

29. 以下不能正确表示代数式 2ab/cd 的 C 语言表达式是(　　)。

　　A. 2 * a * b/c/d　　B. a * b/c/d * 2　　C. a/c/d * b * 2　　D. 2 * a * b/c * d

30. 设变量 a 和 b 已正确定义并赋初值。请写出与 a - = a + b 等价的赋值表达式(　　)。

　　A. a = a - a + b　　B. a - a = b　　C. a = a - (a + b)　　D. a = - a + b

31. 设有定义:int x = 2;,以下表达式中,值不为 6 的是(　　)。

　　A. x * = x + 1　　B. x ++ ,2 * x　　C. x * = (1 + x)　　D. 2 * x,x + = 2

32. 表达式(int)((double)9/2) - (9)%2 的值是(　　)。

　　A. 0　　　　　　　B. 3　　　　　　　C. 4　　　　　　　D. 5

33. 若有定义 int x = 10;,则表达式 x - = x + x 的值为(   )。
   A. - 20   B. - 10   C. 0   D. 10

34. 若有定义 double a = 22;int i = 0,k = 18;,则以下有错的语句是(   )。
   A. a = a + + ,i + + ;   B. i = (a + k)/(k - i);
   C. i = a%11 ;   D. i = ! a;

35. 以下程序运行后的结果是(   )。
```
#include < stdio. h >
int main( ) {
    int a = 2,b = 2,c = 2;
    printf( "% d\n",a/b% c );
    return 0;
}
```
   A. 0   B. 1   C. 2   D. 3

36. 若有定义 int a;long b;double x,y;,则以下选项中正确的表达式是(   )。
   A. a% (int)(x - y)   B. a = b = x,y;   C. (a * y)% b   D. y = x + y = x

37. 表达式 a + = a - = a = 9 的值是(   )。
   A. - 9   B. 0   C. 9   D. 18

38. 若有定义 int a = 3,b = 2,c = 1;,以下选项中错误的赋值表达式是(   )。
   A. a = (b = 4) = 3   B. a = b = c + 1;
   C. a = (b = 4) + c;   D. a = 1 + (b = c = 4);

39. 若有定义 int x = 12,y = 8,z;,在其后执行语句 z = 0.9 + x/y;,则 z 的值为(   )。
   A. 1   B. 1.9   C. 2   D. 2.4

40. 以下程序运行后输出的结果是(   )。
```
#include < stdio. h >
int main( ) {
    int a = 0,b = 0,c = 0;
    c = ( a - = a - 5 );
    ( a = b,b + = 4 );
    printf( "% d,% d,% d", a,b,c );
    return 0;
}
```
   A. 0,4,5   B. 4,4,5   C. 4,4,4   D. 0,0,0

41. 设变量均已正确定义并且赋值,以下与其他 3 组输出结果不同的一组语句是(   )。
   A. x + + ;printf("% d\n",x);   B. n = + + x;printf("% d\n",n);
   C. + + x;printf("% d\n",x);   D. n = x + + ;printf("% d\n",n);

42. 以下程序运行后输出的结果是(   )。
```
#include < stdio. h >
int main( ) {
    int a = 1,b = 0;
```

```
        printf("%d,",b=a+b);
        printf("%d",a=2*b);
}
```

  A. 0,0   B. 1,0   C. 3,2   D. 1,2

43. 以下程序运行后输出的结果是(　　　)。

```
#include <stdio.h>
int main(){
    int k=011;
    printf("%d\n"k++);
    return 0;
}
```

  A. 12   B. 11   C. 10   D. 9

44. 有以下程序:

```
#include <stdio.h>
int main(){
    int m,n,p;
    scanf("m=%dn=%dp=%d",&m,&n,&p);
    printf("%d%d%d\n",m,n,p);
    return 0;
}
```

  若想使变量 m 中的值为123, n 中的值为456, p 中的值为789,则正确的输入是(　　　)。

  A. m=123n=456p=789   B. 123,456,789

  C. m=123,n=456,p=789   D. 123 456 789

45. 以下程序运行后输出的结果是(　　　)。

```
#include <stdio.h>
int main(){
    int a,b,d=25;
    a=d/10%9;
    b=a+-1;
    printf("%d,%d\n",a,b);
    return 0;
}
```

  A. 6,1   B. 2,1   C. 6,0   D. 2,0

46. 以下叙述中正确的是(　　　)。

  A. 调用 printf 函数时,必须要有输出项

  B. 使用 putchar 函数时,必须在之前包含头文件 stdio.h

  C. 在 C 语言中,整数可以以十二进制、八进制或十六进制的形式输出

  D. 调用 getchar 函数读入字符时,可以从键盘上输入字符所对应的 ASCII 码

47. 程序如下,以下叙述中正确的是(   )。

```
#include <stdio.h>
int main(){
    char a1 = 'M', a2 = 'm';
    printf("%c\n",(a1,a2));
    return 0;
}
```

A. 程序输出大写字母 M

B. 程序输出小写字母 m

C. 格式说明符不足,编译出错

D. 程序运行时产生出错信息

48. 以下程序运行时若输入:a<回车>,则叙述正确的是(   )。

```
#include <stdio.h>
int main(){
    char c1 = '1', c2 = '2';
    c1 = getchar();
    c2 = getchar();
    putchar(c1);
    putchar(c2);
    return 0;
}
```

A. 变量 c1 被赋予字符 a, c2 被赋予回车符

B. 程序将等待用户输入第 2 个字符

C. 变量 c1 被赋予字符 a, c2 中仍是原有字符 2

D. 变量 c1 被赋予字符 a, c2 中将无确定值

49. 设有定义:int a; float b;,执行 scanf("%2d%f",&a,&b);语句时,若从键盘输入:876 543. 0,a 和 b 的值分别是(   )。

A. 876 和 543.0   B. 87 和 6.0   C. 87 和 543.0   D. 76 和 543.0

50. 若在定义语句:int a, b, c;之后,接着执行以下选项中的语句,则能正确执行的语句是(   )。

A. scanf("%d",a,b,c);

B. scanf("%d%d%d",&a,&b,&c);

C. scanf("%d%d%d",&a, b, c);

D. scanf("%d%d%d",a,b,c);

3.3 选择结构

任务描述

将分别介绍 if 语句和 switch 语句来实现选择结构。选择结构有 3 种形式:单分支结构、双分支结构、多分支结构。

知识学习

选择结构是根据条件判断的结果,从两种或多种路径中选择一条执行,流程图如图 3.10(a)所示,N-S 图如图 3.10(b)所示。

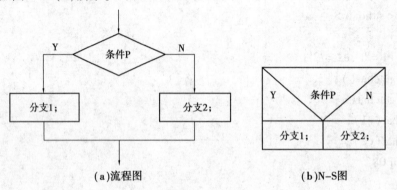

(a)流程图　　　　　　　　(b)N-S图

图 3.10　简单选择结构

在 C 语言程序设计中,分支语句包括 if 语句和 switch 语句。if 语句可以提供一种二路选择,用来判定给定的条件是否成立,若成立执行分支 1,否则执行分支 2。switch 是一种专门进行多路选择的语句,首先看 if 语句,根据执行的分支的多少,可分为单分支结构,双分支结构和多分支结构。

(1)单分支选择结构——if 语句

if 语句的基本形式:

```
if(表达式)
{
    语句;
}
```

含义:先计算表达式的值,如果表达式为真,则执行括号内的语句;如果表达式为假,则不执行任何语句。其中表达式可以是关系表达式或逻辑表达式,语句可以为简单语句也可为复合语句,其流程如图 3.11 所示。

对于 if 来说,它的控制能力是有限,只能控制一条语句,包括复合语句(用{}括起来的),可以把这种现象比作"独生子女规则",一个家庭只能生一胎,如果是多胞胎就相当于用{}括起来。对于初学者如果不理解,建议在不管 if 控制几条语句,在 if()后面首先加上{},然后往

{}中再去填写语句。

这里还有一个问题,不少初学者在 if( ) 的后面打上"；"分号。如果是这种语法,if 其实控制了一条空语句,那 if 就起不到应有的作用了。

首先看一个求两数最大值的例子:

```
#include < stdio. h >
int main( )
{
    int a,b,max;                      //
max 用于存储两数中的较大值
    printf("请输入要判断的两个数:");
    scanf("%d%d",&a,&b);
    max = a;
    if( max < b)
    {
        max = b;
    }
    printf("a = %d\tb = %d\nmax = %d",a,b,max);
    return 0;
}
```

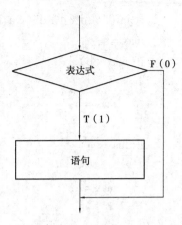

图 3.11　单分支选择结构

程序运行结果如图 3.12 所示。

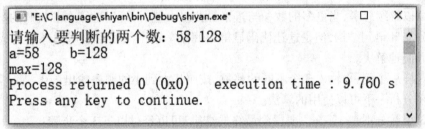

图 3.12　比较大小程序

本程序是先输入两个数 a,b。把 a 赋值给 max,再用 if 语句判别 max 与 b 的大小,如果 max 小于 b,则把 b 赋给 max,由此发现 max 中始终是最大值。

在本例的基础上,如果要实现 3 个数的最大值的求解,该如何实现呢? 根据前面的分析知道 max 此时拿到的是两个数中的最大值,此时只需要在原来代码的基础上再加一个 max 与变量 c 的比较就能实现了。

```
#include < stdio. h >
int main( )
{
    int a,b,c,max;                    //max 用于存储两数中的较大值
    printf("input three numbers:");
```

```
    scanf("%d%d%d",&a,&b,&c);
    max = a;
    if( max < b)
    {
        max = b;
    }
    if( max < c)
    {
        max = c;
    }
    printf("a = %d\tb = %d\tc = %d\nmax = %d",a,b,c,max);
    return 0;
}
```

程序结果如图 3.13 所示。

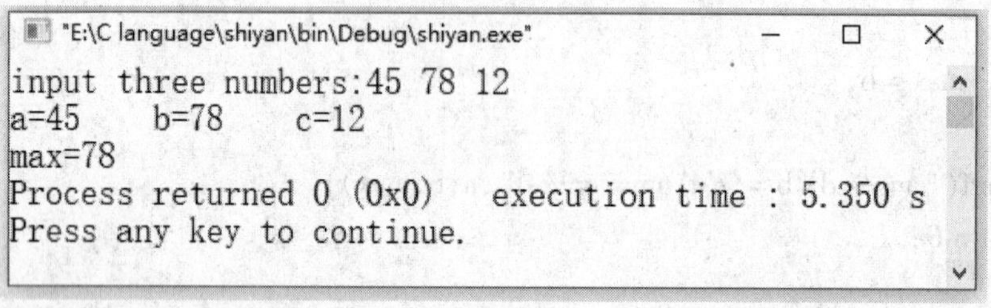

图 3.13 3 个数求最大值

读者可以继续思考,当更多的数参与进来寻找最大值时,可以继续在源代码的基础上增加相同的单分支 if 语句结构,但是这让代码显得很冗余。这个问题可以用循环结构或者数组的知识比较方便地解决。

再看这样一个例子,输入 3 个不同的整数,按照从大到小的顺序输出:

首先来分析一下可以使用的算法。

假设 3 个数分别是 a,b,c。要得到最终的结果,可以经过以下 3 个步骤:

步骤一:先将 a 和 b 比较,把两者中的大者放进 a,较小者放进 b;

步骤二:再将 a 和 c 比较,把两者中的大者放进 a,较小者放进 c;

    此时,a 中是三者中的最大值。

步骤三:接着将 b 和 c 进行比较,把两者中的大者放进 b,较小者放进 c。

    那么此时就实现了 a,b,c 正好是从大到小排列。

这里还有一个问题,如何实现两数的交换? 在生活中,一个杯子 A 中有可乐,一个杯子 B 中有雪碧,要想实现两个杯子的内容交换,可以借助一个空杯子 C,先把杯子 A 中的可乐倒入杯子 C 中,然后把杯子 B 中雪碧倒入杯子 A 中,最后把杯子 C 中的可乐倒入杯子 B 中,这样就完成了。在程序中,也是这样一个原理,要实现两个变量中的数据交换,也需要找一个中间变量来中转。

代码如下:

```
#include < stdio. h >
```

```
int main( )
{
    int a,b,c,t;                        //t 用于数据的中转
    printf("input three numbers:");
    scanf("%d%d%d",&a,&b,&c);
    if(a<b)                             //实现 a 中为 a,b 中的较大值
    {
        t=a;
        a=b;
        b=t;
    }
    if(a<c)                             //实现 a 中为 a,c 中的较大值
    {
        t=a;
        a=c;
        c=t;
    }
    if(b<c)                             //实现 b 中为 b,c 中的较大值
    {
        t=b;
        b=c;
        c=t;
    }
    printf("a=%d\tb=%d\tc=%d",a,b,c);
    return 0;
}
```

程序结果如图 3.14 所示。

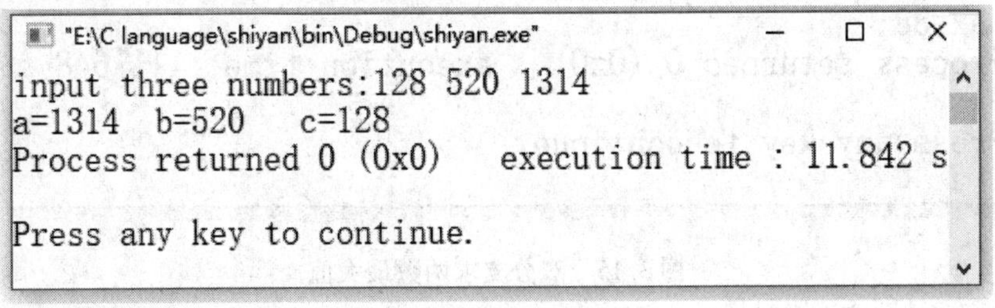

```
"E:\C language\shiyan\bin\Debug\shiyan.exe"        —    □    ×
input three numbers:128 520 1314
a=1314  b=520    c=128
Process returned 0 (0x0)    execution time : 11.842 s

Press any key to continue.
```

图 3.14　3 个数降序排列

(2)双分支选择结构——if-else 语句

if-else 这种结构才是 if 语句的标准形式,当给定的条件成立时,执行 if 和 else 中间的一条语句(包括加了{}的复合语句),若条件不成立,则执行 else 后控制的一条语句(包括复合语

句）。其语法格式为：

if(表达式)

  语句 1；

else

  语句 2；

该语句的流程结构如图 3.11 所示。需要注意一点，因为 else 表达的是表达式不成立的情况，所以 else 的后面是不能加括号"( )"，更不能在里面写其他表达式。

把之前用单分支求两个数中最大值的程序修改为双分支结构，程序如下：

```c
#include < stdio. h >
int main( )
{
    int a,b;
    printf("input two numbers:");
    scanf("% d% d",&a,&b);
    if(a < b)
    {
        printf("max = % d",b);
    }
    else
    {
        printf("max = % d",a);
    }
    return 0;
}
```

程序结果如图 3.15 所示。

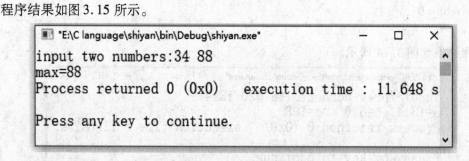

图 3.15　双分支求两数最大值

采用 if-else 语句进行判别，若 a 大输出 a；若 b 大输出 b，相比单分支的更好理解。

这里需要说明一下，这里的表达式都是比较简单的，但是在实际的程序编写中，表达式要比这复杂得多，比如前面提到的判断某年是否是闰年，这里就来实现一下：

```c
#include < stdio. h >
int main( )
{
```

```
int year;
printf("请输入要判断的年份:");
scanf("%d",&year);
if((year%4==0&&year%100!=0)||year%400==0)
{
    printf("%d年是闰年\n",year);
}
else
{
    printf("%d年是平年\n",year);
}
return 0;
}
```

程序结果如图3.16所示。

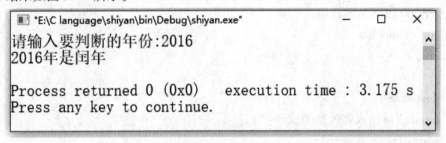

图3.16　判断闰年

(3)多分支选择结构——if-else if-else 语句

前面两种形式一般用于两个分支的情况,当有多个分支选择时,可以采用 if-else if-else 语句,一般形式为:

```
if(表达式1)
    语句1;
else if(表达式2)
    语句2;
else if(表达式3)
    语句3;
    ⋮
else
    语句n;
```

该结构的执行过程:依次判断表达式的值,当出现某个值为真时,执行对应的语句,然后结束整个结构,继续执行程序中的其他内容,当所有表达式都为假时,执行 else 后面的语句,其流程如图3.17所示。

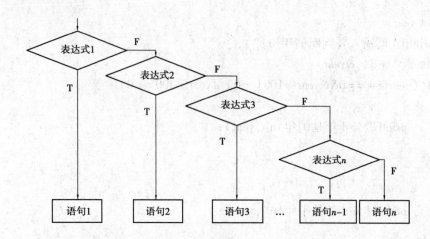

图 3.17　多分支结构(if…else…if)

　　在现实生活中,使用多重选择的结构比较多,比如转换学生成绩的案例。教师有时需要将百分制成绩转换成五级制成绩,成绩在 90 以上的为优,80 到 90 的为良好,70 到 80 为中等,60 到 70 为及格,60 以下为不及格。

```c
#include <stdio. h>
int main( )
{
    float score;
    printf("请输入要转换的成绩:");
    scanf("%f",&score);
    if(score >=90)                    //判定成绩是否在 90 分以上
    {
        printf("该生五级制成绩为优");
    }
    else if(score >=80)               //判定成绩是否在 80~90 分
    {
        printf("该生五级制成绩为良");
    }
    else if(score >=70)               //判定成绩是否在 70~80 分
    {
        printf("该生五级制成绩为中");
    }
    else if(score >=60)               //判定成绩是否在 60~70 分
    {
        printf("该生五级制成绩为及格");
    }
    else                              //判定成绩 60 分以下
    {
```

```
            printf("该生五级制成绩为不及格");
        }
    return 0;
}
```

程序结果如图 3.18 所示。

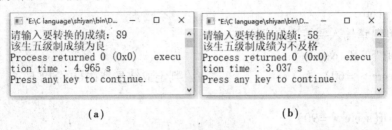

（a）　　　　　　　　　　　（b）

图 3.18　五级制转换

(4) if 语句的嵌套

有些时候,在 if 语句中可以包含一个或者多个 if 语句,把这种形式称为 if 语句的嵌套,它与多重循环的道理是一致的。其一般形式为:

```
if( 表达式 1)
    if( 表达式 2)
        语句 1;
    else
        语句 2;
else
    语句 3;
```

该结构的流程图如图 3.19 所示。

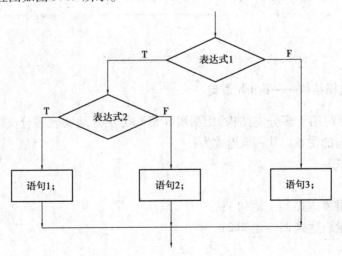

图 3.19　if 嵌套结构图

在这种结构下,一个程序中可能会出现多个 if 和 else,一定要弄清楚哪些是能够配对的。当阅读程序时,可以从 else 出发往程序的前面查找,一直找到离自己最近的且未配对的 if 组合在一起。

再来看成绩的例子,现在只需要判断学生及格与否,如果及格再看是否优秀。

```c
#include <stdio.h>
int main()
{
    float score;
    printf("请输入要转换的成绩:");
    scanf("%f",&score);
    if(score>=60)                      //判定成绩是否在60分以上
    {
        if(score>=90)
            printf("该生五级制成绩优秀");    //判定成绩是否在90分以上
        else
            printf("该生五级制成绩及格");    //判定成绩在60~90
    }
    else
        printf("该生五级制成绩不及格");       //判定成绩在60以下
    return 0;
}
```

程序结果如图3.20所示。

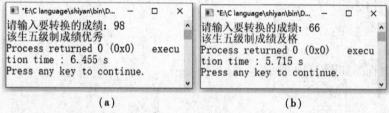

(a)   (b)

图 3.20   if 嵌套实现五级制

(5)多分支选择结构——switch 语句

switch 语句专门用于多分支结构,比利用 if 语句可更好地实现多分支结构,具有结构清晰,方便阅读、编写的优点。其一般形式为:

```
switch(表达式)
{
    case 常量表达式1:   语句1;
    case 常量表达式2:   语句2;
    …
    case 常量表达式n:   语句n;
    [default          :   语句n+1;]      //可选部分,可以有也可以没有
}
```

其语义是:计算表达式的值,并逐个与其后的常量表达式值相比较,当表达式的值与某个常量表达式的值相等时,即执行其后的语句,然后不再进行判断,继续执行后面所有 case 后的语句。如表达式的值与所有 case 后的常量表达式均不相同时,则执行 default 后的语句。举这样一个例子,编程实现输入一个 1~7 范围内的证书,在屏幕上输出星期几。

```c
#include <stdio.h>
int main()
{
    int a;
    printf("input integer number: ");
    scanf("%d",&a);
    switch (a)
    {
        case 1:printf("Today is Monday\n");
        case 2:printf("Today is Tuesday\n");
        case 3:printf("Today is Wednesday\n");
        case 4:printf("Today is Thursday\n");
        case 5:printf("Today is Friday\n");
        case 6:printf("Today is Saturday\n");
        case 7:printf("Today is Sunday\n");
        default:printf("error\n");
    }
    return 0;
}
```

在执行程序时,当输入一个数字 6 时,并未只显示 Today is Saturday,还把后面的两句显示出来了,如图 3.20 所示,这跟前面的描述是一致的,但是并达不到想要的效果。为了避免上述情况,C 语言还提供了一种 break 语句,专用于跳出 switch 语句,break 语句只有关键字 break,没有参数。在后面还将详细介绍。修改例题的程序,在每个 case 语句之后增加 break 语句,使每一次执行之后均可跳出 switch 语句,从而避免输出不应有的结果,如图 3.21 所示。

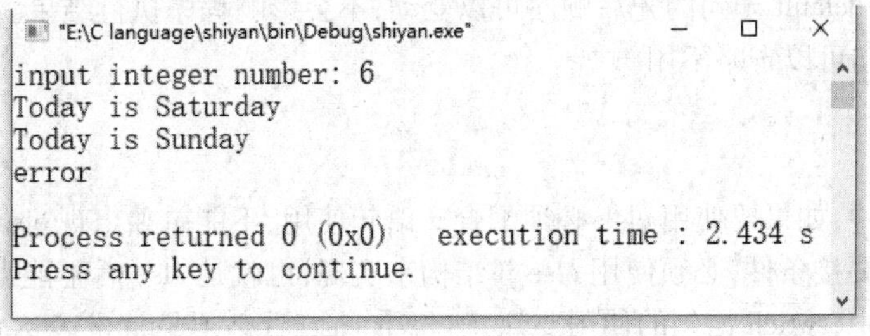

图 3.21 switch 无 break

```c
#include <stdio.h>
int main()
{
```

```
        int a；
        printf("input integer number："）；
        scanf("%d",&a)；
        switch（a）
        {
            case 1：printf("Today is Monday\n")；break；
            case 2：printf("Today is Tuesday\n")；break；
            case 3：printf("Today is Wednesday\n")；break；
            case 4：printf("Today is Thursday\n")；break；
            case 5：printf("Today is Friday\n")；break；
            case 6：printf("Today is Saturday\n")；break；
            case 7：printf("Today is Sunday\n")；break；
            default：printf("error\n")；break；
        }
        return 0；
}
```

此时再去执行程序,输入数字6,只有 Today is Saturday 显示在屏幕上,如图3.22所示。

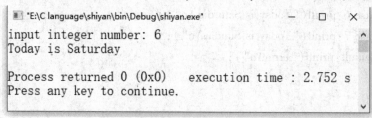

图 3.22 switch 带 break

在使用 switch 语句时还应注意以下几点:

①switch 中的表达式的值只能是整型或者字符型。

②在 case 后的各常量表达式的值不能相同,否则会出现错误。

③在 case 后,允许有多个语句,可以不用{ }括起来,不满足独生子女规则。

⑤各 case 和 default 子句的先后顺序可以变动,不会影响程序执行结果。

⑥default 子句可以省略不用。

任务总结

在选择结构中,如果要使用 else 必须配合 if 语句使用,不能单独出现 else 的书写方法。如果 else 后面还需要接条件,必须使用 else if 结构来实现,也就是 else 后不能直接接条件。

在选择结构中,swtich 语句的使用要注意:每个 case 后必须是常量表达式,一般使用整型常量和字符型常量,不要使用浮点型常量,因为该类型的数据大多不能精确表示;另外注意每个 case 操作语句后是否要加 break 的情况。

习题 3.2

一、选择题

1. 判断 char 型变量 ch 是否为小写字母的正确表达式是(　　　)。
   A. 'a' < = ch < = 'z'
   B. (ch > = 'a') & (ch < = 'z')
   C. (ch > = 'a') && (ch < = 'z')
   D. ('a' < = ch) AND ('z' > = ch)

2. 为表示关系 $100 \geqslant b \geqslant 0$,应使用 C 语言表达式(　　　)。
   A. (100 > = b) && (b > = 0)
   B. (100 > = b) and (b > = 0)
   C. 100 > = b > = 0
   D. (100 > = B) && (B > = 0)

3. 以下运算符中优先级最高的运算符为(　　　)。
   A. !
   B. &&
   C. ! =
   D. %

4. 有以下程序段,其输出结果是:(　　　)。
   ```
   int a,b,c;
   a = 10;b = 50;c = 30;
   if( a > b)
      a = b,b = c;
   c = a;
   printf( "a = % d b = % d c = % d\n",a,b,c);
   ```
   A. a = 10 b = 50 c = 10
   B. a = 10 b = 50 c = 30
   C. a = 10 b = 30 c = 10
   D. a = 50 b = 30 c = 50

5. 执行以下程序段后,x 的值为(　　　)。
   ```
   int a = 14,b = 15,x;
   char c = 'A';
   x = ( a&&b) && ( c < 'B');
   ```
   A. true
   B. 1
   C. false
   D. 0

6. 下列表达式中,(　　　)不是关系表达式。
   A. x%2 = = 0
   B. ! (x%2)
   C. (x/2 * 2 - x) = = 0
   D. x%2! = 0

7. 执行以下程序后,输出的结果是(　　　)。
   ```
   #include < stdio. h >
   int main( ) {
   int a = 2,b = - 1,c = 2;
   if( a < b)
      if( b < 0)
         c = 0;
      else
   ```

```
        c + =1;
    printf("%d\n",c);
    return 0;
    }
```
A. 0   B. 1   C. 2   D. 3

8. 执行以下程序后,输出的结果是(   )。

```
#include < stdio. h >
int main( ) {
    int w = 4,x = 3,y = 2,z = 1;
    printf("%d\n",(w < x? w:z < y? z:x));
    return 0;
}
```
A. 4   B. 2   C. 1   D. 3

9. 执行以下程序段后,输出结果是(   )。

```
int a = 3,b = 5,c = 7;
if(a > b)
  a = b;
c = a;
if(c! = a)
  c = b;
printf("%d, %d, %d\n",a,b,c);
```
A. 程序段有语法错误   B. 3,5,3   C. 3,5,5   D. 3,5,7

10. 下面程序段的输出结果是(   )。

```
int a = -1,b = 4,k;
k = (a ++ < =0)&&(! b -- < =0);
printf("%d,%d,%d",k,a,b);
```
A. 0,0,3   B. 0,1,2   C. 1,0,3   D. 1,1,2

11. 程序段:int x = 3,a = 1;

```
switch(x){
  case 4: a ++;
  case 3: a ++;
  case 2: a ++;
  case 1: a ++;
}
```
printf ("%d",a);的输出结果是(   )。
A. 1   B. 2   C. 3   D. 4

12. 下面程序段的输出结果是(   )。

```
int n = 'c';
switch(n ++ )
```

```
{
    default：printf("error")；break；
    case  'a'：
    case  'A'：
    case  'b'：
    case  'B'：printf("good")；break；
    case  'c'：
    case  'C'：printf("pass")；
    case  'd'：
    case 'D'：printf("warn")；
}
```

A. passwarn   B. passerror

C. goodpasswarn   D. pass

13. 下述程序段的输出结果是(　　　)。

```
int a = 2,b = 3,c = 4,d = 5；
int m = 2,n = 2；
a = (m = a > b)&&(n = c > d) + 5；
printf("%d, %d",n,a)；
```

A. 2,5   B. 0,5   C. 2,6   D. 0,6

14. 若 a 是数值类型,则逻辑表达式(a == 1)||(a! = 1)的值是(　　　)。

A. 0   B. 1   C. 2   D. 不能确定

15. 已知 int x = 10,y = 20,z = 30；,以下语句执行后 x,y,z 的值是(　　　)。

```
if(x > y)z = x；x = y；y = z；
printf("%d,%d,%d",x,y,z)；
```

A. 10,20,30   B. 20,30,20

C. 20,30,10   D. 20,30,30

16. 当 a = 1,b = 3,c = 5,d = 4,x = 0 时,执行完下面一段程序后 x 的值是(　　　)。

```
if(a > b)
    if(c < d)
        x = 1；
    else if(a > c)
        if(b < d)
            x = 2；
        else
            x = 3；
    else
        x = 6；
else
    x = 7；
```

A. 7   B. 2   C. 3   D. 6

17. 设变量 a、b、c、d 和 y 都已经正确定义并赋值,则以下 if 语句的所表示的含义是( )。

```
if( a < b )
    if( c == d )
        y = 0;
    else
        y = 1;
```

A. a < b 且 c = d 时 y = 0,a ≥ b 时 y = 1

B. a < b 且 c = d 时 y = 0,a ≥ b 且 c ≠ d 时 y = 1

C. a < b 且 c = d 时 y = 0,a < b 且 c ≠ d 时 y = 1

D. a < b 且 c = d 时 y = 0,c ≠ d 时 y = 1

18. 下述程序的输出结果是( )。

```
#inlude < stdio. h >
int main( ){
    int x = 1,y = 0,a = 0,b = 0;
    switch( x ){
        case 1: switch( y ){ case 0: a ++ ;break;case 1: b ++ ;break;}
        case 2: a ++ ;b ++ ;break;
        case 3: a ++ ;b ++ ;
    }
printf( " \na = % d,b = % d",a,b);
return 0;
}
```

A. a = 1,b = 0   B. a = 2,b = 1   C. a = 1,b = 1   D. a = 2,b = 2

19. 在执行下述程序时,若从键盘输入 6 和 8,则输出结果是( )。

```
#inlude < stdio. h >
int main( ){
    int a,b,s;
    scanf( "% d% d" ,&a,&b);
    s = a;
    if( a < b )
        s = b;
    s * = s;
    printf( " \n% d" ,s);
    return 0;
}
```

A. 36   B. 48   C. 64   D. 以上都不对

20. 以下程序运行时,输入的值在( )范围时才会有输出结果。

```
#inlude < stdio. h >
```

```
int main( ){
    int x;
    scanf("%d",&x);
    if(x<=3);
    else if(x!=10)
        printf("%d\n",x);
    return 0;
}
```

A. 不等于 10 的整数   B. 大于 3 且不等于 10 的整数

C. 大于 3 或等于 10 的整数   D. 小于 3 的整数

二、编程题

1. 任意输入一个正整数给 x,判断其是奇数还是偶数?

2. 任意输入 4 个数值分别给变量 a、b、c,要求按照从小到大的顺序输出。

3. 企业发放的奖金根据利润提成。利润(I)低于或等于 10 万元时,奖金可提 10%;利润高于 10 万元,低于 20 万元时,低于 10 万元的部分按 10% 提成,高于 10 万元的部分,可提成 7.5%;20 万到 40 万时,高于 20 万元的部分,可提成 5%;40 万到 60 万时高于 40 万元的部分,可提成 3%;60 万到 100 万时,高于 60 万元的部分,可提成 1.5%,高于 100 万元时,超过 100 万元的部分按 1% 提成,从键盘输入当月利润 I,求应发放奖金总数?

3.4 循环结构

任务描述

主要介绍循环结构。循环结构是指在程序中需要反复执行某个功能而设置的一种程序结构。它由循环体中的条件,判断继续执行某个功能还是退出循环。根据判断条件,循环结构又可细分为以下两种形式:先判断后执行的循环结构和先执行后判断的循环结构。

循环结构可以减少源程序重复书写的工作量,用来描述重复执行某段算法的问题,这是程序设计中最能发挥计算机特长的程序结构。循环结构可以看成一个条件判断语句和一个向回转向语句的组合。

知识学习

前面曾让大家思考过这样一个问题:要从多个数据中找出最大值,当时的解决思路是依次两两比较,这样参与比较的数据越多,用到的类似代码 if(max<c) max=c;也就越多,这样对于程序的阅读是很不利的。在 C 语言中,如果某段代码重复出现有限次数,就可以借助循环来实现。

比如实现从输入的 10 个数中找到最大值的程序,用循环实现代码如下:

```
#include <stdio.h>
```

```
int main( )
{
    int a,i = 1,max = 0;
    do
    {
        printf("请输入%d 个数:",i);
        scanf("%d",&a);
        if(max < a)
            max = a;
        i ++;
    } while(i < = 10);
    printf("max = %d",max);
    return 0;
}
```

程序结果如图 3.23 所示。

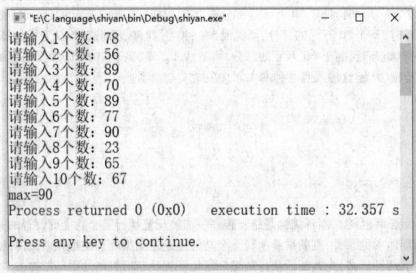

图 3.23　统计 10 个数中的最大值

这段代码肯定要比写 9 次"if(max < c)max = c;"代码段要方便。

循环结构是程序中一种很重要的结构。其特点是,在给定条件成立时,反复执行某程序段,直到条件不成立为止。给定的条件称为循环条件,反复执行的程序段称为循环体。C 语言提供了 3 种循环语句,可以组成各种不同形式的循环结构。

①while 语句;

②do-while 语句;

③for 语句。

(1)while 语句

while 语句的功能:计算表达式的值,当值为真(非 0)时,执行循环体,然后重复上述过程,

一直到表达式的值为假(0),循环结束,执行循环体后面的语句。其语法格式为:

```
while(表达式)
{
    循环体语句;
}
```

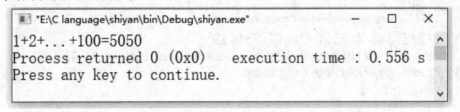

循环的流程图如图3.24所示。

求前100个整数之和的程序:

```c
#include < stdio. h >
int main( )
{
    int i = 1, sum = 0;
    while( i < = 100)
    {
        sum + = i;
        i ++ ;
    }
    printf( "1 + 2 + . . . + 100 = % d", sum) ;
    return 0;
}
```

图 3.24　while 语句流程图

程序结果如图3.25所示。

```
"E:\C language\shiyan\bin\Debug\shiyan.exe"          —    □    ×
1+2+...+100=5050
Process returned 0 (0x0)    execution time : 0.556 s
Press any key to continue.
```

图 3.25　累加和

使用 while 语句应注意以下几点:

①while 语句中的表达式一般是关系表达或逻辑表达式,只要表达式的值为真(非0)即可继续循环。

②循环体如包括有一条以上的语句,则必须用{ }括起来,组成复合语句,因为 while 函数也需要满足"独生子女规则"。

不要在 while( )的后面直接出现分号";",这样会导致循环体变成了一条空语句。后面的内容就被看作 while 循环体后的语句了。这里有一个关于程序员的故事:某程序员编写了一个程序向自己倾慕已久的女神表白,程序如下。

```c
while( forever)
    printf( "I Love you!") ;
```

这个女神也是个程序员,她在 while(forever)的后面加了一个分号";"后返回给了当事人。你认为该程序员表白成功了吗? 为什么?

③应注意循环条件的选择以避免死循环。循环前,要给控制变量赋初值,保证能进入循环体内,否则也没有意义了;循环体中,要让循环控制量发生向边界偏移的变化。

比如在上个程序的循环体中,丢失了"i ++;"这条语句,i 始终为 1,则 1 < 10 永远成立,这样程序就出现了死循环。

再来看一个数列和的例子,求 1/2、2/3、3/4…的前 20 项和:

```c
#include < stdio. h >
int main( )
{
    int i = 1;
    float sum = 0;
    while( i < = 20)
    {
        sum + = 1.0 * i/( i + 1);          //1/2 是 0,所以先在前面乘上 1.0,转换成浮点型
        i ++;
    }
    printf( "1/2 + 2/3 + 3/4...20/21 = % f" ,sum);
    return 0;
}
```

程序结果如图 3.26 所示。

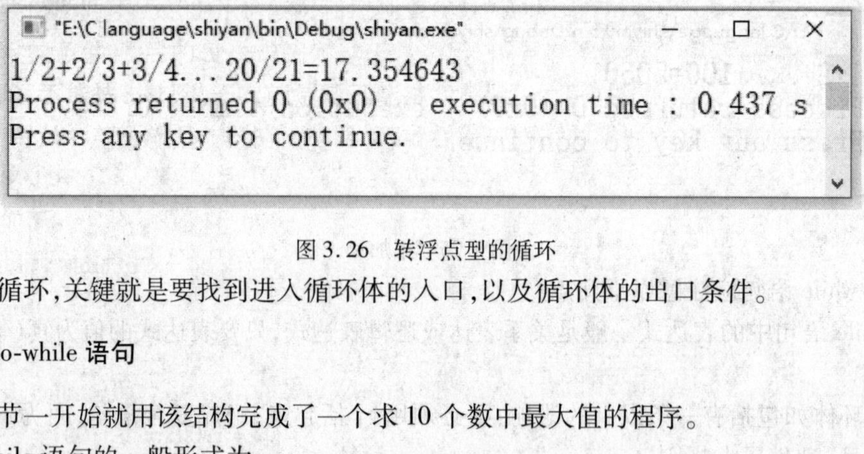

```
"E:\C language\shiyan\bin\Debug\shiyan.exe"            —   □   ×
1/2+2/3+3/4...20/21=17.354643
Process returned 0 (0x0)    execution time : 0.437 s
Press any key to continue.
```

图 3.26 转浮点型的循环

使用循环,关键就是要找到进入循环体的入口,以及循环体的出口条件。

(2) do-while 语句

在该节一开始就用该结构完成了一个求 10 个数中最大值的程序。

do-while 语句的一般形式为:

```
do
{
    语句;
} while( 表达式);
```

该结构的流程图如图 3.27 所示。

do-while 语句的执行过程:执行循环体中的语句,然后判断条件,条件成立再执行循环体;重复上述过程,直到条件不成立时结束循环。do-while 语句的特点:当一开始条件就不成立

时,已经执行了一次循环语句。

对于 do-while 语句还应注意以下几点:

①在 if 语句和 while 语句中,表达式后面都不能加分号,而在 do-while 语句的表达式后面则必须加分号,不要省。

②do-while 语句和 while 语句的区别在于 do-while 是先执行后判断,因此 do-while 至少要执行一次循环体。而 while 是先判断后执行,如果条件不满足,则一次循环体语句也不执行。

③在 do 和 while 之间的循环体由多个语句组成时,也必须用{}括起来组成一个复合语句。

④do-while 和 while 语句相互替换时,要注意修改循环控制条件,do-while 语句也可以组成多重循环,而且也可以和 while 语句相互嵌套。

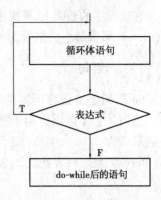

图 3.27　do-while 语句流程图

在求两数的最大公约数时,有个经典的算法被称"辗转相除法",其算法思想如下:

①用 m 除 n,获取余数 r;

②然后将 n 值给 m,将 r 值给 n;

③重复以上两步,直到 r 为 0,当前 m 值就是最大公约数。

用 do-while 来实现该算法:

```c
#include < stdio. h >
int main()
{
    int m,n,r;
    printf("请输入两个整数:");
    scanf("%d%d",&m,&n);
    do
    {
        r = m%n;
        m = n;
        n = r;
    }while(r);          //while(r! =0)
    printf("两数的最大公约数为%d",m);
}
```

程序结果如图 3.28 所示。

```
"E:\C language\shiyan\bin\Debug\shiyan.exe"          —    □    ×
请输入两个整数: 8 12
两数的最大公约数为4
Process returned 0 (0x0)    execution time : 6.924 s
Press any key to continue.
```

图 3.28　do-while 求最大公约数

在该程序的基础上,要想求出两数的公倍数,必须把原始输入的两个值保存下来,比如 $m1 = m; n1 = n;$ 那么最小公倍数为 $m1 * n1/m$。

(3) for 语句

for 语句是 C 语言所提供的功能更强,使用更广泛的一种循环语句,也是最为灵活的一种循环语句。它不但可以用于循环次数确定的情况,也可以用于循环体次数不确定的情况。其一般形式为:

```
for(表达式 1;表达式 2;表达 3)
{
    循环体语句;
}
```

表达式 1   通常用来给循环变量赋初值,一般是赋值表达式。也允许在 for 语句外给循环变量赋初值,此时可以省略该表达式。

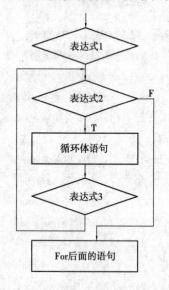

图 3.29   for 循环流程图

表达式 2   通常是循环条件,一般为关系表达式或逻辑表达式。

表达式 3   通常可用来修改循环变量的值,一般是赋值语句。

这 3 个表达式都可以是逗号表达式,即每个表达式都可由多个表达式组成。3 个表达式都是任选项,都可以省略。一般形式中的"语句"即为循环体语句。

1)for 循环的应用

for 语句的语义是:

①首先计算表达式 1 的值。

②再计算表达式 2 的值,若值为真(非 0)则执行循环体一次,否则跳出循环。

③然后再计算表达式 3 的值,转回第 2 步重复执行。

④循环体结束,执行 for 语句下面一条语句。

在整个 for 循环过程中,表达式 1 只计算一次,表达式 2 和表达式 3 则可能计算多次。循环体可能多次执行,也可能一次都不执行。

其执行过程的流程如图 3.29 所示。

之前用 while 循环编写的求前 100 项整数的和的核心代码可以用 for 语句替换:

```
for(i = 1;i < = 100;i + + )
{
    sum + = i;
}
```

在 while 中可以找到对应的表达,所以可以把 for 循环的一般形式借助 while 语句中的说法改成更好理解的表达:

```
for(循环变量赋初值;循环条件;循环变量增量)
{
```

　　循环体语句;
　　}

　　前面用辗转相除法完成了对两个最大公约数的求解问题,这里再用普通的算法来实现一下,两数的最大公约数是指能同时被两数整除的最大值。

　　分析:这个最大公约数一定处在 1 到两数较小者的范围内,换句话说,最大公约数最小是 1,最大是两者中的较小者。由于无法确定,只能从 1 开始去试,有 1 个能同时整除的就把它存到最大公约数变量中,查找完毕后,当前存储的值就是最大公约数。

```c
#include <stdio.h>
int main()
{
    int i,m,n;                          //gcd 变量接收最大公约数
    int gcd=1,min;                      //由于 1 一定是两者的最小约数
                                        //min 变量接收两数的最小值

    printf("请输出两个整数:");
    scanf("%d%d",&m,&n);
    min=m;
    if(min>n)
        min=n;
    for(i=2;i<=min;i++)                 //1 就不需要再判断了,直接从 2 开始
    {
        if(m%i==0&&n%i==0)
            gcd=i;
    }
    printf("%d 和%d 的最大公约数为:%d",m,n,gcd);
    return 0;
}
```

程序结果如图 3.30 所示。

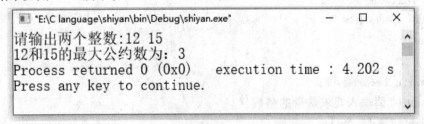

图 3.30 for 循环求最大公约数

　　打印所有"水仙花数",所谓"水仙花数",是指一个 3 位数,其各位数字的立方和等于该数本身。比如 $153=1^3+5^3+3^3=1+125+27$,所以 153 是 1 个水仙花数。

　　分析:首先水仙花数是 1 个三位数,由此确定了遍历的范围 100~999。然后就要把遍历的每一个数都分解成 3 个数,并求出三者的立方和,接着判断该值是否与本身相同,相同输出,不同不处理。

```
#include  < stdio. h >
int main( )
{
    int a,b,c;                                    //定义 3 个变量分别接收个位,十位,
百位
    int i;                                        //定义循环增量,本题不需要输入变量
    for( i = 100;i < = 999;i ++ )
    {
        a = i% 10;                                //分解出个位数,153% 10 = 3
        b = i/10% 10;                             //分解出十位数,153/10 = 15% 10 = 5
        c = i/100% 10;                            //分解出百位数,153/100 = 1% 10 = 1
                                                  //最高位可以不需要再对 10 取余
        if(i ==a * a * a + b * b * b + c * c * c)  //判断是否相等
            printf( "% d\t",i);
    }
    return 0;
}
```

程序结果如图 3.31 所示。

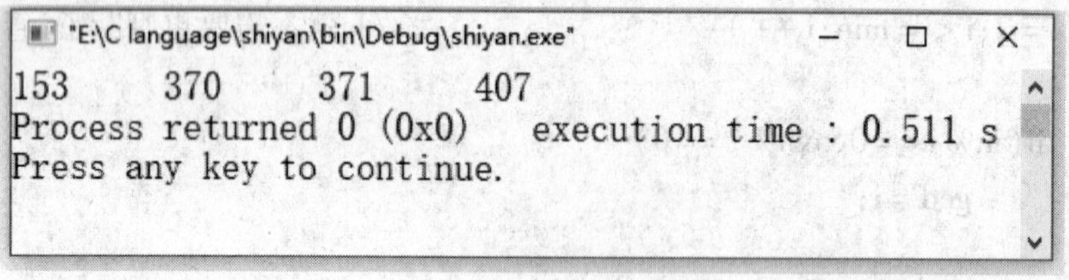

```
"E:\C language\shiyan\bin\Debug\shiyan.exe"          —    □    ×
153      370      371      407
Process returned 0 (0x0)    execution time : 0.511 s
Press any key to continue.
```

图 3.31 水仙花数

接下来再次回到求前 100 项的和,如果把程序中的加号" + "换成乘号" * ",当然 sum 的初值不能再是 0,否则不管多少项最终的结果都会是 0,把它修改为 1。读者思考一下,这个程序实现了什么功能?

```
#include  < stdio. h >
int main( )
{
    int i,n,jiecheng = 1;
    printf( "请输入要求阶乘的整数:");
    scanf( "% d",&n);
    for( i = 1;i < = n;i ++ )
    {
        jiecheng * = i;
    }
    printf( "% d! = % d",n,jiecheng);
    return 0;
```

}

程序结果如图 3.32 所示。

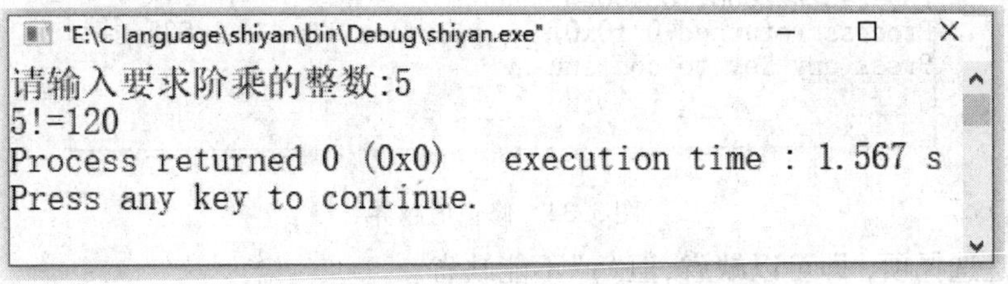

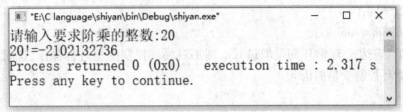

图 3.32　求阶乘

这个程序求解小范围内的阶乘是没有任何问题的,但是阶乘在后期的增长是很可怕的,这也就给程序埋下了一个 bug,当执行 20 的阶乘时,结果如图 3.33 所示。

图 3.33　整型越界溢出

这肯定是一个错误的结果,因为不可能出现负值。回想之前的 int 类型知识,应该会想到这应该是数据溢出导致的,换句话就是说这个时候的值,已经不能用 int 来定义了,可以把 jiecheng变量换成 double 类型的的,但是输出时不能原样输出,要控制小数点后面的位数为 0。

```c
#include <stdio.h>
int main()
{
    int i,n;
    double jiecheng = 1;                    //精度更高,不易溢出
    printf("请输入要求阶乘的整数:");
    scanf("%d",&n);
    for(i = 1;i <= n;i ++)
    {
        jiecheng * = i;
    }
    printf("%d! = %.lf",n,jiecheng);
    return 0;
}
```

程序结果如图 3.34 所示。

通过本例希望再次提醒读者数据的范围问题是编程前必须思考的,也告诉了读者处理的一种方法。

2)for 循环的省略形式

for 循环中的"表达式 1(循环变量赋初值)""表达式 2(循环条件)"和"表达式 3(循环变

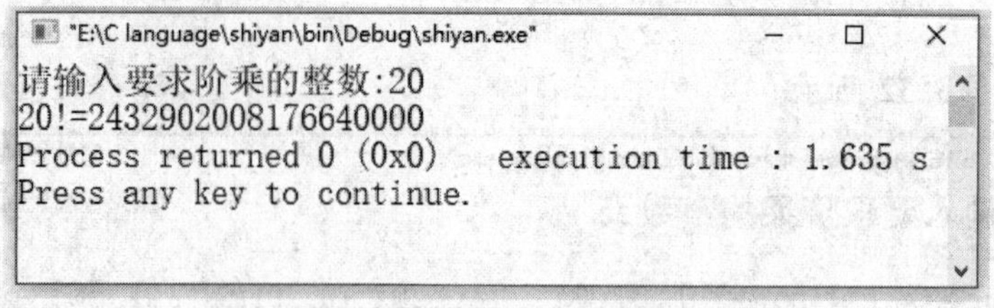

```
"E:\C language\shiyan\bin\Debug\shiyan.exe"        —    □    ×
请输入要求阶乘的整数:20
20!=2432902008176640000
Process returned 0 (0x0)    execution time : 1.635 s
Press any key to continue.
```

图 3.34   修正值越界

量增量)"都是选择项,即可以缺省,但";"不能缺省。

①省略了"表达式 1(循环变量赋初值)",表示不对循环控制变量赋初值。

②省略了"表达式 2(循环条件)",则不做其他处理时便成为死循环。

例如:

```
for( i = 1 ; ; i ++ )
        sum = sum + i ;
```

③省略了"表达式 3(循环变量增量)",则不对循环控制变量进行操作,这时可在语句体中加入修改循环控制变量的语句。

例如:

```
for( i = 1 ; i < = 100 ; )
{
        sum + = i ;
        i ++ ;
}
```

④省略了"表达式 1(循环变量赋初值)"和"表达式 3(循环变量增量)"。

例如:

```
for( ; i < = 100 ; )
{
        sum + = i ;
        i ++ ;
}
```

⑤3 个表达式都可以省略。

例如:

```
for( ; ; )
        语句;
```

3)for 循环扩展形式

①表达式 1 可以是设置循环变量的初值的赋值表达式,也可以是其他表达式。

例如:

```
for( sum = 0 ; i < = 100 ; i ++ )
        sum + = i ;
```

②表达式 1 和表达式 3 可以是一个简单表达式也可以是逗号表达式。

```
for( sum = 0 , i = 1 ; i < = 100 ; i ++ )
```

```
    sum + = i;
    或:
    for(i = 0,j = 100;i < = 100;i ++ ,j -- )
        k = i + j;
```

③表达式 2 一般是关系表达式或逻辑表达式,但也可是数值表达式或字符表达式,只要其值非零,就执行循环体。

例如:

for(i = 0;(c = getchar())! = '\n';i + = c)

　　循环体语句;

表达式 2 是先获取一个字符,然后赋给 c 变量,只要该字符不是回车符号,循环就会一直执行。

请思考一下,3 种循环语句它们的区别在哪?

(4)循环嵌套

一个循环语句的循环体内包含另一个完整的循环语句,称为循环的嵌套。while 语句、do-while 语句和 for 语句都可以互相嵌套,甚至可以多层嵌套,常见的组合形式如下:

①while 嵌套 while;

②do-while 嵌套 do-while;

③for 嵌套 for;

④while 嵌套 do-while;

⑤for 嵌套 while。

当然根据情况,读者也可以进行自由组合,对于循环嵌套来说,常常解决图形显示问题和数学问题。

首先看一个用"＊"拼成金字塔图形的例子,金字塔的层数通过输入控制,效果如图 3.35 所示。

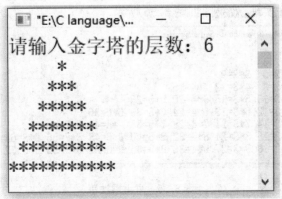

图 3.35　形成图案

分析:该金字塔图形可以由行和列来组成,要显示出来需要一行一行的打印,而每一行中都是由前面的空格字符和后面的星号组成的。每一行星字符的个数跟所在行数的关系是 2 ＊ i － 1。前面空格字符的个数是总行数减去当前的行数,所以可以用外层循环控制要显示的金字塔行数,用两个内层循环分别去控制每行的空格和星号个数。

```c
#include <stdio.h>
int main()
{
    int i,j,n;
    printf("请输入金字塔的层数:");
    scanf("%d",&n);
    for(i=1;i<=n;i++)                   //外层循环控制金字塔行数
    {
        for(j=1;j<=n-i;j++)             //内层循环1控制每行空格的个数
        {
            printf(" ");
        }
        for(j=1;j<=2*i-1;j++)           //内层循环2控制每行星号的个数
        {
            printf(" * ");
        }
        printf("\n");                   //每行内容完成后,换行进入下一行的处理
    }
    return 0;
}
```

对于双重循环或者多重循环,内层循环必须被完全包含在外层循环中,不得交叉,内外循环的控制变量尽量不同,否则会造成程序的混乱。对于双重循环,外层循环执行一次,内层循环执行若干次,也就是说内层循环结束后,才能进入外层循环的下一次。所以内层循环变化快,外层循环变化慢。

九九乘法表的程序实现,效果图如图3.36所示。

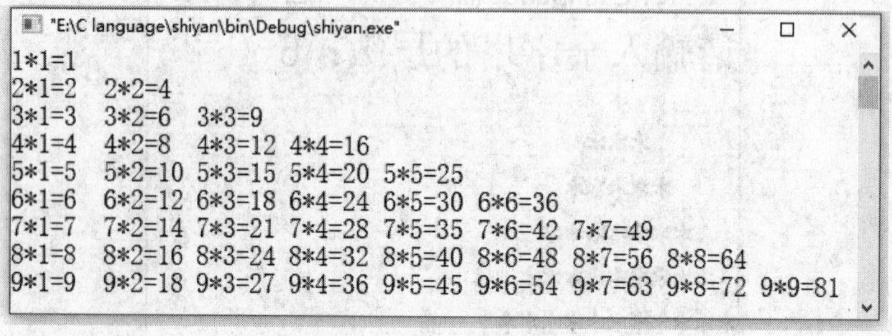

```
"E:\C language\shiyan\bin\Debug\shiyan.exe"              —  □  ×
1*1=1
2*1=2  2*2=4
3*1=3  3*2=6  3*3=9
4*1=4  4*2=8  4*3=12  4*4=16
5*1=5  5*2=10  5*3=15  5*4=20  5*5=25
6*1=6  6*2=12  6*3=18  6*4=24  6*5=30  6*6=36
7*1=7  7*2=14  7*3=21  7*4=28  7*5=35  7*6=42  7*7=49
8*1=8  8*2=16  8*3=24  8*4=32  8*5=40  8*6=48  8*7=56  8*8=64
9*1=9  9*2=18  9*3=27  9*4=36  9*5=45  9*6=54  9*7=63  9*8=72  9*9=81
```

图 3.36　九九乘法表

程序代码如下:

```c
#include <stdio.h>
int main()
{
```

```
    int i,j;
    for(i=1;i<=9;i++)                          //控制行数
    {
        for(j=1;j<=i;j++)                      //控制每一行的内容,也就是列数
        {
            printf("%d*%d=%-3d",i,j,i*j);      //注意控制显示间距
        }
        printf("\n");
    }
    return 0;
}
```

数学里面有很多经典问题都可以借助循环嵌套来求解,比如鸡兔同笼、百元买百鸡等问题。因为鸡兔同笼一般是唯一解,这里就先不探讨了,《算经》中提出的百鸡问题,就是鸡翁一只五钱,鸡母一只三钱,鸡雏三只一钱。用一百钱买一百只鸡,请问鸡翁、鸡母、鸡雏各买多少只?

分析:从数学的角度,根据题意可以列出两个方程 $x+y+z=100;5x+3y+z/3=100$,但是有 3 个未知数 ,所以解是不唯一的。

只能从各种可能逐个去验证,鸡翁能取得值是 0~20,鸡母能取到的值是 0~33,鸡雏是100 减去前两个,但是还必须能被 3 整除。

```
#include <stdio.h>
int main()
{
    int x,y,z;              //各种鸡的数目
    printf("鸡翁\t鸡母\t鸡雏\n");
    printf("--------------------\n");//加入分割线
    for(x=0;x<=20;x++)                          //鸡翁可能个数遍历
    {
        for(y=0;y<=33;y++)                      //鸡母可能个数遍历
        {
            z=100-x-y;                          //鸡雏可能值
            if(z%3==0&&100==5*x+3*y+z/3)
            {
                printf("%d\t%d\t%d\n",x,y,z);
                printf("--------------------\n");
            }
        }
    }
    return 0;
}
```

程序结果如图 3.37 所示。

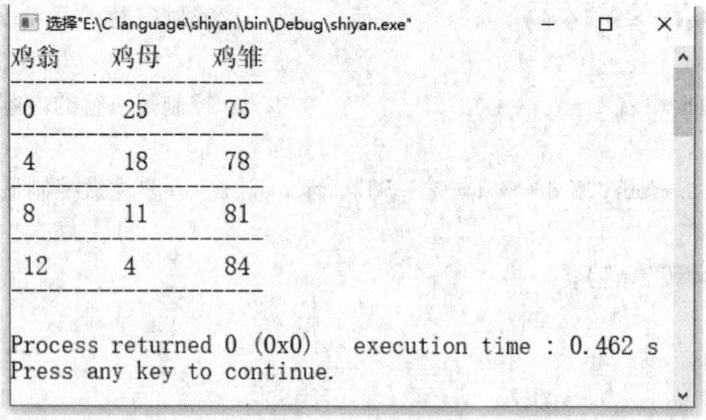

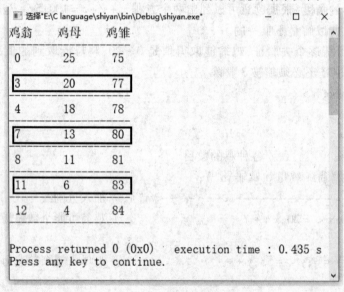

图 3.37　百元买百鸡

有些初学者在解决这个问题时,可能把 if 的表达式只写 $100 == 5*x+3*y+z/3$,结果会多出几种可能。原因在于 $z/3$ 得到是一个整数,它的结果可以与附近满足条件值是一样的,如果只写这样一个判断表达式,需要改成 $z/3.0$ 用浮点数去比较,结果如图 3.38 所示。

图 3.38　错误操作结果

任务总结

一般情况下,循环语句可以 3 种灵活使用,相互代替。从使用频率上来说 for 循环是最多的,并且它最灵活,其中 do…while 循环是使用最少的。

while 语句是先判定条件为真后再执行循环操作,而 do…while 循环是先无条件地执行一次循环操作后再判定条件,如果为真则继续执行循环操作。

在分析程序中,当涉及范围等情况时,可以考虑使用 for 循环。for 循环严格要求书写格式:for(初始化;循环条件;变化规律)。

3.5   跳 转 语 句

经过前面的循环发现,需要遍历完范围内所有的值,其实有些时候,正确的结果只是出现在中间,那后面的遍历也就没有任何意义,所以 C 语言就提供了一种跳转的结构。这种结构一般需要和分支结构或者其他循环结构配合使用。

任务描述

一般循环是当循环条件为真则执行循环操作,当循环条件为假则循环终止,但是在实际使用过程中会遇到需要在循环执行过程中停止循环的情况,若要实现该操作,就要学习本任务所介绍的跳转语句:goto、break 和 continue 等。

知识学习

C 语言中提供了 3 种实现跳转结构的语句:break 语句、continue 语句和 goto 语句。

(1)break

break 可以跳出开关语句和循环语句,前面所学习 switch 语句是开关语句。break 在 switch 中的用法,已在前面介绍开关语句时的例子中碰到,这里不再举例。这里重点讲解 break 跳出循环语句的情况。

当 break 语句用于 do-while、for、while 循环语句中时,可使程序终止循环而执行循环后面的语句,通常 break 语句总是与 if 语句联在一起,即满足条件时便跳出循环,不过一个 break 一般只向跳出向外一层的循环,如图 3.39 所示。

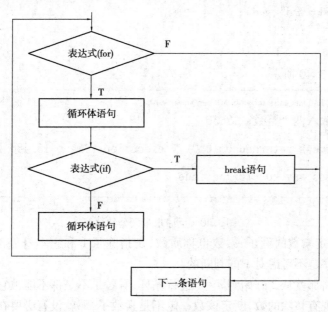

图 3.39   break 跳转流程图

前面讲过一个求最大公约数的程序,当时是从 1 开始遍历一直到两数最小值结束,但是仔细思考后会发现,两数的最大公约数如果存在很多时候应该更接近于最小值,可以先从最小值开始判断,逆序往前查找,当找到满足同时被整除数的数时,就找到了最大公约数,就不需要再继续查找了,此时就可以借助 break 退出了。

```c
#include <stdio.h>
int main()
{
    int i,m,n,min,gcd;
    printf("请输入两个整数:");
    scanf("%d%d",&m,&n);
    min = m;
    if(min>n)
    {
        min = n;
    }
    for(i = min;i>0;i--)                //从大值往小值开始查找
    {
        if(m%i==0&&n%i==0)
        {
            gcd = i;                    //当找到时,就用 break 退出整个循环
            break;
        }
    }
    printf("gcd=%d",gcd);
    return 0;
}
```

程序结果如图 3.40 所示。

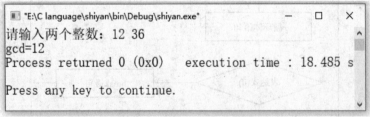

图 3.40 反序求最大公约数

再来看一个判定素数的例子,素数也称质数,是指除了 1 和它本身外没有其他的约数存在,本书编写的程序是不考虑对 1 的判断的。

分析:基本思路那就从 2 开始到 $n-1$ 进行循环,看看是不是都不能被它本身整除,如果不能就输出,如果发现有整除的数,断定该数一定不是素数了,那就没有必要在往后遍历,所以这个时候就可以退出了。

```
#include < stdio. h >
int main( )
{
    int i,n;
    printf("输入要判定的整数:");
    scanf("%d",&n);
    for(i=2;i<n;i++)                    //从 2 到 n-1
    {
        if(n%i==0)                      //发现整除,就退出
            break;
    }
    if(i==n)                            //如果 for 循环正常结束,i 的值一定会是 n
        printf("%d 是素数",n);
    else                                //如果 for 循环中途结束,i 的值一定小于 n
        printf("%d 不是素数",n);
    return 0;
}
```

程序结果如图 3.41 所示。

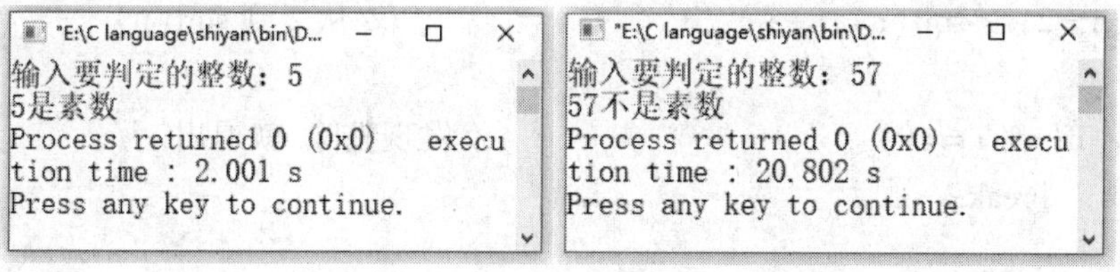

(a)

(b)

图 3.41   判断是否为素数

思考:这个程序其实并不是很优化,对于判断出不是素数的部分没有太大的问题,主要是对于判定是素数的过程,依然做了无用功,这是什么意思呢?

比如 13 这个数,它不是素数,循环的范围是 2~12,所以循环体执行了 11 次,但是应该注意到这样一个本身存在的事实:13 对于 7~12 这个范围的所有数一定不能整除,那程序中一开始就可以把这部分给省去,也就是说只要 2~6 这个范围内没有能整除的,这个数一定会是素数,这样的循环体最多需要执行 5 次,6 其实是 13 除 2 的结果。此时程序就可以修改为:

```
#include < stdio. h >
int main( )
{
    int i,n;
    printf("输入要判定的整数:");
    scanf("%d",&n);
    for(i=2;i<n/2+1;i++)                //从 2 到 n/2+1,去前面较小的一部分
    {
```

```
        if(n%i==0)                              //发现整除,就退出
            break;
    }
    if(i==n/2+1)                        //如果 for 循环正常结束,i 的值一定会是 n/2+1
        printf("%d 是素数",n);
    else                                //如果 for 循环中途结束,i 的值一定小于 n/2+1
        printf("%d 不是素数",n);
    return 0;
}
```

从这个角度出发,有人发现其实只需要判断从 2 到 sqrt(n) 这个范围内没有能整除的数,就可以判定该数是素数。sqrt( ) 是求一个数的平方根

```
#include <stdio.h>
#include <math.h>                       // 数学库函数,用到数学函数时,必须包含
int main( )
{
    int i,n;
    printf("输入要判定的整数:");
    scanf("%d",&n);
    for(i=2;i<sqrt(n);i++)                      //从 2 到 sqrt(n)
    {
        if(n%i==0)                              //发现整除,就退出
            break;
    }
    if(i==sqrt(n)+1)                //如果 for 循环正常结束,i 的值一定会是 sqrt(n)+1
        printf("%d 是素数",n);
    else                            //如果 for 循环中途结束,i 的值一定小于 sqrt(n)+1
        printf("%d 不是素数",n);
    return 0;
}
```

如果不了解 sqrt 函数,可以用 $i*i<=n$ 替代。

读者思考一下,如果要求出给定范围内所有的素数该怎么处理呢? 对就是在该循环体的外围在加一层循环(下面的程序是自动把 1 排除在外的):

```
#include <stdio.h>
#include <math.h>
int main( )
{
    int i,j,m,n,t;
    int count=0;                    //统计素数的个数,方便实现每行显示 5 个素数
    printf("输入要判定的整数范围:");
```

```
        scanf( "% d% d" ,&m ,&n) ;
        if( m > n)                            // 让输入的数,m 是小值,n 是大值
        {
            t = m;
            m = n;
            n = t;
        }
        for( i = m;i < = n;i ++ )              //从 m 开始到 n 结束
        {
            for( j = 2;j * j < = i;j ++ )
            {
                if( i% j == 0)
                    break ;
            }
            if( j * j > i)
            {
                printf( "% 4d" ,i) ;
                count ++ ;
                if( count% 5 ==0)              //当 count 是 5 的倍数,就开始换行
                    printf( " \n" ) ;
            }
        }
        return 0;
}
```

程序结果如图 3.42 所示。

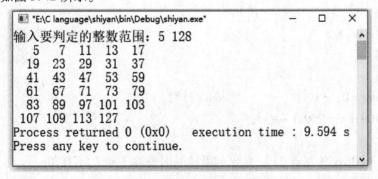

图 3.42　显示范围内素数

(2) continue

continue 语句用于结束本次循环,即在循环体中遇见 continue 语句,则循环体中 continue 语句后面的语句不执行,接着进行下一次循环的判定。通常情况下,continue 语句总数与 if 语

句组合在一起,用来加速循环,如图 3.43 所示。

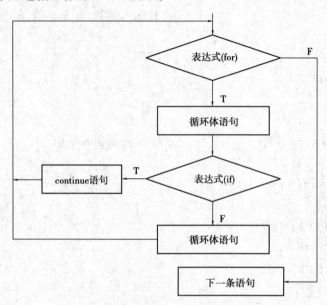

图 3.43　continue 语句流程图

输出 100 ~ 200 以内所有不能被 3 和 7 同时整除整数。

分析:要求输出能被同时整除的数,并不是同时整除。如果是同时整除,这道题目就简单了很多。

首先要借助循环从 100 开始依次到把到 200 以内的数全部遍历。在循环体中如果去写不能同时整除的条件,if 后的表达式就太过于复杂了,需要考虑能被 3 整除,不能被 7 整除或者能被 7 整除,不能被 3 整除,还有就是既不能被 3 整除,也不能被 7 整除。那我们可以反其道思考,它们另外一部分就是能同时被整除,那就在发现同时整除时结束本次循环,如果 if 不成立时再输出。

代码如下:

```
#include < stdio. h >
int main( )
{
  int i,count =0;              //count 计数
  for( i =100;i < =200;i ++)
  {
  if(i%3 ==0&&i%7 ==0)         //如果能同时整除 3 和 7,不打印
  {
  continue;                    //结束本次循环未执行的语句,继续下次判断
  }
  printf( "%d\t",i);
  count ++;
  if( count%10 ==0)            //10 个数输出一行
```

```
        printf( " \n" ) ;
    }
    return 0 ;
}
```

程序结果如图 3.44 所示。

```
"E:\C language\shiyan\bin\Debug\shiyan.exe"                              —    □    ×
100      101      102      103      104      106      107      108      109      110
111      112      113      114      115      116      117      118      119      120
121      122      123      124      125      127      128      129      130      131
132      133      134      135      136      137      138      139      140      141
142      143      144      145      146      148      149      150      151      152
153      154      155      156      157      158      159      160      161      162
163      164      165      166      167      169      170      171      172      173
174      175      176      177      178      179      180      181      182      183
184      185      186      187      188      190      191      192      193      194
195      196      197      198      199      200
Process returned 0 (0x0)   execution time : 0.066 s
Press any key to continue.
```

图 3.44 输出不能被 3 和 7 整除的数

continue 和 break 虽然都用于循环,且一般和 if 语句组合,但是两者还是一定的区别:continue 语句只是终止本次循环,但是依然在持续后续的循环,如果是 for 中使用,此时会跳转到 for 循环的表达式 3 处,不执行的也就本次循环 continue 后面的语句。对于 break 来说则是终止整个循环,所有的循环体都不会在执行了。可以通过两者的流程图再来对比一下跳转到的位置,break 是跳到循环体外的线上,continue 是跳到循环体内的线上。

两者的区别可用这样一个例子比喻一下,在杀毒软件杀毒的过程其实就是循环遍历计算机上文件,然后检测这些文件是否感染到病毒。如果发现某个文件查找当前的这个文件,计算机就可以选择"跳过此文件"的功能,这就相当于 continue 语句,但是后续其他的文件仍需继续查杀;如果不想查杀病毒了,就可以点关闭按钮退出后续所有文件的查杀,这就相当于 break 语句,如图 3.45 所示。

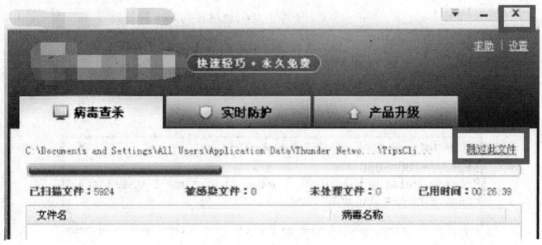

图 3.45 类比 continue 和 break 区别

（3）goto

goto 语句为无条件转移语句，即转向到指定语句标号处，并执行标号后面的程序。

它的一般形式为：

goto 语句标号；

语句标号的命名需要符合 C 语言对标识符的命名规则。标号必须加在某个语句的前面，并且在标号后面使用冒号。当程序执行到 goto 语句后，程序转移到标号指定的语句继续执行。标号只对 goto 语句有意义，当其他场合下遇见语句标号，则直接执行语句而忽视标号的存在。

标号必须与 goto 语句同处于一个函数中，可以不在一个循环层。在结构化的程序设计中，goto 语句很容易引起程序流程的混乱，打破单入口单出口的特点，使程序层次不清，可读性差，所以不主张使用 goto 语句，所以读者了解能看懂别人的程序就可以了。

goto 语句主要应用在以下两个方面：

①goto 语句和 if 语句一起构成循环结构。

②打破 break 和 continue 的跳转局限性，可实现多重循环的跳出。

由于不作为重点，本书只演示第一个方面的应用，所列举的例子还是前面出现过的一个求前 100 项整数和问题。

```c
#include < stdio. h >
int main( )
{
    int i = 1, sum = 0;
    loop: if( i < = 100)          //跳转标签 loop
    {
        sum + = i;
        i ++ ;
        goto loop;                //i 小于等于 100, 就跳转到 loop 标签处
    }
    printf( "1 + 2 + ... + 100 = % d" , sum);
    return 0;
}
```

程序结果如图 3.46 所示。

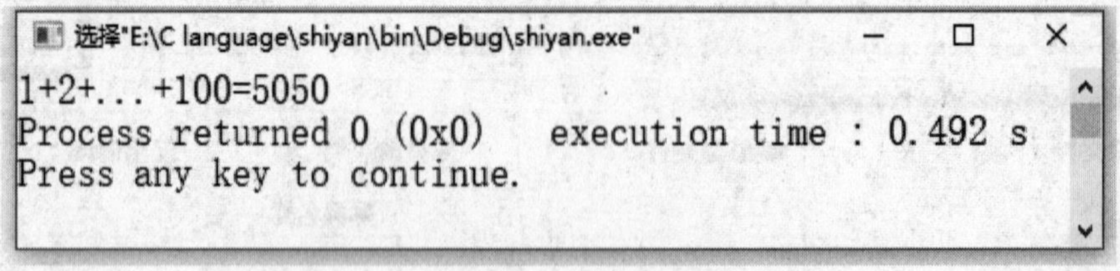

```
■ 选择"E:\C language\shiyan\bin\Debug\shiyan.exe"        —    □    ×
1+2+...+100=5050
Process returned 0 (0x0)    execution time : 0.492 s
Press any key to continue.
```

图 3.46　goto 和 if 组成循环

任务总结

　　goto 语句通常与条件语句配合使用,可用来实现条件转移、构成循环、跳出循环体等功能。但是,在结构化程序设计中一般不主张使用 goto 语句,以免造成程序流程的混乱,使理解和调试程序都产生困难。

　　break 在一些计算机编程语言中是保留字,其作用大多情况下是终止所在层的循环。在 C 语言的 switch(开关语句)中,break 语句还可用来在执行完一个 case(分支)后立即跳出当前 switch 结构。在某些程序调试过程中则使用 break 设置断点。在多层循环中,一个 break 语句只向外跳一层。

　　continue 表示结束本次循环而不终止整个循环的执行,进行下一次循环。

　　在实际使用时,要注意 break 和 continue 的联系与区别。

习题 3.3

一、选择题

1. 下列程序的输出结果是(　　　)。
```c
#include <stdio.h>
int main(){
    int i,a=0,b=0;
    for(i=1;i<10;i++){
        if(i%2==0){
            a++;
            continue;
        }
        b++;}
    printf("a=%d,b=%d",a,b);
    return 0;
}
```
A. a=4,b=4 　　　　B. a=4,b=5 　　　　C. a=5,b=4 　　　　D. a=5,b=5

2. 已知:int t=0;while(t=1){...},则以下叙述正确的是(　　　)。
A. 循环表达式的值为0 　　　　　　　B. 循环表达式的值为1
C. 循环表达式不合法 　　　　　　　D. 以上说法都不对

3. 设有以下程序段 ,则(　　　)。
```c
int x=0,s=0;
while(!x!=0)
    s+=++x;
printf("%d",s);
```

A. 运行程序段后输出 0　　　　　　　　B. 运行程序段后输出 1

C. 程序段中的表达式是非法的　　　　　D. 程序段执行无限次

4. 以下程序的运行结果是(　　　)。

```c
#include <stdio.h>
int main() {
    int y = 9;
    for(  ; y > 0; y--)
        if(y % 3 == 0)
            printf("%d", --y);
            return 0;
}
```

A. 741　　　　　　B. 963　　　　　　C. 852　　　　　　D. 875421

5. 以下描述中正确的是(　　　)。

A. 由于 do-while 的循环体只能有一条语句,所以循环体内不能使用复合语句

B. do-while 由 do 开始,用 while 结束,在 while(表达式)后面不能写分号

C. 在 do-while 循环中,是先执行一次循环体,再进行判断

D. 在 do-while 循环中,根据情况可以省略 while

6. 以下程序段的运行结果是(　　　)。

```c
i = 0;
do{
    printf("%d,", i);
} while(i++);
printf("%d\n", i);
```

A. 0,0　　　　　　B. 0,1　　　　　　C. 1,1　　　　　　D. 程序进入无限循环

7. 若程序执行时的输入数据是 2473 <回车>,则下述程序的输出结果是(　　　)。

```c
#include <stdio.h>
int main() {
    int cs;
    while((cs = getchar()) != '\n') {
        switch(cs - '2') {
            case 0:
            case 1: putchar(cs + 4);
            case 2: putchar(cs + 4); break;
            case 3: putchar(cs + 3);
            default: putchar(cs + 2);
        }
    }
    return 0;
}
```

A. 668977   B. 668966   C. 6677877   D. 6688766

8. 以下程序的输出结果是( )。

```c
#include < stdio. h >
int main( ) {
    int a,i;
    a = 0;
    for( i = 1; i < 5; i ++ )
        switch( i ) {
            case 0:
            case 3: a + = 2;
            case 1:
            case 2: a + = 3;
            default: a + = 5;
        }
    printf( "% d\n", a);
    return 0;
}
```

A. 31   B. 13   C. 10   D. 20

9. 以下程序的运行结果是( )。

```c
#include < stdio. h >
int main( ) {
    int i,j,m = 55;
    for( i = 1; i < = 3; i ++ )
        for( j = 3; j < = i; j ++ )
            m = m% j;
    printf( "% d\n", m);
    return 0;
}
```

A. 0   B. 1   C. 2   D. 3

10. 以下程序的运行结果是( )。

```c
#include < stdio. h >
int main( ) {
    int  i;
    for( i = 'a'; i < 'f'; i ++, i ++ )
        printf( "% c", i - 'a' + 'A');
    printf( "\n");
    return 0;
}
```

    A. ACE   B. BDF   C. ABD   D. CDE

11. 以下程序运行后的输出结果是(   )。

```c
#include < stdio. h >
int main( ){
    int k =5,n =0;
    do {
        switch(k){
            case 1:
            case 3:n + =1;k -- ;break;
            default:n =0;k -- ;
            case 2:
            case 4:n + =2;k -- ;break;
        }
        printf("%d",n);
    } while(k >0 && n <5);
    return 0;
}
```

    A. 235   B. 0235   C. 02356   D. 2356

12. 下面程序的输出结果是(   )。

```c
#include < stdio. h >
int main( ){
    int n =9;
    while( n >6){
        n -- ;
        printf("%d",n);
    }
    return 0;
}
```

    A. 987   B. 876   C. 8765   D. 9876

13. 下述程序的输出结果是(   )。

```c
#include < stdio. h >
int main( ){
    int x =0,y =0,i;
    for(i =1; ; ++i){
        if(i%2 ==0){
            x ++ ;
            continue;
        }
        if(i%5 ==0){
```

```
        y ++ ;break;
        }
    }
    printf (" % d,% d",x,y);
    return 0;
}
```

A. 2,1　　　　　B. 2,2　　　　　C. 2,5　　　　　D. 5,2

14. 下述程序的输出结果是(　　)。
```
#include < stdio. h >
int main( ) {
    int x = 8;
    for(   ;   x > 0;   x -- ) {
        if( x % 3 ) {
            printf("% d,",x -- );
            continue;
        }
        printf("% d,", -- x);
    }
    return 0;
}
```

A. 7,4,2,　　　　B. 8,7,5,2,　　　　C. 9,7,6,4,　　　　D. 8,5,4,2,

15. 以下不会构成无限循环的语句或语句组是(　　)。
A. n = 0;do{ ++n;} while(n < =0);
B. n = 0;while(1){n ++ ;}
C. n = 10;while(n);{n -- ;}
D. for(n = 0,i = 1;;i ++)n + = i;

16. 以下程序的运行结果是(　　)。
```
#include < stdio. h >
int main( ) {
    int k = 0,m = 0,i,j;
    for( i = 0;i < 2;i ++ ) {
        for( j = 0;j < 3;j ++ )
            k ++ ;
        k - = j;
    }
    m = i + j;
    printf(" k = % d,m = % d",k,m);
    return 0;
}
```

A. $k=0,m=3$ B. $k=0,m=5$ C. $k=1,m=3$ D. $k=1,m=5$

17. 若 int i,j;,则 for$(i=j=0;i<10\&\&j<8;i++,j+=3)$ 控制的循环体的执行次数是（   ）。

     A. 9   B. 8   C. 3   D. 2

18. 下述程序的输出结果是（   ）。

```c
#include <stdio.h>
int main() {
    int i = 6;
    while(i--)
        printf("%d", --i);
    printf("\n");
    return 0;
}
```

     A. 531   B. 420   C. 654321   D. 死循环

19. 下述程序的输出结果是（   ）。

```c
#include <stdio.h>
int main() {
    int a = 0, b = 0, c = 0, i;
    for(i = 0; i < 4; i++)
        switch(i) {
            case 0: a = i++;
            case 1: b = i++;
            case 2: c = i++;
            case 3: i++;
        }
    printf("%d,%d,%d,%d\n", a, b, c, i);
    return 0;
}
```

     A. 0,1,3,4   B. 1,2,3,4   C. 0,1,2,5   D. 0,2,3,4

20. 下面程序的运行结果是（   ）。

```c
a = 1; b = 2; c = 2;
while(a < b < c) {
    t = a; a = b; b = t; c--;
}
printf("%d,%d,%d", a, b, c);
```

     A. 1,2,0   B. 2,1,0   C. 1,2,1   D. 2,1,1

21. 以下叙述中正确的是（   ）。

     A. break 语句只能用于 switch 语句体中

     B. continue 语句的作用是使程序的执行流程跳出包含它的所有循环

C. break 语句只能用在循环体内和 switch 语句体内

D. 在循环体内使用 break 语句和 continue 语句的作用相同

22. 以下程序运行后的输出结果是(　　)。

```
#include < stdio. h >
int main( ) {
    int k = 5, n = 0;
    do {
        switch( k ) {
            case 1:
            case 3: n + = 1; break;
            default: n = 0; k -- ;
            case 2:
            case 4: n + = 2; k -- ; break;
        }
        printf( "% d", n );
    } while( k > 0&&n < 5 );
    return 0;
}
```

A. 2345　　　　　B. 0235　　　　　C. 02356　　　　　D. 2356

23. 下列程序的输出结果是(　　)。

```
#include < stdio. h >
int main( ) {
    int i, j;
    for( i = 1; i < 4; i ++ ) {
        for( j = i; j < 4; j ++ )
            printf( "% d * % d = % d ", i, j, i * j );
        printf( "\n" );
    }
    return 0;
}
```

A. 1 * 1 = 1 1 * 2 = 2 1 * 3 = 3　　　　　B. 1 * 1 = 1 1 * 2 = 2 1 * 3 = 3

　2 * 2 = 4 2 * 3 = 6　　　　　　　　　　2 * 1 = 2 2 * 2 = 4

　3 * 1 = 3　　　　　　　　　　　　　　　3 * 3 = 9

C. 1 * 1 = 1　　　　　　　　　　　　D. 1 * 1 = 1

　1 * 2 = 2　2 * 2 = 4　　　　　　　　2 * 1 = 2　2 * 2 = 4

　1 * 3 = 3　2 * 3 = 6　3 * 3 = 9　　　3 * 1 = 3　3 * 2 = 6 3 * 3 = 9

24. 执行以下程序时输入 1234567890 < 回车 >,则其中 while 循环体将执行(　　)次。

```
#include < stdio. h >
int main( ) {
```

```
        char ch;
        while( ( ch = getchar( ) ) == '0')
            printf("#");
        return 0;
    }
```
A. 10   B. 0   C. 2   D. 1

25. 下列程序的输出结果是(   )。
```
    #include  < stdio. h >
    int main( ) {
        int k = 5;
        while( - k)
            printf("% d",k - = 3);
        printf(" \n");
        return 0;
    }
```
A. 1   B. 2   C. 4   D. 死循环

26. 以下程序执行后的输出结果是(   )。
```
    #include  < stdio. h >
    int main( ) {
        int i;
        for( i = 1; i < = 40; i ++ ) {
            if( i ++ % 5 == 0)
                if( ++ i % 8 == 0)
                    printf("% d",i);
        }
        printf(" \n");
        return 0;
    }
```
A. 5   B. 24   C. 32   D. 40

27. 有以下程序,若运行时从键盘输入:18,11 < 回车 >,则程序输出结果是(   )。
```
    #include  < stdio. h >
    int main( ) {
        int a,b;
        printf("Enter a,b:");
        scanf("% d,% d",&a,&b);
        while( a! = b) {
            while( a > b)
                a - = b;
            while( b > a)
```

```
        b - = a;
    }
    printf("%3d%3d\n",a,b);
    return 0;
}
```

　　A. 1　1　　　　　　B. 1　2　　　　　　C. 1　3　　　　　　D. 1　4

28. 要求通过 while 循环不断读入字符,当读入字母 N 时结束循环。若变量已正确定义,以下
　　正确的程序段是(　　　)。

　　A. while((ch = getchar())! = 'N')printf("%c",ch);
　　B. while(ch = getchar()! = 'N')printf("%c",ch);
　　C. while(ch = getchar() == 'N')printf("%c",ch);
　　D. while((ch = getchar()) == 'N')printf("%c",ch);

29. 以下程序运行后的输出结果是(　　　)。

```
#include < stdio. h >
int main(){
    int y = 10;
    while(y -- );
    printf("y = %d\n",y);
    return 0;
}
```

　　A. y = 0　　　　　　B. y = - 1　　　　　C. y = 1　　　　　　D. while 构成无限循环

30. 有以下程序段:int n,t = 1,s = 0;scanf("%d",&n);　do{ s = s + t;t = t - 2;} while (t! =
　　n);(　　　)。

　　A. 任意正奇数　　　B. 任意负偶数　　　C. 任意正偶数　　　D. 任意负奇数

31. 以下程序运行后的输出结果是(　　　)。

```
#include < stdio. h >
int main(){
    int i,j,x = 0;
    for(i = 0;i < 2;i ++ ){
        x ++ ;
        for(j = 0;j < = 3;j ++ ){
            if(j%2)
                continue;
            x ++ ;
        }
        x ++ ;
    }
    printf("x = %d\n",x);
    return 0;
```

}

   A. x = 4   B. x = 8   C. x = 6   D. x = 12

32. 设变量已正确定义,则以下能正确计算 f = n! 的程序段是( )。

   A. f = 0;   B. f = 1;

     for(i = 1; i < = n; i + +)   for(i = 1; i < = n; i - -)

     f * = i;   f * = i;

   C. f = 1;   D. f = 1;

     for(i = n; i > 1; i + +)   for(i = n; i > = 2; i - -)

     f * = i;   f * = i;

33. 以下程序运行后的输出结果是( )。

```c
#include < stdio. h >
int main() {
    int k = 5, n = 0;
    while(k > 0) {
        switch(k) {
            default : break;
            case 1 : n + = k;
            case 2 :
            case 3 : n + = k;
        }
        k - - ;
    }
    printf("% d\n", n);
    return 0;
}
```

   A. 0   B. 4   C. 6   D. 7

34. 以下程序的输出结果是( )。

```c
#include < stdio. h >
int main() {
    int a = 1, b;
    for(b = 1; b < = 10; b + +) {
        if(a > = 8)
            break;
        if(a % 2 == 1) {
            a + = 5;
            continue;
        }
        a - = 3;
    }
```

```
printf("%d\n",b);
return 0;
}
```
A. 3   B. 4   C. 5   D. 6

35. 以下程序输出结果是(　　)。
```
#include <stdio.h>
int main(){
int i;
for(i=0;i<3;i++)
    switch(i){
        case 0:printf("%d",i);
        case 2:printf("%d",i);
        default:printf("%d",i);
    }
return 0;
}
```
A. 022111   B. 021021   C. 000122   D. 012

36. 以下程序输出结果是(　　)。
```
#include <stdio.h>
int main(){
    int i=0,s=0;
    for(;;){
        if(i==3||i==5)
            continue;
        if(i==6)
            break;
        i++;
        s+=i;
    }
    printf("%d\n",s);
    return 0;
}
```
A. 10   B. 13   C. 21   D. 程序进入死循环

37. 若变量已正确定义,要求程序段完成求 5! 的计算,不能完成此操作的程序段是(　　)。
    A. for(i=1,p=1;i<=5;i++)p*=i;
    B. for(i=1;i<=5;i++){p=1;p*=i;}
    C. i=1;p=1;while(i<=5){p*=i;i++;}
    D. i=1;p=1;do{p*=i;i++;}while(i<=5);

38. 以下程序执行后的输出结果是(　　)。

```
#include  < stdio. h >
int main( ) {
    int x = 0,y = 5,z = 3;
    while( z -->0&& ++x <5)
        y = y - 1;
    printf( "% d,% d,% d\n" ,x,y,z) ;
    return 0;
}
```

  A. 3,2,0   B. 3,2, - 1   C. 4,3, - 1   D. 5, - 2, - 5

39. 以下程序执行后的输出结果是(   )。

```
#include  < stdio. h >
int main( ) {
    int i,n = 0;
    for( i = 2;i < 5;i ++ ) {
        do{
            if( i%3)
                continue;
            n ++ ;
        } while( !  i) ;
        n ++ ;
    }
    printf( "n = % d\n" ,n) ;
    return 0;
}
```

  A. n = 5   B. n = 2   C. n = 3   D. n = 4

40. 下面程序的功能是输出以下形式的金字塔图。在下划线处应填入的是(   )。

```
        *
       * * *
      * * * * *
     * * * * * * *
```

```
#include  < stdio. h >
int main(  ) {
    int i,j;
    for( i = 1;i < =4;i ++ ) {
        for( j = 1;j < =4 - i;j ++ )
            printf( "" ) ;
        for( j = 1;j < = _____ ;j ++ )
            printf( " * " ) ;
        printf( " \n" ) ;
```

```
    }
    return 0;
}
```
A. i   B. 2 * i - 1   C. 2 * i + 1   D. i + 2

二、编程题

1. 编程实现,求 s = 1 + 2! + 3! + 4! + … + 19! + 20!

2. 编程实现,已知 s = 1 + 11 + 111 + 1111 + … 一直加到 n 位 1,n 的值键盘输入。

3. 输入一个正整数,输出比它小的最大的 10 个质数(素数),如果不够,有多少输出多少。

4. 一个口袋中有 3 个红球,5 个白球,6 个黑球,从其中任意取出 8 个球,要求至少有一个白球。

(1)输出所有的可能组合。

(2)计算这些可能出现的概率是多少?

5. 某班级准备举行一次五子棋比赛,参赛选手每人之间必须进行一场对弈,经过统计发现一共
   进行了 300 场比赛,编程,计算并输出参赛的人数是多少?

6. 张三在 10 年前存了一笔钱准备用来购房,按照当时的房价,这笔钱可以买房 150 平方米。
   已知银行存款年利率为 6% ,房价却按照每年 10% 的速度增长,请编写程序,计算张三存的
   这笔钱现在能购买多少平方米的房子?

项目 *4*
数 组

项目目标

- 熟悉一维数组、二维数组和字符数组的定义和初始化。
- 熟悉一维数组和二维数组下标范围的取值。
- 熟悉一维数组和二维数组的引用方法。
- 掌握一维数组、二维数组和字符数组的输入/输出方法。
- 理解一维数组、二维数组和字符数组的存储方式和赋值方法。
- 掌握一维数组和二维数组有关的算法,如排序、查找等算法。
- 理解字符数组与其他数组的区别、理解字符串及其特点。
- 掌握常用的字符串处理库函数的用法并清楚对字符串的简单处理。

4.1 一维数组

任务描述

在程序设计中,为了处理方便,把具有相同类型的若干变量按有序的形式组织起来。这些按序排列的同类数据元素的集合称为数组。在 C 语言中,数组属于构造数据类型。一个数组可以分解为多个数组元素,这些数组元素可以是基本数据类型或是构造类型。因此按数组元素的类型不同,数组又可分为数值数组、字符数组、指针数组、结构数组等各种类别。

一维数组是由一个下标表示且从 0 开始排列的结构单一的数组,是二维数组和多维数组的基础。数组是一个由若干同类型变量组成的集合,引用这些变量时可用同一名字。数组均由连续的存储单元组成,最低地址对应于数组的第一个元素,最高地址对应最后一个元素,数组可以是一维的,也可以是多维的。

知识学习

（1）一维数组的定义

在 C 语言中使用数组必须先进行定义。一维数组的定义方式为：

　　类型说明符数组名［常量表达式］；

其中：

①类型说明符是任意一种基本数据类型或构造数据类型。

②数组名是用户定义的数组标识符。

③方括号中的常量表达式表示数据元素的个数，也称为数组的长度，数组元素的表示从下标 0 开始。

④C 语言编译系统为数组分配连续的存储空间，数组名代表数组在内存中存放的首地址（即数组第一个元素在内存中的存储地址）。

例如：

```
int      a[5];              //类型说明符是整型,数组名是 a,数组有 5 个元素
float    b[10];             //类型说明符是实型,数组名是 b,数组有 10 个元素
char     c[20];             //类型说明符是字符型,数组名是 c,数组有 20 个元素
```

其中数组 a 的存储方式如图 4.1 所示，每个存储单元占 4 个字节（VS 2015 上运行）。

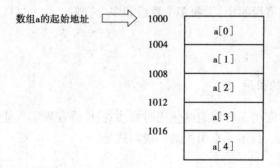

图 4.1 整型一维数组 a[5] 的存储情况

对于数组类型说明应注意以下几点：

①数组的类型实际上是指数组元素的取值类型。对于同一个数组，其所有元素的数据类型都是相同的。

②数组名的书写规则应符合标识符的书写规定。

③数组名不能与其他变量名相同。

例如：

```
int main ()
{
    int a;
    float a[10];
    ……
}
```

是错误的。

④方括号中常量表达式表示数组元素的个数,如 a[5]表示数组 a 有 5 个元素。但是其下标从 0 开始计算。因此 5 个元素分别为 a[0]、a[1]、a[2]、a[3]、a[4]。

⑤不能在方括号中用变量来表示元素的个数,但是可以是符号常数或常量表达式。

例如:

```
# define N 5       //宏定义,N 表示是 5 这个常数
int main( )
{
    int a[N];   //N 表示是常数而不是一个变量
    ……
}
```

是合法的。但是下述说明方式是错误的:

```
int main ( )
{
    int n = 5;
    int a[n];              //变量作为数组个数是错误的
    ……
}
```

⑥允许在同一个类型说明中,说明多个数组和多个变量。

例如:

```
int a,b,c,d,k[20];
```

(2)一维数组元素的引用

数组必须先定义后使用。在数组的使用时要注意:C 语言规定只能逐个引用数组元素,而不能一次引用整个数组。数组元素引用的一般形式是:

数组名[下标]

其中的下标只能为整型常量或整型表达式。如为小数时,C 编译将自动取整。

例如:

```
a[10]
a[i+j]
a[i++]
```

都是合法的数组元素。

数组元素通常也称为下标变量。必须先定义数组,才能使用下标变量。在 C 语言中只能逐个地使用下标变量,而不能一次引用整个数组。

例如:输出有 10 个元素的数组必须使用循环语句逐个输出各下标变量。

```
for(i=0;i<10;i++)
    printf("%d",a[i]);
```

而不能用一个语句输出整个数组,下面的写法是错误的:

```
printf("%d",a);
```

由此可见,数组名后中括号内的内容在不同场合的含义是不同的:在定义时它代表数组元素的个数,其他情况则是下标(与数组名联合起来表示某一个特定的数组元素)。

例4.1 在数组中存储10个同学C语言的成绩,并求出平均成绩,运行结果如图4.2所示。

```
#include  < stdio. h >
int    main( )
{
    float  s[10];
    int i;
    float sum  = 0;
    for( i = 0;i < 10;i ++ )
    {
        printf("请输入第% d 位同学 C 语言的成绩: ", i + 1);
        scanf( "% f", &s[i]);
        sum + = s[i];
    }
    printf( "\n\n 该 10 位同学 C 语言的平均成绩为%. 2f。\n", (sum/10));
    return 0;
}
```

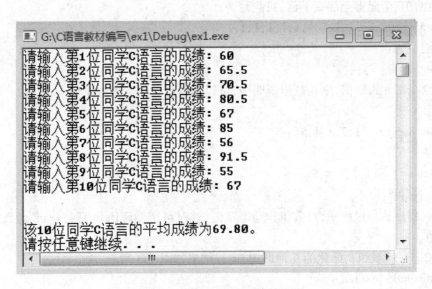

图4.2 例4.1程序运行结果

C 语言允许用表达式表示下标。由此可见,数组名后中括号内的内容在不同场合的含义是不同的:在定义时它代表数组元素的个数,其他情况则是下标(与数组名联合起来表示某一个特定的数组元素)。数组元素存放是按照下标的顺序按次序存放的。

(3)一维数组的初始化

给数组赋值的方法除了用赋值语句对数组元素逐个赋值外,还可采用初始化赋值和动态赋值的方法。

1）数组初始化赋值

数组初始化赋值是指在数组定义时给数组元素赋予初值。数组初始化是在编译阶段进行的，这样可减少运行时间，提高效率。

初始化赋值的一般形式为：

类型说明符数组名[常量表达式] = {值,值,……,值}；

其中在{ }中的各数据值即为各元素的初值，各值之间用逗号间隔。

例如：

int a[10] = {0,1,2,3,4,5,6,7,8,9}；

相当于

a[0] = 0,a[1] = 1, …a[9] = 9；

C 语言对数组的初始化赋值还有以下几点规定：

a. 可以只给部分元素赋初值。当{ }中值的个数少于元素个数时，只给前面部分元素赋值。

例如：

int a[10] = {0,1,2,3,4}；

表示只给 a[0] ~ a[4] 5 个元素赋值，而后 5 个元素自动赋 0 值。

b. 只能给元素逐个赋值，不能给数组整体赋值。

例如：给 10 个元素全部赋 1 值，只能写为：

int a[10] = {1,1,1,1,1,1,1,1,1,1}；

而不能写为：

int a[10] = 1；

c. 如给全部元素赋值，则在数组说明中，可以不给出数组元素的个数。

例如：

int a[5] = {1,2,3,4,5}；

可写为：

int a[ ] = {1,2,3,4,5}；

2）动态赋值

可以在程序执行过程中，对数组作动态赋值，这时可用循环语句配合 scanf 函数逐个对数组元素赋值。

例4.2　一维数组初始化的几种形式，运行结果如图4.3 所示。

```c
#include  < stdio. h >
int main( )
{
        int i;
        int a[5] = {0,1,2,3,4};
        int b[5] = {1,2};
        int c[ ] = {1,2,3,4,5};
        for (i =0;i <5;i ++)
        {
```

```
        printf("%5d",a[i]);
    }
    printf("\n");
    for (i=0;i<5;i++)
    {
        printf("%5d",b[i]);
    }
    printf("\n");
    for (i=0;i<5;i++)
    {
        printf("%5d",c[i]);
    }
    printf("\n");
    return 0;
}
```

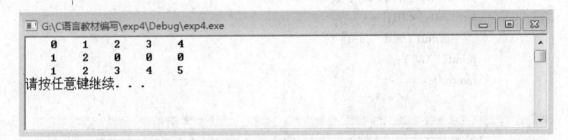

图4.3　例4.2程序运行结果

注意:数组初始化的赋值方式只能用于数组的定义,定义之后再赋值只能一个元素一个元素地赋值。

(4)一维数组的程序举例

例4.3　用冒泡法对10个整数进行从小到大排序,运行结果如图4.4所示。

```
#include <stdio.h>
int main()
{
    int a[10],i,j,k,x;
    printf("请输入10个整数:\n");
    for(i=0;i<10;i++)
    {
        scanf("%d",&a[i]);
    }
    printf("\n");
    for(i=0;i<9;i++)
```

133

```
        {
            k = i;
            for( j = i + 1; j < 10; j ++ )
            {
                if( a[ j ] < a[ k ] )
                    k = j;
            }
            if( i ! = k )
            {
                x = a[ i ];
                a[ i ] = a[ k ];
                a[ k ] = x;
            }
        }
        printf( "排序后的 10 个数为：\n" );
        for( i = 0; i < 10; i ++ )
            printf( "% d ", a[ i ] );
        printf( "\n" );
        return 0;
}
```

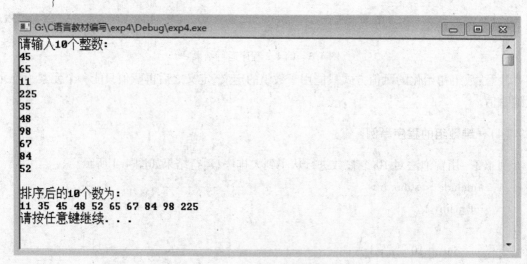

图 4.4   例 4.3 程序运行结果

程序分析：

本程序是利用简单选择排序对一组成绩（10 个数）按照从大到小的顺序进行排序。

简单选择排序的算法思路如下：

①首先通过 n-1 次比较，从 n 个数中找出最小的，将它与第一个数交换，进行第一次选择排序，结果最小的数被安置在第一个元素位置上。

②再通过 n-2 次比较，从剩余的 n-1 个数中找出关键字次小的记录，将它与第二个数交

换,进行第二次选择排序。

③重复上述过程,共经过 *n*-1 次排序后,排序结束。

例 4.4 某选秀节目有 10 个评委,根据评委打分情况,找出最高分和最低分,运行结果如图 4.5 所示。

```c
#include <stdio.h>
int main()
{
    int a[10],i;
    int max,min;
    printf("请输入十个评委打分:\n");
    for(i=0;i<10;i++)
    {
        scanf("%d",&a[i]);
    }
    max=min=a[0];
    for(i=1;i<10;i++)
    {
        if(a[i]>max)
            max=a[i];
        if(a[i]<min)
            min=a[i];
    }
    printf("最高分为:%d,最低分为:%d.\n",max,min);
    return 0;
}
```

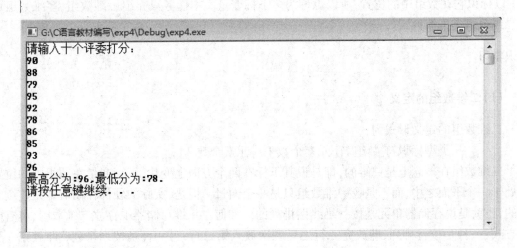

图 4.5 例 4.4 程序运行结果

程序分析:

本例程序中第一个 for 语句逐个输入 10 个数到数组 a 中,然后把 a[0] 送入 max 和 min

135

中。在第二个 for 语句中,从 a[1]到 a[9]逐个与 max 中的内容和 min 中的内容比较,若比 max 的值大,则把该下标变量送入 max 中,若比 min 的值小,则把该下标变量送入 min 中,因此 max 总是在已比较过的下标变量中为最大者,min 总是在已比较过的下标变量中为最小者。比较结束,输出 max 的值和 min 的值。

任务总结

在问题分析时如遇见数据太多,将考虑用数组表示。

一维数组的特点如下:

①一维数组定义时必须指定其大小,如:int a[5];。只有当定义并初始化时其大小可以省略不写,如:int a[5] = {10,20,30,40,50};等价于 int a[ ] = {10,20,30,40,50}。

②一维数组中所有数组元素数据类型一致,不可能存在数组中出现两种或者两种以上的数据类型。

③一维数组中所有数组元素在内存中是连续存储的。

④一维数组中所有数组元素的存储空间大小都相同。

⑤一维数组的数组名等价于该数组首元素的地址,如:int a[5];,则有 a 等价于 &a[0]。注意此知识点将会在后期指针部分使用到。

4.2 二维数组

任务描述

前面介绍的数组只有一个下标,称为一维数组,其数组元素也称为单下标变量。在实际问题中有很多量是二维的或多维的,因此 C 语言允许构造多维数组。多维数组元素有多个下标,以标识它在数组中的位置,所以也称为多下标变量。本任务只介绍二维数组,多维数组可由二维数组类推而得到。

知识学习

(1)二维数组的定义

二维数组的定义形式为:

类型标识符 数组名[元素个数 1][元素个数 2];

二维数组在概念上是二维的,即是说其下标在两个方向上变化,下标变量在数组中的位置也处于一个平面之中,而不是像一维数组只是一个向量。但是,实际的硬件存储器却是连续编址的,也就是说存储器单元是按一维线性排列的。如何在一维存储器中存放二维数组,可有两种方式:一种是按行排列,即放完一行之后顺次放入第二行;另一种是按列排列,即放完一列之后再顺次放入第二列。在 C 语言中,二维数组是按行排列的。

例如:

int a[3][4];

说明了一个三行四列的数组,数组名为 a,其下标变量的类型为整型。该数组的下标变量共有 3×4 个,即:

$$a[0] \qquad a[0][0],a[0][1],a[0][2],a[0][3]$$
$$a[1] \qquad a[1][0],a[1][1],a[1][2],a[1][3]$$
$$a[2] \qquad a[2][0],a[2][1],a[2][2],a[2][3]$$

按行顺次存放,先存放 a[0] 行,再存放 a[1] 行,最后存放 a[2] 行,每行中的 4 个元素也是依次存放的。由于数组 a 说明为 int 类型,该类型占 4 个字节的内存空间,所以每个元素均占有 4 个字节(VS 2015 上运行),其存储方式如图 4.6 所示。

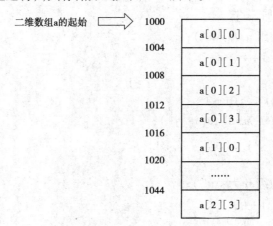

图 4.6　整型二维数组 a[3][4]存储情况

多维数组的定义方式可以按照二维数组的定义:

类型标识符 n 维数组名[元素个数 1][元素个数 2]…[元素个数 n];

即 n 维数组就有 n 个"[元素个数]"。

多维数组的存储顺序为:最左边的下标变化最慢,越往右变化越快,最右边的下标变化最快。

(2)二维数组元素的引用

二维数组中元素的表示形式为:

数组名[下标 1][下标 2]

同一维数组一样,二维数组的下标可以是整型常量、整型变量或者整型表达式。为了便于理解二维数组下标的含义,可以将二维数组看作一个行列式或矩阵,则下标 1 用来确定元素的行号(从 0 开始,小于等于"元素个数 1"减 1),下标 2 用来确定元素的列号(从 0 开始,小于等于"元素个数 2"减 1)。

n 维数组中元素的表示形式为

n 维数组名[下标 1][下标 2]…[下标 n]

其中下标的取值范围和类型同二维数组,并且 n 维数组的元素同样可以赋值和出现在表达式中。

例 4.5　二维数组下标的意义,运行结果如图 4.7 所示。

```
#include <stdio.h>
```

```
int  main( )
{
    int i,j,a[2][3],b[2][3];
    for (i=0;i<2;i++)
        for (j=0;j<3;j++)
            a[i][j]=i;
    for (i=0;i<2;i++)
        for (j=0;j<3;j++)
            b[i][j]=j;
    printf("二维数组 a 为:\n");
    for (i=0;i<2;i++)
    {
        for (j=0;j<3;j++)
            printf("%3d",a[i][j]);
        printf("\n");
    }
    printf("二维数组 b 为:\n");
    for (i=0;i<2;i++)
    {
        for (j=0;j<3;j++)
            printf("%3d",b[i][j]);
        printf("\n");
    }
    return 0;
}
```

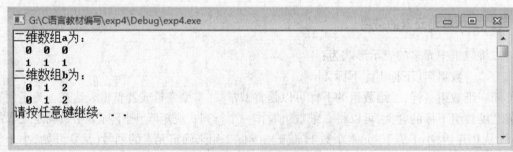

图 4.7 例 4.5 程序运行结果

(3) 二维数组的初始化

二维数组初始化也是在类型说明时给各下标变量赋以初值。二维数组可按行分段赋值，也可按行连续赋值。

例如:对数组 a[5][3],按行分段赋值可写为:

int a[5][3] = {{80,75,92},{61,65,71},{59,63,70},{85,87,90},{76,77,85}};

按行连续赋值可写为：

int a[5][3] = {80,75,92,61,65,71,59,63,70,85,87,90,76,77,85};

这两种赋初值的结果是完全相同的。

可以只对部分元素赋初值，未赋初值的元素自动取 0 值。

例如：

int a[3][3] = {{1},{2},{3}};

是对每一行的第一列元素赋值，未赋值的元素取 0 值。赋值后各元素的值为：

```
1 0 0
2 0 0
3 0 0
```

int a[3][3] = {{0,1},{0,0,2},{3}};

赋值后的元素值为：

```
0 1 0
0 0 2
3 0 0
```

如对全部元素赋初值，则第一维的长度可以不给出。

例如：

int a[3][3] = {1,2,3,4,5,6,7,8,9};

可以写为：

int a[][3] = {1,2,3,4,5,6,7,8,9};

数组是一种构造类型的数据。二维数组可以看作由一维数组的嵌套而构成的。设一维数组的每个元素都是一个数组，就组成了二维数组，当然，前提是各元素类型必须相同。根据这样的分析，一个二维数组也可以分解为多个一维数组。C 语言允许这种分解。

如二维数组 a[3][4]，可分解为 3 个一维数组，其数组名分别为：

a[0]

a[1]

a[2]

对这三个一维数组不需另作说明即可使用。这 3 个一维数组都有 4 个元素，例如：一维数组 a[0] 的元素为 a[0][0]、a[0][1]、a[0][2]、a[0][3]。

必须强调，a[0]、a[1]、a[2] 不能当作下标变量使用，它们是数组名，不是一个单纯的下标变量。

(4) 二维数组的程序举例

例 4.6 输入 5 个同学 3 门课的成绩，计算各门课的总分及平均分，运行结果如图 4.8 所示。

```c
#include <stdio.h>
int main()
{
```

```
        int i,j;
        int score[5][3],sum[3] = {0},avg[3];
        printf("请输入 5 个同学的 3 门课成绩:\n");
        for(i = 0;i < 5;i ++)
            for(j = 0;j < 3;j ++)
                scanf("%d",&score[i][j]);
        for(j = 0;j < 3;j ++)
        {
            for(i = 0;i < 5;i ++)
                sum[j] = sum[j] + score[i][j];
            avg[j] = sum[j]/5;
        }
        printf(" * * * * * * * * * * * * * * * * * * * * * * * * * \n");
        printf("请输出 5 个同学的 3 门课成绩:\n");
        for(i = 0;i < 5;i ++)
        {
            printf("第%d 位同学",i + 1);
            for(j = 0;j < 3;j ++)
                printf("%5d",score[i][j]);
            printf("\n");
        }
        printf(" * * * * * * * * * * * * * * * * * * * * * * * * * \n");
        printf("总分为:");
        for(j = 0;j < 3;j ++)
            printf("%6d",sum[j]);
        printf("\n");
        printf("平均分为:");
        for(j = 0;j < 3;j ++)
            printf("%6d",avg[j]);
        printf("\n");
        return 0;
    }
```

程序分析:

本程序利用二维数组,每一行存放一个学生成绩,即行代表学生,列代表每门课的成绩。要存放 5 个学生 3 门课的成绩,就要使用一个 5×3 的二维数组。要得到每门课的总分和平均分,需要另外定义一个一维数组 sum[3] 和 avg[3] 分别来存放,具体实现步骤如下:

①输入 5 个学生,每个学生 3 门课的成绩,存入二维数组 score 中。

②计算 5 门课程的总分,存放到数组 sum 中;计算出每门课程的平均分,存放到数组 avg 中。

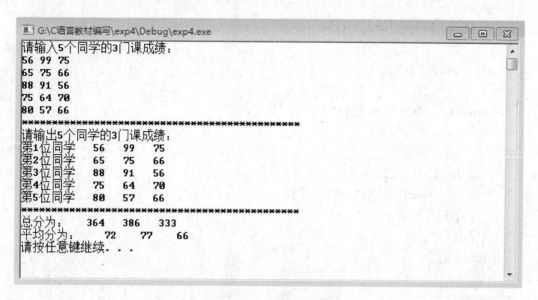

图 4.8　例 4.6 程序运行结果

③输出 5 个学生 3 门课的成绩,并输出课程的总分和平均分。

例 4.7　将一个二维数组 a 的行和列元素互换(即行列转置),存到另一个二维数组 b 中,运行结果如图 4.9 所示。

图 4.9　例 4.7 程序运行结果

```c
#include <stdio. h>
int main()
{
    int a[2][3] = {{1,2,3},{4,5,6}};
    int   i,j,b[3][2];
    printf("二维数组 a 为:\n");
    for(i = 0;i < 2;i ++)
    {
        for(j = 0;j < 3;j ++)
        {
            printf("%5d",a[i][j]);
```

```
            b[j][i] = a[i][j];
        }
        printf("\n");
    }
    printf("二维数组 b 为:\n");
    for(i = 0;i < 3;i ++)
    {
        for(j = 0;j < 2;j ++)
            printf("%5d",b[i][j]);
        printf("\n");
    }
    return 0;
}
```

程序分析:

该程序要求将一个二维数组行和列的元素互换,即原来是第一行变成第一列,原来第二行变成第二列,所以解决方法是定义一个数组 a 为两行三列,定义一个数组 b 是三行两列,转换过程通过 b[j][i] = a[i][j] 赋值语句完成。

任务总结

在现实生活中,当遇见矩阵、表格、坐标等数据表示或者描述时,将在程序中考虑用二维数组表示。

二维数组的特点如下:

①二维数组定义时,如:int a[3][4];。

②二维数组中所有数组元素数据类型一致,不可能存在数组中出现两种或者两种以上的数据类型。

③二维数组中所有数组元素在内存中是连续存储的,意味着二维数组本质上一维数组,只是数据之间的逻辑关系可以看成二维。

④二维数组中所有数组元素的存储空间都相同。

⑤二维数组的数组名等价于该数组首元素的地址,如:int a[3][4];,则有 a 等价于 &a[0],但是 a[0]其实是 a[0][0]、a[0][1]、a[0][2]、a[0][3]4 个数组元素所组成的一维数组的数组名。注意此知识点将会在后期指针部分使用到。

4.3　字符数组

任务描述

用来存放字符量的数组称为字符数组。C 语言没有专门的字符串变量,字符串的存储必须通过字符数组来实现。一维字符数组用于存储 1 个字符串(每个元素存放 1 个字符),二维字符数组用于同时存储多个字符串(每一行存储 1 个字符串)。

知识学习

　　字符数组是存放字符型数据的数组,其中每个数组元素的值都是一个字符。字符数组也是数组,其定义、初始化、引用方式与之前学过的一维数组和二维数组基本一样,唯一的区别是字符数组的数组元素的类型为字符型。

　　(1)字符数组的定义

　　一维字符数组的一般格式为:
　　　　char 数组名[常量表达式];
　　例如:
　　　　char a[10];
　　上述定义的结果,在内存中分配 10 个字节的连续存储单元,可以存放 10 个字符或者一个长度不超过 9 的字符串。
　　二维字符数组的一般格式为:
　　　　char 数组名[常量表达式 1][常量表达式 2];
　　例如:
　　　　char a[3][12];
　　上述定义的结果,在内存中分配 3×12 个字节的连续存储单元,可以存放 3×12 个字符或者 3 个长度不超过 11 的字符串。

　　(2)字符数组的引用

　　同普通数组元素的引用形式一样,可以引用字符数组中的任一个元素,得到一个字符。

　　(3)字符数组的初始化

　　对字符数组初始化有下面两种情况。
　　例如:
　　　　char a[10] = {'C',' ','p','r','o','g','r','a','m'};
　　赋值后各元素的值为:
　　　　a[0]的值为'C'
　　　　a[1]的值为' '
　　　　a[2]的值为'p'
　　　　a[3]的值为'r'
　　　　a[4]的值为'o'
　　　　a[5]的值为'g'
　　　　a[6]的值为'r'
　　　　a[7]的值为'a'
　　　　a[8]的值为'm'
　　其中 a[9]未赋值,由系统自动赋予 0 值。

当对全体元素赋初值时也可以省去长度说明。

例如：

```
char a[ ] = { 'C', ' ', 'p', 'r', 'o', 'g', 'r', 'a','m'} ;
```

这时 a 数组的长度自动定为 9。

说明：

①初值个数可以少于数组长度，多余元素自动为'\0'（C 语言中，\0 的 ACSII 码是 0）。

例如：

```
char a[6] = { 'c','h','i','n','a'} ;
```

则 char a[5] = '\0',即 a[5] = 0

②对于一维字符数组指定初值时,若未指定数组长度,则长度等于初值个数。例如：

```
char a[ ] = {'I',' ','a','m',' ','h','a','p','p','y'} ;
```

等价于：

```
char a[10] = {'I',' ','a','m',' ','h','a','p','p','y'} ;
```

③对于二维数组可以不指定第一维长度。

```
char a[ ][10] = {"hello " ,"world"} ;
```

系统默认第一维长度为 2。

例 4.8　字符串的输出。

```c
#include  < stdio. h >
int main( )
{
int i,j;
    char a[ ][5] = {{'B','A','S','T','C',} ,{'d','B','A','S','E'} } ;
    for( i = 0;i < = 1;i ++ )
{
    for( j = 0;j < = 4;j ++ )
      printf( "%c" ,a[i][j]) ;
    printf( " \n" ) ;
}
return 0;
}
```

程序运行结果如图 4.10 所示。

```
G:\C语言教材编写\exp4\Debug\exp4.exe
BASIC
dBASE
请按任意键继续. . .
```

图 4.10　例 4.8 程序运行结果

(4)字符串和字符串结束标志

在 C 语言中没有专门的字符串变量,通常用一个字符数组来存放一个字符串。前面介绍字符串常量时,已说明字符串总是以'\0'作为串的结束符。因此当把一个字符串存入一个数组时,也把结束符'\0'存入数组,并以此作为该字符串是否结束的标志。有了'\0'标志后,就不必再用字符数组的长度来判断字符串的长度了。

C 语言允许用字符串的方式对数组作初始化赋值。

例如:

　　　　char a[ ] = { 'C', ' ','p','r','o','g','r','a','m'} ;

可写为:

　　　　char a[ ] = {" C program"} ;

或去掉{}写为:

　　　　char a[ ] = " C program" ;

用字符串方式赋值比用字符逐个赋值要多占一个字节,用于存放字符串结束标志'\0'。上面的数组 a 在内存中的实际存放情况为:

C		p	r	o	g	r	a	m	\0

'\0'是由 C 编译系统自动加上的,由于采用了'\0'标志,所以在用字符串赋初值时一般无须指定数组的长度,而由系统自行处理。

(5)字符数组的输入输出

可以利用字符数组对单个字符或字符串进行输入输出操作。

1)单个字符的输入输出

a. 用格式符"%c"输入或输出单个字符。例如:

……

```
char a[10];
int i;
for( i = 0;i < 10;i ++ )
    scanf("%c",&a[i]);
for( i = 0;i < 10;i ++ )
    printf("%c",a[i]);
printf (" \n") ;
```

……

第一个 for 循环语句,从键盘输入字符赋给 a[0]、a[1]、a[2]、a[3]、a[4]……, 第 2 个 for 循环语句则将字符数组元素的值逐个输出。

b. 字符输入函数 getchar( )

getchar( )函数作用是从输入设备(如键盘)读取一个字符。函数 getchar( )没有参数,其一般形式为:

```
int   getchar( void ) ;
```

其执行结果是从输入设备得到一个字符。

可见,getchar( )函数同带格式符%c 的 scanf( )函数都可以接收一个字符,并且可以将得到的字符赋给一个字符型变量或者整型变量。但是不是所有场合二者都可以互相替换。它们的不同之处包括:getchar( )一次只能接收一个字符,getchar( )可以接收回车字符;而 scanf( )将回车作为数据的间隔符或结束符;getchar( )接收的字符可以不赋给任何变量。

c. 字符输出函数 putchar( )

putchar( )函数作用是将一个字符输出到输出设备(如显示器)。它的一般形式为

```
int putchar( int c ) ;
```

函数 putchar( )的可以输出字符型变量、整型变量、字符型常量以及控制字符和转义字符。

2)字符串的输入输出

用格式符"%s"输入或输出字符串。

由于 C 语言没有专门的变量存放字符串,字符串只能存放在一个字符数组中,数组名表示字符串的首地址,即第一个字符的地址,因此在输入或输出字符串时可以直接使用数组名。

例如:

```
char a[10] ;
scanf( "%s",a) ;   //由键盘输入字符串
printf( "%s",a) ;
```

使用说明如下:

a. 按"%s"格式符输出时,即使数组长度大于字符串长度,也是遇'\0'结束,且输出字符中不包含'\0'。若数组中包含多个'\0',则遇到第一个'\0'时结束。

例如:

```
char a[10] = { "China" } ;
printf( "%s",a) ;   //只输出 5 个字符
```

b. 按"%s"格式符输出字符串时,printf 函数的输出项是字符数组名,而不是元素名。

```
char a[6] = "China" ;
printf( "%s",a) ;                //正确
printf( "%s",a[0] ) ;            //错误
```

c. 按"%s"格式符输入时,遇"回车"键结束,但获得的字符中不包含回车键本身,而是在字符串末尾添'\0'。因此,定义的字符数组必须有足够的长度,以容纳所输入的字符,例如,输入 5 个字符,定义字符数组的长度至少是 6。

d. 一个 scanf 函数输入多个字符串,输入时以"空格"键或者"回车"键作为字符串间的分隔。

例如:

```
char str1[5],str2[5],str3[5] ;
scanf( "%s%s%s",str1,str2,str3) ;
```

输入数据:

How are you?

str1、str2、str3 获得的数据如图 4.11 所示。

H	o	w	\0	\0
a	r	e	\0	\0
y	o	u	?	\0

图 4.11　str1、str2、str3 的数据存储情况

e. C 语言中,数组名代表该数组的起始地址,因此,scanf 函数中不需要地址运算符。例如:

```
char str[13];
scanf("%s",str);
```

例 4.9　字符串的输入与输出,运行结果如图 4.12 所示。

```
#include <stdio.h>
int main()
{
char a[15];
printf("请输入字符串:\n");
scanf("%s",a);
printf("%s\n",a);
return 0;
}
```

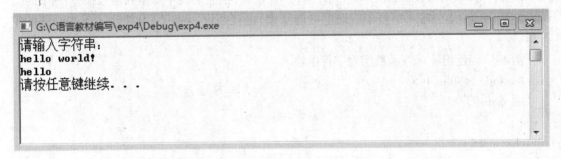

图 4.12　例 4.9 程序运行结果

(6)字符串处理函数

C 语言提供了丰富的字符串处理函数,大致可分为字符串的输入、输出、合并、修改、比较、转换、复制、搜索几类。使用这些函数可大大减轻编程的负担。用于输入输出(包括:scanf()和 printf()、gets()和 puts()、getchar()和 putchar())的字符串函数,在使用前应包含头文件"stdio.h",使用其他字符串函数则应包含头文件"string.h"。

1)字符串输出函数 puts

格式:puts(字符数组名)

功能:把字符数组中的字符串输出到显示器,即在屏幕上显示该字符串。输出时自动将字符串结束标志'\0'转换为回车换行符。

注意:标准输出函数 printf()与格式控制符%s 配合,也能实现字符串的输出操作,与 puts()不同的是,printf()在输出字符串后光标不换行,而 puts()输出字符串后光标回车换行。

例 4.10　使用 puts( )函数实现字符串输出,运行结果如图 4.13 所示。

```c
#include <stdio.h>
int main()
{
char a[15] = "hello,world!";
puts(a);
return 0;
}
```

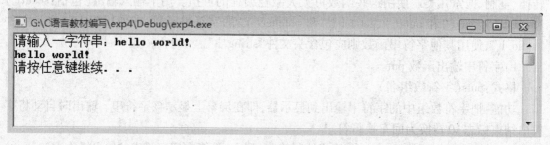

图 4.13　例 4.10 程序运行结果

2)字符串输入函数 gets

格式:gets(字符数组名)

功能:从标准输入设备键盘上输入一个字符串,以回车符结束,并将字符串存放到指定的字符数组或存储区域中。

注意:标准输入函数 scanf( )与格式控制符%s 配合,也能实现字符串的输入操作,与 gets( )不同的是,scanf( )在输入字符串时遇空格即结束,也就是说,scanf( )只能输入不带空格的字符串。

例 4.11　使用 gets( )函数实现字符串输入。

```c
#include <stdio.h>
int main()
{
char a[15];
printf("请输入一字符串:");
gets(a);
puts(a);
return 0;
}
```

图 4.14　例 4.11 程序运行结果

3)字符串连接函数 strcat

格式:strcat(字符数组名1,字符数组名2)

功能:把字符数组2中的字符串连接到字符数组1中字符串的后面,并删去字符串1后的串标志'\0'。本函数返回值是字符数组1的首地址。

注意:字符数组1所对应的存储空间要能容得下连接后的字符串。

例4.12　字符串的连接。

```
#include  <stdio. h >
#include  <string. h >
int main( )
{
char a[30] = "My name is ";
char b[10];
printf("请输入你的英文名字:\n");
gets(b);
strcat(a,b);
puts(a);
return 0;
}
```

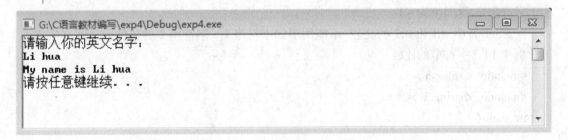

图4.15　例4.12程序运行结果

4)字符串复制函数 strcpy

格式:strcpy(字符数组名1,字符数组名2);

功能:把字符数组2中的字符串复制到字符数组1中,串结束标志'\0'也一同复制。

注意:字符数组1所对应的存储空间不能小于字符数组2所对应的存储空间,不能用赋值语句将一个字符串常量或字符数组直接赋给另一个字符数组。

例4.13　字符串的复制。

```
#include  <stdio. h >
#include  <string. h >
int main( )
{
char a[30] = "hello";
char b[10] = "world!";
strcpy(a,b);
```

```
puts(a);
return 0;
}
```

```
■ G:\C语言教材编写\exp4\Debug\exp4.exe
world!
请按任意键继续. . .
```

图 4.16   例 4.13 程序运行结果

5)字符串比较函数 strcmp

格式:strcmp(字符数组名 1,字符数组名 2);

功能:按照 ASCII 码顺序比较两个数组中的字符串,并由函数返回值返回比较结果。

　　字符串 1 = 字符串 2,返回值 = 0;

　　字符串 1 > 字符串 2,返回值 = 1;

　　字符串 1 < 字符串 2,返回值 = -1。

比较规则:将两个字符串自左至右逐个字符按 ASCII 值大小比较,直到出现不同的字符或遇'\0'为止。若全部字符相同,则认为两个字符串相等,返回 0 值;否则,计算第一对不同字符的 ASCII 值之差,若为正整数,则字符串 1 大于字符串 2,返回值为 1;若为负整数,则字符串 1 小于字符串 2,返回值为 -1。

注意:字符串 str1 和 str2 的比较,不能用形如字符串 1 > 字符串 2 的条件表达式来实现。

例 4.14   字符串的比较。

```
#include  < stdio. h >
#include  < string. h >
int main( )
{
int k;
char a[15] = " Chongqing" ,b[15] = " Beijing";
k = strcmp(a,b);
if(k == 0)printf(" 字符串 1 和字符串 2 相等。\n");
if(k == 1)printf(" 字符串 1 大于字符串 2。\n");
if(k == -1)printf(" 字符串 1 小于字符串 2。\n");
return 0;
}
```

6)测字符串长度函数 strlen

格式:strlen(字符数组名);

功能:测字符串的实际长度(不含字符串结束标志'\0')并作为函数返回值。

例 4.15   求字符串长度。

```
#include  < stdio. h >
#include  < string. h >
```

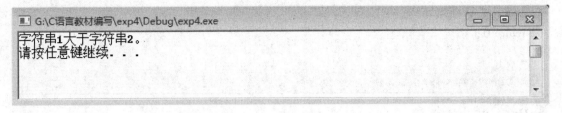

图 4.17 例 4.14 程序运行结果

```
int main( )
{
int k;
char a[ ] = "C language";
k = strlen(a);
printf("字符串的长度为:%d\n",k);
return 0;
}
```

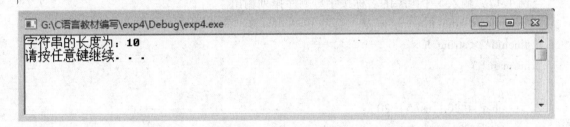

图 4.18 例 4.15 程序运行结果

(7) 字符数组的程序举例

例 4.16 编写一个密码输入程序,要求判断输入的字符串是否和预先设置的密码相同,相同输出"密码输入正确",否则输出"密码不正确"。

```
#include  <stdio. h >
#include  <string. h >
int main( )
{
char password[ ] = "hello";
char str[20];
printf ("请输入密码:\n");
gets (str);
if( strcmp( password, str) ==0)
    printf ("密码正确!\n");
else
{
    printf ("密码不正确!\n");
}
```

```
printf ("请继续\n");
return 0;
}
```

图 4.19 例 4.16 程序运行结果

程序分析：

定义两个字符数组，数组 password 存放事先设置好的密码，数组 str 存放从键盘输入的密码，把 str 字符串和 password 字符串做比较，如果相等则密码正确，不相等则密码输入错误。

例 4.17 输入 5 个国家的名称按字母顺序排列输出。

```c
#include <stdio.h>
#include <string.h>
int main()
{
    char st[20],cs[5][20];
    int i,j,p;
    printf("请输入 5 个国家的名字:\n");
    for(i =0;i <5;i ++)
        gets(cs[i]);
    printf("\n");
    for(i =0;i <5;i ++)
    {
    p =i;
    strcpy(st,cs[i]);
    for(j =i +1;j <5;j ++)
        if(strcmp(cs[j],st) <0)
            {
                p =j;
                strcpy(st,cs[j]);
            }
    if(p! =i)
        {
        strcpy(st,cs[i]);
        strcpy(cs[i],cs[p]);
```

```
                strcpy(cs[p],st);
            }
        puts(cs[i]);
    }
    printf("\n");
    return 0;
}
```

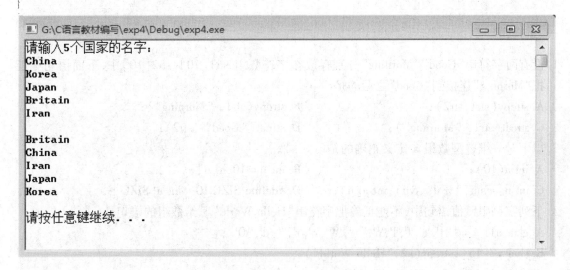

图 4.20　例 4.17 程序运行结果

程序分析：

第一个 for 语句中，用 gets 函数输入 5 个国家名字字符串。C 语言允许把一个二维数组按多个一维数组处理，本程序 cs[5][20] 为二维字符数组，可分为 5 个一维数组 cs[0]、cs[1]、cs[2]、cs[3]、cs[4]。因此在 gets 函数中使用 cs[i] 是合法的。在第二个 for 语句中又嵌套了一个 for 语句组成双重循环，这个双重循环完成按字母顺序排序的工作。在外层循环中把字符数组 cs[i] 中的国名字符串复制到数组 st 中，并把下标 i 赋予 p；进入内层循环后，把 st 与 cs[i] 以后的各字符串做比较，若有比 st 小者则把该字符串复制到 st 中，并把其下标赋予 p。内循环完成后如 p 不等于 i 说明有比 cs[i] 更小的字符串出现，因此交换 cs[i] 和 st 的内容。至此已确定了数组 cs 的第 i 号元素的排序值，然后输出该字符串，在外循环全部完成之后即完成全部排序和输出。

任务总结

字符数组是用来存放多个字符使用。如果存放的是一串字符则使用一维字符数组即可，如验证码等；如果存放的是多串字符则使用二维数组，如多位同学的姓名。

字符数组中如果存放的是字符串，系统会在字符串末尾处自动加一个转义字符'\0'，表示字符串的结束标志。需要说明的是'\0'并不是字符串的组成部分，在计算字符串长度时不算'\0'。'\0'只是起到标识字符串结束的作用。

字符串的输入输出：在输入时使用 scanf("%s",……);，如果遇见了空格、Tab 键、回车键则都是表示一个字符串输入结束。在输入时使用 gets(……);，如果遇见的回车键则表示一个字符串输入结束,而空格和 Tab 键对 gets 不起作用,会作为有效字符存入对应的数组中。在输出时使用 printf ("％s",……);,则输出字符串后不会换行。在输出时使用 puts(……);,则输出字符串后会输出换行效果,系统会将'\0'转换为'\n' 再输出。

习题 4

一、选择题

1. 设有两字符串"Good""Morning"分别存放在字符数组 str1[10]、str2[10]中,下面语句中能把"Morning"连接到"Good"之后的是(　　)。

　　A. strcpy(str1 ,str2) ;　　　　　　　　B. strcpy(str1 , "Morning") ;

　　C. strcat(str1 , "Morning") ;　　　　　D. strcat("Good" ,str2) ;

2. 以下对一维整型数组 a 定义正确的是(　　)。

　　A. int a(10) ;　　　　　　　　　　　　B. int n = 10,a[n] ;

　　C. int n;scanf("％d",&n);int a[n] ;　　D. #define SIZE 10　int a[SIZE] ;

3. 下列字符串赋值语句中,不能正确把字符串"Hello World"赋给数组的语句是(　　)。

　　A. char a1[ ] = {'H','e','l','l','o',' ','W','o','r','l','d','\0'} ;

　　B. char a2[15];strcpy(a2 ,"Hello World") ;

　　C. char a3[15];a3 = "Hello World" ;

　　D. char a4[10] = {"Hello World"} ;

4. 用 scanf 函数输入一个字符串到数组 str 中,下面正确的语句是(　　)。

　　A. scanf("％s",&str) ;　　　　　　　　B. scanf("％c",&str[10]) ;

　　C. scanf("％s",str[10]) ;　　　　　　　D. scanf("％s",str) ;

5. 以下能对二维数组 a 进行正确说明和初始化的语句是(　　)。

　　A. int a( )(3) = {(1,2,3),(2,4,6)} ;

　　B. int a[2][] = {{3,2,1} ,{5,6,7}} ;

　　C. int a[ ][3] = {{3,2,1} ,{5,6,7}} ;

　　D. int a(2)( ) = {(1,2,3),(2,4,6)} ;

6. 判断字符串 a 和 b 是否相等,应当使用(　　)。

　　A. if(a == b)　　　　　　　　　　　　B. if(a = b)

　　C. if(strcat(a,b))　　　　　　　　　　D. if(strcmp(a,b))

7. 有字符数组 a[80]和 b[80],则正确的输出语句是(　　)。

　　A. puts(a,b) ;　　　　　　　　　　　　B. puts(a) ;puts(b) ;

　　C. printf("％s,％s",a[ ],b[ ]) ;　　　　D. putchar(a,b) ;

8. 下面程序的运行结果是(　　)。

```
#include <stdio.h>
int main( )
{
```

```
    int a[5],i;
    for(i = 0;i < 5;i ++ )
    {
        a[i] = 9 * (i - 2 + 4 * (i > 3))%5;
        printf("%2d",a[i]);
    }
    return 0;
}
```

A. -3 -4 0 4 4　　　　　　　　　B. -3 -4 0 4 3

C. -3 -4 0 4 2　　　　　　　　　D. -3 -4 0 4 0

9. 假设 array 是一个有 10 个元素的整型数组,则下列写法中正确的是(　　)。

A. array[0] = 10;　　　　　　　　B. array = 0;

C. array[10] = 0;　　　　　　　　D. array[-1] = 0;

10. 下面程序的运行结果是(　　)。

```
#include <stdio.h>
int main()
{
    int a[3],i,j,k;
    for(i = 0;i < 3;i ++ )
        a[i] = 0;
    k = 2;
    for(i = 0;i < k;i ++ )
        for(j = 0;j < k;j ++ )
            a[j] = a[i] + 1;
    printf("%d\n",a[1]);
    return 0;
}
```

A. 0　　　　　　B. 1　　　　　　C. 2　　　　　　D. 3

11. 若有定义:int a[5] = {1,2,3,4,5};char b = 'c',c;,则下面表达式中数值为 2 的是(　　)。

A. a[2]　　　　　B. a[c - b]　　　　C. a[b]　　　　D. a[b - 'b']

12. 下面程序的运行结果是(　　)。

```
#include <stdio.h>
int main()
{
    int a[3][3] = {1,2,3,4,5,6,7,8,9},i;
    for(i = 0;i < = 2;i ++ )
    printf("%d ",a[i][2 - i]);
    return 0;
}
```

A. 3　5　7　　　　B. 3　6　9　　　　　C. 1　5　9　　　　　D. 1　4　7

13. 下面程序的运行结果是(　　　)。

```
#include <stdio.h>
int main()
{
        char c[5] = {'a','b','\0','c','\0'};
    printf("%s",c);
    return 0;
}
```

　　A. 'a' 'b'　　　　　B. ab　　　　　　C. ab c　　　　　D. ab\0c\0

14. 下面程序的运行结果是(　　　)。

```
#include <stdio.h>
int main()
{
    char s[12] = "a book!";
    printf("%d",strlen(s));
    return 0;
}
```

　　A. 6　　　　　　　B. 7　　　　　　　C. 10　　　　　　D. 12

15. 若有说明:int a[3][4];则对 a 数组元素的正确引用是(　　　)。

　　A. a[2][4]　　　　B. a[1,3]　　　　C. a[1+1][0]　　　D. a(2)(1)

16. 以下各组选项中,均能正确定义二维实型数组 a 的选项是(　　　)。

A. float a[3][4];float a[][4];float a[3][] = {{1},{0}};

B. float a(3,4);float a[3][4];float a[][] = {{0};{0}};

C. floata[3][4];static float a[][4] = {{0},{0}};

D. floata[3][4];float a[3][];

17. 若二维数组 a 有 m 列,则计算任一元素 a[i][j] 在数组中位置的公式是(　　　)。(假设 a[0][0] 位于数组的第一个位置上。)

　　A. i*m+j　　　　B. j*m+I　　　　C. i*m+j-1　　　D. i*m+j+1

18. 以下对 C 语言字符数组描述错误的是(　　　)。

A. 字符数组可以存放字符串

B. 字符数组中的字符串可以整体输入或输出

C. 可以在赋值语句中通过赋值运算符"="对字符数组整体赋值

D. 不可以用关系运算符对字符数组中的字符串进行比较

19. 以下合法的数组定义是(　　　)。

　　A. int a[] = "language";　　　　　　　　B. int a[5] = {0,1,2,3,4,5};

　　C. char a = "string";　　　　　　　　　　D. chara[] = {"0,1,2,3,4,5"};

20. 下面程序的运行结果是(　　　)。

```
#include <stdio.h>
```

```
#include < string. h >
int main( )
{
        char a[7] = "abcdef",b[4] = "ABC";
    strcpy(a,b);
    printf("%c",a[5]);
    return 0;
}
```
A. 空格   B. \0   C. f   D. 不确定

21. 下面程序的运行结果是(   )。
```
#include < stdio. h >
#include < string. h >
int main( )
{
    char a[30];
    strcpy(&a[0],"ch");
    strcpy(&a[1],"def");
    strcpy(&a[2],"abc");
    printf("%s\n",a);
    system("pause");
    return 0;
}
```
A. chdefabc   B. cda   C. cdabc   D. abcdef

22. 设有定义:char a[80];int i = 0;,以下不能将一行带有空格的字符串(不超过 80 个字符)正确读入的是(   )。
A. gets(a);
B. while((a[i ++] = getchar( ))! = '\n');a[i] = '\0';
C. scanf("%s",a);
D. do{scanf("%c",&a[i]);}while(a[i ++]! = '\n');a[i] = '\0';

23. 下面程序的运行结果是(   )。
```
#include < stdio. h >
int main( )
{
        char str[ ] = "SSSWLIA",c;int k;
    for(k = 2;(c = str[k])! = '\0';k ++ )
        {
                switch(c)
                {
                    case 'I': ++ k;break;
```

```
                case 'L':continue;
                default:putchar(c);continue;
            }
            putchar('*');
        }
        return 0;
    }
```

A. SSW *　　　　　　B. SW *　　　　　　C. SW * A　　　　　D. SWA *

24. 设 char s[10] = "abcd",t[] = "12345";,则 s 和 t 在内存中分配的字节数分别是(　　)。

A. 6 和 5　　　　　B. 6 和 6　　　　　C. 10 和 5　　　　　D. 10 和 6

25. 下面程序的运行结果是(　　)。

```
#include  < stdio. h >
int main( )
{
    char a[ ] = "Hello World";
    int i,j;
    for( i = j = 0;a[ i]! = '\0';i ++ )
        if( a[ i]! = 'l')
            a[ j ++ ] = a[ i];
    a[ j ] = '\0';
    puts( a);
    return 0;
}
```

A. Hello World　　　B. Heo World　　　C. Heo Word　　　D. 没有任何输出内容

26. 下面程序的运行结果是(　　)。

```
#include  < stdio. h >
int main( )
{
    char str1[ ] = "abcd",str2[ ] = "abcef";
    int i,s;
    i = 0;
    while( ( str1[ i] == str2[ i]) && ( str1[ i]! = '\0'))
        i ++ ;
    s = str1[ i] – str2[ i];
    printf( "% d\n",s);
    return 0;
}
```

A. – 1　　　　　　B. 0　　　　　　C. 1　　　　　　D. 不确定

27. 下面程序的运行结果是(　　)。

```
#include
int main( )
{
    char s[ ] = "012xy" ;
    int i,n =0;
    for( i =0;s[ i]! =0;i ++ )
        if( s[ i] > = 'a'&&s[ i] < = 'z')
            n ++ ;
    printf( " % d\n" ,n) ;
    return 0;
}
```
A. 0   B. 2   C. 3   D. 5

28. 下面程序的运行结果是(　　)。

```
#include  < stdio. h >
int main( )
{
    int a[ ] = {2,3,5,4} ,i;
    for( i =0;i <4;i ++ )
        switch( i%2)
        {
            case 0:switch( a[ i] %2) {
                case 0:a[ i] ++ ;break;
                case 1:a[ i] -- ;} break;
        }
    for( i =0;i <4;i ++ )
        printf( " %2d" ,a[ i]) ;
    printf( " \n" ) ;
    return 0;
}
```
A. 3 3 4 4   B. 2 0 5 0   C. 3 0 4 0   D. 0 3 0 4

29. 下面程序的运行结果是(　　)。

```
#include  < stdio. h >
#include  < string. h >
int main( )
{
    char a[ 10] = " abcd" ;
    printf( " % d,% d\n" ,strlen( a) ,sizeof( a) ) ;
    return 0;
```

```
}
```

A. 7,4   B. 4,10   C. 8,8   D. 10,10

30. 下面程序的运行结果是(　　)。

```c
#include <stdio.h>
#define MAX 10
int main()
{
    int i,sum,a[] = {1,2,3,4,5,6,7,8,9,10};
    sum = 1;
    for(i = 0;i < MAX;i++)
    sum - = a[i];
    printf("%d",sum);
    return 0;
}
```

A. 55   B. -54   C. -55   D. 54

二、程序题

1. 输入一间寝室 6 位同学的身高,要求按照从小到大的顺序输出。

2. 输入 10 个数值,要求找出最小值且与第 1 个数值交换,找出最大值与最后一个数值交换。然后再输出结果。

3. 任意输入 10 个数值,计算出它们的平均值,然后求得并输出与平均值最接近的数。

4. 输入班级 33 位同学的程序设计技术期末成绩(百分制,分数控制在 0 ~ 100),分别统计优、良、中、及格、不及格等 5 种情况的人数,以及百分比。

5. 任意输入 5 个数据,实现将这 5 个数据逆序存放,然后再将结果输出。

6. 从键盘上任意输入 10 个数值到数组 a 中,编程求出数组 a 中相邻 2 个数值之和,并将这些和存入数组 b 中,然后按照每行 3 个数值的形式输出。

7. FIBONACCI 数列,已知该数列的第 1 个数值是 1,第 2 个数值也是 1,从第 3 个数值开始,每个数值等于其前 2 个数值之和,请编程输出该数列的前 40 项。

8. 任意输入 3 行 4 列的矩阵中的所有值,要求转置矩阵。

9. 任意输入一个二维数组 4 行 5 列的所有制,找到并输出该二维数组中最大值及其位置。

10. 编写程序输出 10 行 10 列的杨辉三角,如图 4.21 所示。

图 4.21　题 10 图

11. 输出以下 5 行 5 列的数值图形(最后要求出 n 行 n 列,其中 n 的值自己输入)

$$
\begin{array}{ccccc}
1 & 1 & 1 & 1 & 1 \\
1 & 2 & 2 & 2 & 2 \\
1 & 2 & 3 & 3 & 3 \\
1 & 2 & 3 & 4 & 4 \\
1 & 2 & 3 & 4 & 5
\end{array}
$$

12. 已知一个 3 行 4 列的矩阵 A 和一个 4 行 5 列的矩阵 B,计算并输出矩阵 A 和 B 的乘积。

13. 任意输入一段英文,分别统计出其中 26 个英文字母各自的个数,不区分大小写。

14. 任意输入一段英文,分别统计出英文字符、数字字符、空格字符和其他字符等。

15. 任意输入一段英文,再输入一个单词,统计这段英文中该单词出现的次数。

16. 任意输入一段英文,再输入一个单词,将该单词删除。

项目 **5**

掌握函数

项目目标

- 了解函数的概念和分类。
- 掌握自定义函数的定义。
- 掌握自定义函数的调用。
- 掌握自定义函数的声明。
- 掌握变量和数组作为函数参数的方法。
- 掌握全局变量和局部变量。
- 掌握变量的存储类别。
- 掌握内部函数和外部函数。

5.1 认识函数

任务描述

通过之前的学习,总结出用 C 语言编写程序本质上是编写函数。虽然在前面各章的程序中大都只有一个主函数 main( ),但实用程序往往由多个函数组成。函数是 C 语言程序的基本模块,通过对函数模块的调用实现特定的功能。C 语言中的函数相当于其他高级语言的子程序。C 语言不仅提供了极为丰富的库函数(提供了 300 多个库函数),还允许用户定义自己的函数。用户可把自己的算法编成一个个相对独立的函数模块,然后用调用的方法来使用函数。可以说 C 程序的全部工作都是由各式各样的函数完成的,所以也把 C 语言称为函数式语言。通过本项目的学习,希望能够学会自定义函数的编写并且掌握同一自定义函数的不同写法。

知识学习

(1)在程序设计世界中为什么要使用函数

功能比较多,规模比较大,把所有代码都写在 main 函数中,就会使主函数变得庞杂、头绪不清,阅读和维护变得困难。有时程序中要多次实现某一功能,就需要多次重复编写实现此功能的程序代码,这使程序冗长,不精练。解决的方法是用模块化程序设计的思路。

计算机的函数主要是为了代码段重复利用,比如说你要用到一段同样的代码,使用这个代码的有很多地方,如果每用一次都要写一段这些代码的话很麻烦,把这些代码放到一个函数里面,以后要用到这些代码的时候就只需要调用这个函数名,有参数的话,同时传递不同的参数过去就可以了。

在设计一个较大的程序时,往往把它分为若干个程序模块,每一个模块包括一个或多个函数,每个函数实现一个特定的功能。C 程序可由一个主函数和若干个其他函数构成主函数调用其他函数,其他函数也可以互相调用同一个函数可以被一个或多个函数调用任意多次。

(2)函数的分类

在 C 语言中可从不同的角度对函数分类。

①从函数定义的角度看,函数可分为库函数和用户定义函数两种。

a.库函数:是由 C 系统提供,用户无须定义,也不必在程序中作类型说明,只需在程序前包含有该函数原型的头文件即可在程序中直接调用。

标准库函数是由 C 编译系统的函数库提供的,是系统的设计者事先将一些常用的独立的功能模块编写成通用函数,并将它们集中存放在系统的函数库中,供系统的使用者在设计应用程序时共享使用。人们把这种函数称为库函数或标准库函数。每一种 C 语言编译系统都提供功能强大、内容丰富的库函数。不同的 C 语言编译系统提供的库函数的数量和功能会有所不同,不过一些基本的函数是共同的。作为 C 语言的程序设计者,应该好好利用库函数,以提高编程效率。

例 5.1　任意输入三角形的三边的值给 a、b 和 c 变量,求三角形的面积。

```
#include < stdio. h >
#include < math. h >
int main( )
{
    double a,b,c,l,s;
    printf("输入三角形的三边的值,用空格作为数据间的间隔:");
    scanf("% lf% lf% lf",&a,&b,&c);
    l = (a + b + c)/2;//利用海伦公式求三角形的面积,先求三角形的周长
    s = sqrt(l * (l - a) * (l - b) * (l - c));
    printf("输出三角形的面积是% lf\n",s);
    return 0;
}
```

程序运行结果如图 5.1 所示。

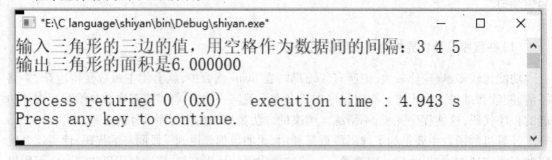

图 5.1　程序运行结果

在调用标准库函数或库函数时应注意要使用编译预处理命令"#include",将包含该函数的声明信息的库文件名进行包含处理。例如#include < stdio. h >,该头文件包含了 C 语言所有的基本输入与输出函数,如 scanf( )、printf( )等。例如#include < math. h >,该头文件中包含了 sqrt( )、fabs( )、pow( )、sin( )等函数。再比如 string. h、stdlib. h、windows. h、time. h 等都是常常用到的库函数,可参考附录。上述程序中的 sqrt( )函数就是标准库函数,它的功能是计算某数据对象的平方根并返回。

b. 用户定义函数:由用户按需要编写的函数。对于用户自定义函数,不仅要在程序中定义函数本身,而且在主调函数模块中还必须对该被调函数进行类型说明,然后才能使用。

②C 语言的函数兼有其他语言中的函数和过程两种功能,从这个角度看,又可把函数分为有返回值函数和无返回值函数两种。

a. 有返回值函数:此类函数被调用执行完后将向调用处返回一个执行结果,称为函数返回值。如数学函数即属于此类函数。由用户定义的这种有返回函数值的函数,必须在函数定义和函数说明中明确返回值的类型。

b. 无返回值函数:此类函数用于完成某项特定的处理任务,执行完成后不向调用处返回函数值。这类函数类似于其他语言的过程。由于函数无须返回值,用户在定义此类函数时可指定它的返回为"空类型",空类型的说明符为"void"。

③从函数的形式上看,函数可以分为无参函数和有参函数。

a. 无参函数:函数定义、函数说明及函数调用中均不带参数。主调函数和被调函数之间不进行参数传送。此类函数通常用来完成一组指定的功能,可以返回或不返回函数值。

b. 有参函数:也称为带参函数。在函数定义及函数说明时都有参数,称为形式参数(简称为形参)。在函数调用时也必须给出参数,称为实际参数(简称为实参)。进行函数调用时,主调函数将实参的值传送给形参,供被调函数使用。注意,实参将值传递给形参是单向值传递。

(3)函数的参数

用户自定义函数是用户根据自己的需要编写的函数。可以分为 3 种形式:无参数函数、有参数函数、空函数。

1)无参数函数

无参数函数在被调用时,主调函数无须传递任何数据给它,一般用来完成一定的操作。无参函数可以有返回值也可以无返回值。

无参数函数的定义形式：

类型标识符 函数名( )

{

　　声明部分；

　　语句部分；

}

其中，类型标识符和函数名称为函数首部。类型标识符指明了本函数返回值的类型，该类型标识符与前面介绍的各种说明符相同；函数名是由用户定义的标识符，函数名后有一个空括号，其中无参数，但括号不可少。

｛｝中的内容称为函数体。在函数体中，声明部分是对函数体内部所用到的变量或者数组等的说明。

在很多情况下都不要求无参函数有返回值，此时函数类型符可以写为 void，也可不写。人们可以编写一个函数定义，例如输出类似游戏中的主菜单的自定义函数：

```
void menu( )
{
    int sel; //选择输入数值
    printf("            学生信息管理系统        \n");
    printf("        1.学生信息的录入功能        \n");
    printf("        2.学生信息的显示功能        \n");
    printf("        3.学生信息的查询功能        \n");
    printf("        4.学生信息的修改功能        \n");
    printf("        5.学生信息的删除功能        \n");
    printf("        6.学生信息的保存功能        \n");
    printf("        7.学生信息的读取功能        \n");
    printf("        8.学生信息系统退出          \n");
    printf("        输入您的选择(1 - 8):");
    scanf("%d",&sel);
    switch(sel)
    {
        case 1:input( );menu( );break;
        case 2:output( );menu( );break;
        case 3:search( );menu( );break;
        case 4:modify( );menu( );break;
        case 5:deleted( );menu( );break;
        case 6:save( );menu( );break;
        case 7:load( );menu( );break;
        case 8:exit( );break;
    }
}
```

上述程序,只是借鉴 main 函数的书写形式,将 main 改为 menu 作为主菜单函数名,其余格式保持不变。menu 函数是一个无参函数,当它被其他函数调用时,就会在运行界面上输出主菜单,并且可供用户可以进行选择。

例 5.2　在 main 函数中调用自定义 menu 函数。

```c
#include < stdio. h >
void menu( )
{
    int sel;∥选择输入数值
    printf("            学生信息管理系统        \n");
    printf("        1.学生信息的录入功能        \n");
    printf("        2.学生信息的显示功能        \n");
    printf("        3.学生信息的查询功能        \n");
    printf("        4.学生信息的修改功能        \n");
    printf("        5.学生信息的删除功能        \n");
    printf("        6.学生信息的保存功能        \n");
    printf("        7.学生信息的读取功能        \n");
    printf("        8.学生信息系统退出        \n");
    printf("        输入您的选择(1 - 8):");
    scanf("% d",&sel);
    switch(sel)
    {
        case 1:input( );menu( );break;
        case 2:output( );menu( );break;
        case 3:search( );menu( );break;
        case 4:modify( );menu( );break;
        case 5:deleted( );menu( );break;
        case 6:save( );menu( );break;
        case 7:load( );menu( );break;
        case 8:exit( );break;
    }
}

int main( )
{
    menu( );
    return 0;
}
```

注意:由于 1~7 后的输入、显示、查询、修改、删除、保存和读取等 7 个功能还没有设计程序实现。所以以上程序暂时无法执行,在最后一项目中将会使用。

2)有参数函数

有参数函数

有参数函数的定义形式：

类型标识符　函数名(形式参数列表)

{

　　声明部分；

　　语句部分；

}

有参函数比无参函数多了一个内容，即形式参数表列。在形参表中给出的参数称为形式参数，此类函数在被调用时，主调函数必须传递数据给这些函数的形式参数，同时在函数结束时返回结果供主调函数使用。它们可以是各种类型的变量，各参数之间用逗号间隔。在进行函数调用时，主调函数将赋予这些形式参数实际的值。形参既然是变量，必须在形参表中给出形参的类型说明。如下求任意 2 个数值的最大值自定义函数：

```c
double max(double a,double b) //max 作为函数名
{
    double big; //big 作为存放最大值变量
    if(a > b)
        big = a;
    else
        big = b;
    return big;
}
```

此自定义函数首部表示该函数返回值是一个 double 型的数据，其函数名是 max，带 2 个形参 a 和 b，且形参类型也是 double 型。a 和 b 变量的作用是接收从主调函数在调用时传递过来的数值。在{}中的函数体内部，当判断结束后将任意 2 个数值的最大值由 big 变量用于存放。函数最后利用 return 函数实现将数据结果返回给主调函数，有返回值的函数中至少应该有一个 return 语句。完整且可执行代码如下：

例 5.3　任意输入 2 个数值求最大值，要求将求最大值功能用自定义函数来实现。

```c
#include < stdio. h >
double max(double a,double b) //max 作为函数名
{
    double big; //big 作为存放最大值变量
    if(a > b)
        big = a;
    else
        big = b;
    return big;
}
int main()
```

```
{
    double a,b,big;
    printf("任意输入 2 个数值,数值间用空格间隔:");
    scanf("%lf%lf",&a,&b);
    big = max(a,b);
    printf("输出最大值是%lf\n",big);
    return 0;
}
```

程序运行结果如图 5.2 所示。

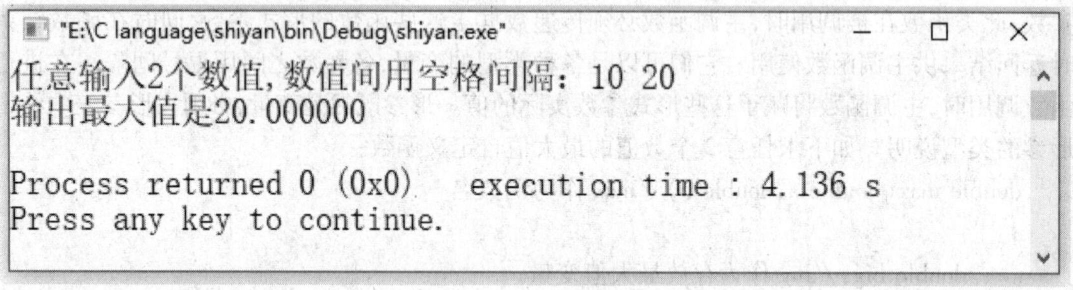

```
"E:\C language\shiyan\bin\Debug\shiyan.exe"        —    □    ×

任意输入2个数值, 数值间用空格间隔: 10 20
输出最大值是20.000000

Process returned 0 (0x0)    execution time : 4.136 s
Press any key to continue.
```

图 5.2　程序运行结果

注意:有参函数,除了在函数定义的时候( )内要指定形参类型、变量名等,还在调用函数的时候( )内必须不能为空,需要书写实参。在实际使用的时候当执行到 big = max(a,b);这行程序时,实际参数 a 和 b 将在调用 max 函数时,将其值对位传递给自定义函数 max 的形参 a 和 b 变量,当 max 函数执行完求最大值之后,利用 return 语句将最大值返回给主调函数中 big 变量。最后输出最大值。

3)空函数

如果定义函数时只给出一对花括号{ }而不给出其形式参数和函数体语句,则称该函数为"空函数"。如下的自定义函数:

```
void f( )
{
    ;
}
```

空函数的作用:

①程序设计过程的需要。在设计模块时,对于一些细节问题或功能在以后需要时再加上。这样可在将来准备扩充的地方写上一个空函数,这样可使程序的结构清晰,可读性好,而且易于扩充。

②在 C++ 程序中,可以将基类中的虚函数定义为空函数,通过派生类去实例化,实现多态。

(4)函数的参数分类

当自定义函数要完成某功能时,必须要已知数据才能完成其功能,这时就必须要有参数。函数的参数分为形参和实参两种。在调用有参函数时,主调函数和被调函数之间必须进行数

168

据传递。在定义函数时函数名后圆括号中的变量名称为形式参数,简称形。在调用函数时函数名后圆括号中的参数称为实际参数,简称实参。主调函数把实参传给被调函数的形参,实现数据的传递。

形参出现在函数定义中,在整个函数体内都可以使用,离开该函数则不能使用。实参出现在主调函数中,进入被调函数后,实参变量也不能使用。形参和实参的功能是作数据传送。发生函数调用时,主调函数把实参的值传送给被调函数的形参,从而实现主调函数向被调函数的数据传送。

例如在例 5.3 中:

①形式参数 double max(double a,double b)在第 2 行程序中,圆括弧内的 a 和 b 变量就是形式参数。

②实际参数 big = max(a,b);在第 15 行程序中,圆括弧内的 a 和 b 变量就是实际参数。

函数的形参和实参具有以下特点:

①形参变量只有在被调用时才分配内存单元,在调用结束时,立即释放所分配的内存单元。因此,形参只有在函数内部有效。函数调用结束返回主调函数后则不能再使用该形参变量。

②实参可以是常量、变量、表达式、函数等,无论实参是何种类型的量,在进行函数调用时,它们都必须具有确定的值,以便把这些值传送给形参. 因此应预先用赋值、输入等办法使实参获得确定值。

③实参和形参在数量、数据类型、顺序上应尽量一致,否则可能会发生类型不匹配等错误。

④函数调用中发生的数据传送是单向的,即只能把实参的值传送给形参,而不能把形参的值反向地传送给实参。因此在函数调用过程中,形参的值发生改变,而实参中的值不会变化。

说明:

①在 C 语言中,当形参为简单变量时,实参与形参之间的数据传递是单向"值传递",即将实参的值传给形参,而形参的值不能返回给实参。在内存中,实参与形参占用不同的存储单元。

②实际上,在定义函数时,系统并没有给形参变量分配任何存储单元,但在调用函数时,系统会动态地给形参变量分配存储单元,并将对应的实参的值传给形参,调用结束后形参单元被释放,而实参占用的存储单元和值保持不变。

③在这种"值传递"情况下,在函数调用过程中,实参在把它的值传给形参后即完成它的使命,实参本身并不能把函数的操作结果带回来,此时一个函数只能通过函数名返回一个函数值。但是若实参是指针或地址,则在函数内可以改变实参所指向或对应的存储单元的值(注意不是实参自身的值),从而达到带回函数操作结果的目的。

例 5.4　任意输入 2 个正整数,求这 2 个数值之间所有正整数之和(包含本身)。要求将求和功能用自定义函数来实现,运行结果如图 5.3 所示。

```c
#include < stdio. h >
int sum( int x,int y)
{
    int z = 0,i; //z 变量用于 sum 函数内部的存放最后的结果
```

```
        if(x < y)
        {
            for(i = x; i < = y; i ++)
                z = z + i;
        }
        else
        {
            for(i = y; i < = x; i ++)
                z = z + i;
        }
        return z;
    }
    int main()
    {
        int a,b,s;
        printf("任意输入 2 个正整数,数值间用空格间隔:");
        scanf("%d%d",&a,&b);
        s = sum(a,b);
        printf("最后该个正整数之间所有整数之和是%d\n",s);
        return 0;
    }
```

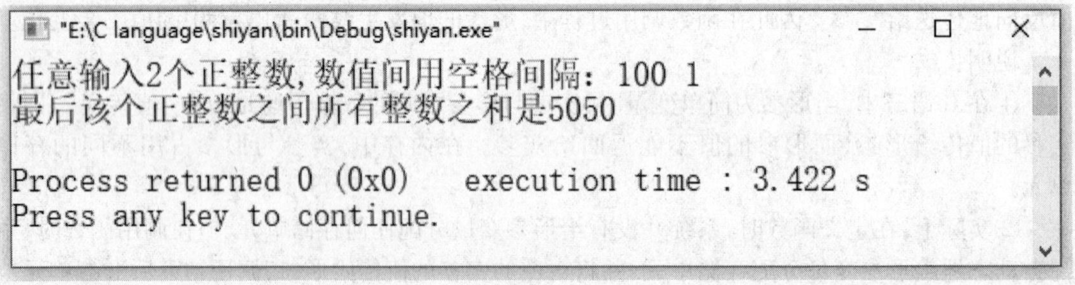

图 5.3　程序运行结果

说明:上述程序中定义了一个函数 sum,该函数的功能是求解任意 2 个正整数之间所有整数之和(包括本身)。在主函数中分别输入正整数给 a 和 b 并作为实参,在调用 sum 函数的时候实参 a 和 b 对位传递给 sum 函数的 2 个形参 x 和 y(注意实参和形参可以同名,但是本质上算作不同变量,因为它们的作用域不同)。当在 sum 函数中判断并计算出结果后,利用 return 语句将数据结果返回到 main 函数中调用 sum 函数处,并将返回值赋值给 main 函数中变量 s。最后程序输出结果。

(5)函数的返回值

通常情况下,人们都希望通过调用函数返回一个值。在 C 语言函数中,使用 return 语句返回函数值。如果一个函数具有返回值,则这个函数体内必须含有至少一个 return 语句,return

后面的括号可以要也可以不要。如果一个函数没有返回值,则可以不要 return 语句,也可以有 return 语句,但 return 后面不跟任何值。一个函数可以有不只一个 return 语句,但只有先执行到的那个 return 语句起作用。

return 语句的两种用法如下:

①return(返回值);

②return 返回值;

函数值的类型由定义函数时的类型标识符确定,若定义时不作类型说明,则默认为整型类型。如果函数值的定义类型与 return 语句中表达式的值不一致,则以函数定义类型为准。

例 5.4　任意输入 2 个数值求最大值,要求将求最大值功能用自定义函数来实现。

①有返回值。

```c
#include < stdio. h >
double max( double a,double b) // max 作为函数名
{
    if( a > b)
        return a;
    else
        return b;
}
int main( )
{
    double a,b,big;
    printf("任意输入 2 个数值,数值间用空格间隔:");
    scanf( "% lf% lf" ,&a,&b);
    big = max(a,b);
    printf("输出最大值是% lf\n" ,big);
    return 0;
}
```

②无返回值。

```c
#include < stdio. h >
void max( double a,double b) // max 作为函数名
{
    if( a > b)
        printf("输出最大值是% lf\n" ,a);
    else
        printf("输出最大值是% lf\n" ,b);
}
int main( )
{
    double a,b;
```

```
        printf("任意输入 2 个数值,数值间用空格间隔:");
        scanf("%lf%lf",&a,&b);
        max(a,b);
        return 0;
    }
```

注意:有返回值的函数中必须有 return 语句,且函数名前必须有返回类型名。而无返回值的函数直接求得并输出结果,不需要返回值,函数名前必须有表示无返回值的 void 关键字。有返回值的函数的优点是可以利用该函数的多次调用完成多个数据之间求最大值,可以减少代码的重复。无返回值的函数只是实现了 2 个数值之间的求最大值并且输出,但该函数不能用于多个数据之间求最大值。

(6) 函数的调用

函数调用的一般形式如下:

返回值类型 函数名(实参列表);

①实参列表与定义函数时的形参列表应该一一对应,即参数个数要相等,参数类型要尽量一致或者赋值没有影响,参数顺序要相同。

②实参类型与形参类型不匹配时,可能出现异常结果。和许多其他语言不同,C 语言在实参和形参类型不一致时也尽力处理,C 语言的"运行时错误"检查不多,所以当类型不匹配时也不报告错误,但是运行可能导致错误结果,这就要求程序员自己认真检查确保消除类型匹配错误。

③实参可以是常量、变量或者表达式,但实参必须是有确定的值。

例 5.5　当实参是常量、变量或者表达式时调用函数的实例,运行结果如图 5.4 所示。

```c
#include <stdio.h>
int sum(int x,int y)
{
    int z=0,i; //z 变量用于 sum 函数内部的存放最后的结果
    if(x<y)
    {
        for(i=x;i<=y;i++)
            z=z+i;
    }
    else
    {
        for(i=y;i<=x;i++)
            z=z+i;
    }
    return z;
}
int main()
```

```
{
    int s,a,b;
    a = 1,b = 100;
    s = sum(1,100);
    printf("输出结果是%d\n",s);
    s = sum(a,b);
    printf("输出结果是%d\n",s);
    s = sum(2 - 1,101 - 1);
    printf("输出结果是%d\n",s);
    return 0;
}
```

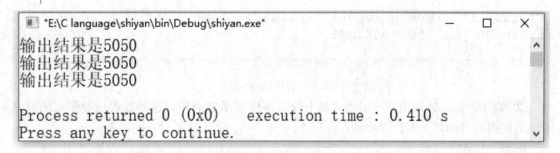

图 5.4 程序运行结果

说明：main 函数前后 3 次调用 sum 函数，将常量为实参 1 和 100，变量为实参 a 和 b，表达式为实参 2 - 1，101 - 1 在各自调用 sum 函数的时候将值传递给形参 x 和 y，计算出结果并返回值，在调用完函数之后输出结果。

在 C 语言中函数的调用形式一共分 3 种：

①函数表达式：函数作为表达式中的一项出现在表达式中，以函数返回值参与表达式的运算。这种方式要求函数是有返回值的。例如下面程序中的：big = max(a,b)；

big = max(big,c)；

例 5.6 任意输入 3 个数值求最大值，要求利用 2 个数值求最大值的自定义函数来实现。

```
#include < stdio. h >
double max(double a,double b) // max 作为函数名
{
    if(a > b)
        return a;
    else
        return b;
}
int main()
{
    double a,b,c,big;
    printf("任意输入 3 个数值,数值间用空格间隔:");
```

```
        scanf("%lf%lf%lf",&a,&b,&c);
        big = max(a,b);
        big = max(big,c);
        printf("输出最大值是%lf\n",big);
        return 0;
    }
```

程序运行结果如图 5.5 所示。

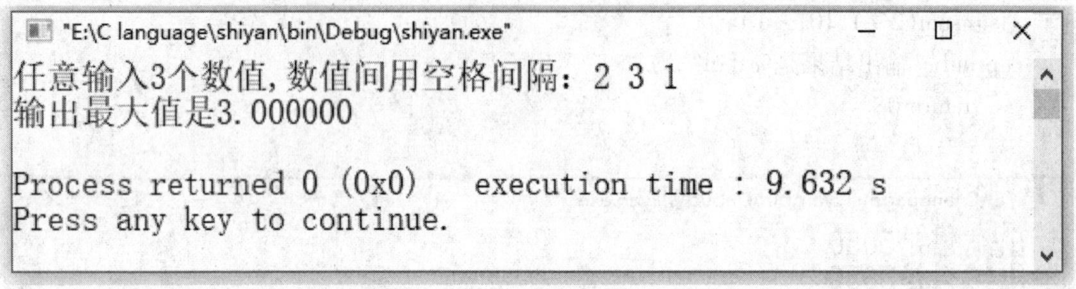

```
"E:\C language\shiyan\bin\Debug\shiyan.exe"        —    □    ×
任意输入3个数值,数值间用空格间隔: 2 3 1
输出最大值是3.000000

Process returned 0 (0x0)    execution time : 9.632 s
Press any key to continue.
```

图 5.5　程序运行结果

②函数语句:函数调用的一般形式加上分号即构成函数语句。这种方式一般要求函数是有无返回值的。例如下面程序中的:

max(a,b,c);

例 5.7　任意输入 3 个数值求最大值,将求最大值功能用自定义函数来实现,结果如图 5.6所示。

```c
#include <stdio.h>
void max(double a,double b,double c) //max 作为函数名
{
    double d;
    if(a < b)
        d = b;
    else
        d = a;
    if(d < c)
        d = c;
    printf("输出最大值是%lf\n",d);
}
int main()
{
    double a,b,c,big;
    printf("任意输入 3 个数值,数值间用空格间隔:");
    scanf("%lf%lf%lf",&a,&b,&c);
    max(a,b,c);
    return 0;
```

}

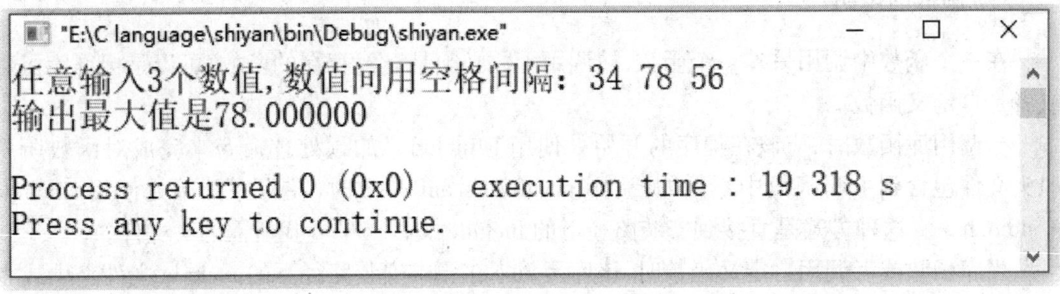

图 5.6　程序运行结果

③函数实参:函数作为另一个函数调用的实际参数出现。这种情况是把该函数的返回值作为实参进行传送,这种方式要求函数是有返回值的。例如下面程序中的:

big = max(max(a,b),c);

例 5.8　任意输入 3 个数值求最大值,结果如图 5.7 所示。

```c
#include < stdio. h >
double max( double a, double b) // max 作为函数名
{
    if( a > b)
        return a;
    else
        return b;
}
int main( )
{
    double a,b,c,big;
    printf("任意输入 3 个数值,数值间用空格间隔:");
    scanf("% lf% lf% lf", &a, &b, &c);
    big = max( max( a,b), c);
    printf("输出最大值是% lf\n", big);
    return 0;
}
```

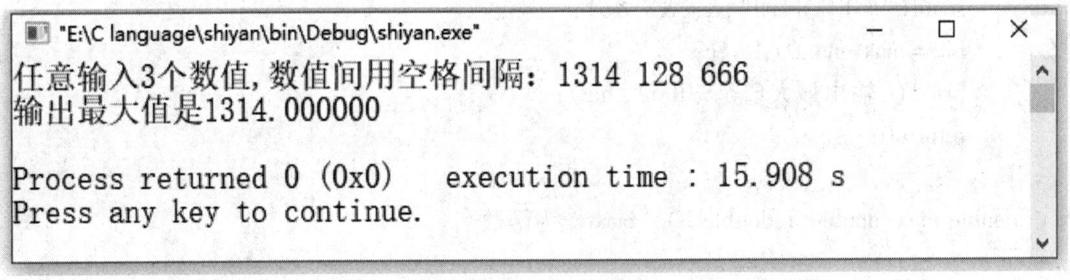

图 5.7　程序运行结果

(7) 函数的声明

在一个函数中调用另外一个函数,被调用函数必须是已经存在的函数,可以是标准库函数或者是自定义函数。

当调用库函数时,应该在程序的开始处使用"#include"的预处理命令来完成对函数所属的头文件包含到主调函数中。例如:调用 printf 和 scanf 函数时,在程序开始处使用#include < stdio. h >。这种方式是直接到安装路径下的 include 文件夹中寻找所需的头文件。

当库函数或者调用自定义函数时,该库函数不在原本安装路径下的 include 文件夹中或者自定义函数和源文件不在一个文件夹中,此刻使用#incude" stdio. h"的写法。这种方式是先到源文件所在文件夹中寻找所需头文件,如果存在即刻包含到程序中;如果不存在再到安装路径下的 include 文件夹中寻找所需的头文件。

当调用自定义函数时,且该函数和 main 函数在同一个文件中时,则需要根据主调函数和被调函数在文件中的相对位置,决定是否要做出对被调函数的声明。

①如果被调函数在主调函数之前,不需做函数声明。本章到此之前的自定义函数都属于该情况。

②如果被调函数在主调函数之后,就必须要做函数声明。函数声明形式如下:

    返回值类型 函数名(形参列表);

    例如下面程序中的第 4 行:

double max(double a,double b);

函数声明时可以不写参数名,因为编译系统只检查函数类型和参数类型,不检查参数名。也可以书写为:

double max(double ,double);

例 5.9　任意输入 3 个数值求最大值,要求自定义函数书写在主函数之下,对自定义函数使用函数声明,结果如图 5.8 所示。

```
#include < stdio. h >
int main( )
{
    double max( double a,double b); //此处为 max 函数的函数声明
    double a,b,c,big;
    printf( "任意输入 3 个数值,数值间用空格间隔:");
    scanf( "% lf% lf% lf" ,&a,&b,&c);
    big = max( max( a,b),c);
    printf( "输出最大值是% lf\n" ,big);
    return 0;
}
double max( double a,double b) //max 作为函数名
{
    if( a > b)
        return a;
```

```
        else
            return b;
}
```

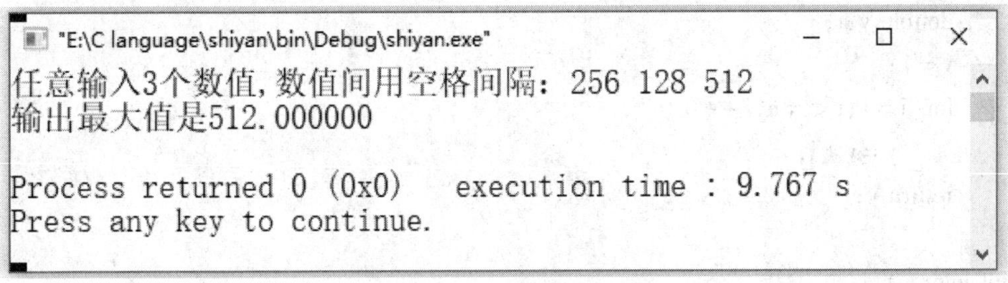

```
■ "E:\C language\shiyan\bin\Debug\shiyan.exe"          —    □    ×

任意输入3个数值,数值间用空格间隔: 256 128 512
输出最大值是512.000000

Process returned 0 (0x0)     execution time : 9.767 s
Press any key to continue.
```

图 5.8　程序运行结果

任务总结

根据本任务的学习,自定义函数的书写主要目的是模块化设计思想。这样书写可以提高代码的重复使用率,减少源程序的代码。通过本任务的学习大家可以发现同一个功能的自定义函数可以书写为多种形式,并不是一成不变。希望大家通过课后练习掌握自定义函数不同的书写形式,达到灵活编程的目的。

5.2　掌握函数的调用

任务描述

计算机编译或运行时,使用某个函数来完成相关功能。对无参函数调用时则无实际参数表。对有参函数调用时实际参数表中的参数可以是常数、变量或其他构造类型数据及表达式。各实参之间用逗号分隔。除了项目1中3种基本的函数调用形式以外,还有其他的函数调用形式。本项目主要目的是掌握函数的嵌套调用和递归调用。

知识学习

(1)函数的嵌套调用

C 语言中不允许作嵌套的函数定义。因此各函数之间是平行的,不存在上一级函数和下一级函数的问题。但是 C 语言允许在一个函数的定义中出现对另一个函数的调用。这样就出现了函数的嵌套调用,即在被调函数中又调用其他函数。这与其他语言的子程序嵌套的情形是类似的。简单归纳:嵌套调用就是某个函数调用另外一个函数。例如下面程序就是在主函数中调用自定义函数:

$$y = f(n);$$

例 5.10　任意输入一个正整数给 n,求 n 的阶乘。要求将求解某个正整数的阶乘功能用自定义函数来实现,运行结果如图 5.9 所示。

```
#include < stdio. h >
double f( double n)
{
    double y,i;
    y = 1;
    for(i = 1;i < = n;i ++ )
        y = y * i;
    return y;
}
int main( )
{
    double n,y;
    printf("任意输入 1 个正整数:");
    scanf("% lf",&n);
    y = f(n);
    printf("输出阶乘是% lf\n",y);
    return 0;
}
```

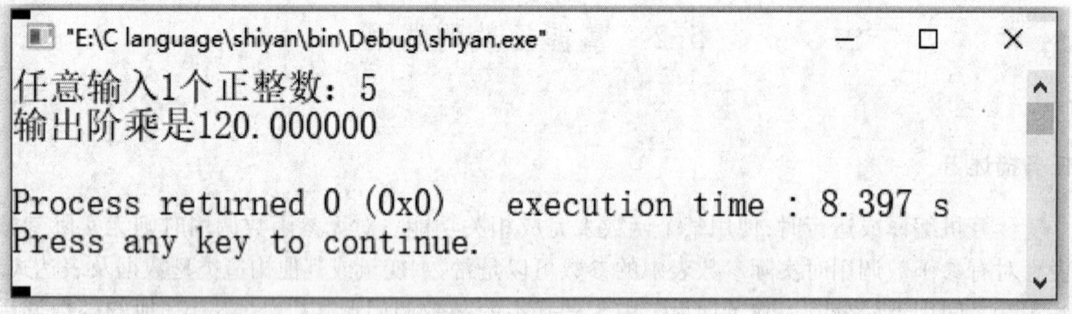

```
"E:\C language\shiyan\bin\Debug\shiyan.exe"          —    □    ×

任意输入1个正整数: 5
输出阶乘是120. 000000

Process returned 0 (0x0)   execution time : 8. 397 s
Press any key to continue.
```

图 5.9   程序运行结果

说明:该程序从 main 函数开始执行,当输入 n 的值之后,调用 f 函数来实现求解 n 的阶乘,这就是函数的嵌套调用。包括在 main 函数中还调用了 printf 和 scanf 函数实现输入与输出功能,这也是函数的嵌套调用。在程序设计中,函数的嵌套调用是最常见的一种。

(2) 函数的递归调用

函数的递归调用是一种特殊的嵌套调用,是某个函数调用自己或者是调用其他函数后再次调用自己的函数,只要函数之间互相调用能产生循环的则一定是递归调用,递归调用是一种解决方案,另外一种是逻辑思想,将一个大工作分为逐渐减小的小工作,比如说一个和尚要搬50 块石头,他想,只要先搬走 49 块,那剩下的 1 块就能搬完了,然后再考虑那 49 块,只要先搬走 48 块,那剩下的一块就能搬完了,递归是一种思想,只不过在程序中,是依靠函数嵌套这个特性来实现的。简单归纳:函数的递归调用就是调用一个函数过程中又调用该函数本身。

例 5.11   任意输入一个正整数给 n,求 n 的阶乘。要求将求解某个正整数的阶乘功能必须使用函数的递归调用实现,运行结果如图 5.10 所示。

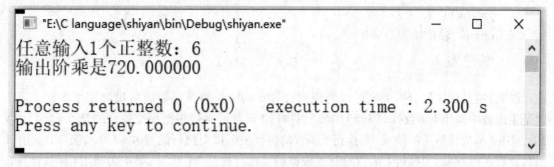

图 5.10　程序运行结果

分析:

　　例如求 5!

　　5! = 5 * 4!

　　4! = 4 * 3!

　　3! = 3 * 2!

　　2! = 2 * 1!

　　1! = 1

　　换成函数形式表示

　　$f(5) = 5 * f(4)$

　　$f(4) = 5 * f(3)$

　　$f(3) = 5 * f(2)$

　　$f(2) = 5 * f(1)$

　　$f(1) = 1$

　　归纳总结

　　当 n > = 2 时 $f(n) = n * f(n-1)$

　　当 n == 1 时 $f(n) = 1$

程序:

```c
#include < stdio. h >
double f( double n)
{
    if( n > = 2)
        return n * f( n – 1);
    else if( n == 1)
        return 1;
}
int main( )
{
    double n,y;
    printf( "任意输入 1 个正整数:");
```

179

```
        scanf("% lf",&n);
        y = f(n);
        printf("输出阶乘是% lf\n",y);
        return 0;
}
```

说明:通过程序的分析大家可以发现当计算 5 的阶乘时,f 函数前后被调用了 5 次。第 1 次是主函数中调用 f 函数计算 f(5)的值,当执行 f 函数的时候根据提交执行的是 5 * f(4);第 2 次调用 f 函数计算 4 的阶乘,当执行 f 函数的时候根据提交执行的是 4 * f(3);第 3 次调用 f 函数计算 3 的阶乘,当执行 f 函数的时候根据提交执行的是 3 * f(2);第 4 次调用 f 函数计算 2 的阶乘,当执行 f 函数的时候根据提交执行的是 2 * f(1);第 2 次调用 f 函数计算 1 的阶乘,当执行 f 函数的时候根据提交执行的是 1,到此截止,递推结束。然后在先后调用 5 次 return 语句实现递归,将 f(1)的结果 1 返回给 2 * f(1),从而计算出 f(2)的结果;接着将 f(2)的结果 2 返回给 3 * f(2),从而计算出 f(3)的结果;接着将 f(3)的结果 6 返回给 4 * f(3),从而计算出 f(4)的结果;接着将 f(4)的结果 24 返回给 5 * f(4),从而计算出 f(5)的结果;将 f(5)的结果返回给主函数中 y = f(n)处;最后输出结果。把上述利用文字对递归的解释过程描述为如图 5.11所示。

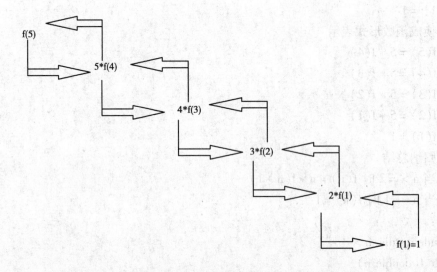

图 5.11　利用递归函数求 5 的阶乘的计算过程

例 5.12　Hanoi 塔问题。一块板上有 3 根针,A、B、C。A 针上套有 64 个大小不等的圆盘,大的在下,小的在上,如图 5.12 所示。要把这 64 个圆盘从 A 针移动 C 针上,每次只能移动一个圆盘,移动可以借助 B 针进行。但在任何时候,任何针上的圆盘都必须保持大盘在下,小盘在上。求移动的步骤。

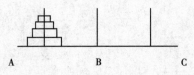

图 5.12　Hanoi 塔示意图

分析：

①如果有 1 个圆盘从 A 到 C,1 步完成。

②如果有 2 个圆盘从 A 到 C,将分 3 步完成:A→B,A→C,B→C。那么任意 2 个圆盘从其中一个起始针到终止针都应该是 3 步完成。

③如果有 3 个圆盘从 A 到 C,使用递归思想,利用 2 个圆盘的移动方法帮助完成。步骤如下:

第 1 步:将顶端的前 2 个圆盘从 A 到 B;

第 2 步:再将最底端的 1 个圆盘从 A 到 C;

第 3 步:最后将原顶部 2 个圆盘从 B 到 C。

注意,其中第 1 步和第 3 步都要利用 2 个圆盘的移动方法帮助完成。

换成函数形式来表达,3 表示 3 个圆盘,A 表示起始针,B 表示借助针,C 表示目标针。

Hanoi(3,A,B,C)应该分解为 3 步,如图 5.13 所示。

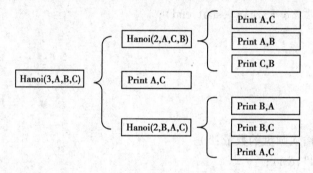

图 5.13　以 3 个圆盘为例从 A 到 C 的移动过程分析

归纳总结:

当是 n 个圆盘,从 start 针借助 help 针到 end 针的移动过程,也就是 Hanoi(n,start,help,end)。

当 n >=2 时,分解为 3 步完成。

第 1 步:Hanoi(n-1,start,end,help)

第 2 步:Print start,end

第 3 步:Hanoi(n-1,help,start,end)

当 n==1 时,1 步完成

Print start,end

程序:

```
#include < stdio. h >
// n 表示盘子的数量
// start 表示起始针位置
// help 表示借助针位置
// end 表示目标针位置
void hanoi(int n,char start,char help,char end)
{
```

```
        if( n > =2)
        {
            //目的是将现在起始 start 针上的 n-1 个圆盘,从 start 针借 end 针到 help 针上
            hanoi( n-1,start,end,help);
            //直接输出移动底端最后一个圆盘从 start 到 end
            printf("%c→%c\n",start,end);
            //目的时将现在借助针 help 上的 n-1 个圆盘,从 help 针借 start 针到 end 针上
            hanoi( n-1,help,start,end);
        }
        else if( n==1)
        {
            //直接输出移动底端最后一个圆盘从 start 到 end
            printf("%c→%c\n",start,end);
        }
    }
    int main( )
    {
        int n;
        printf("请输入圆盘的数量:");
        scanf("%d",&n);
        hanoi( n,'A','B','C');
        return 0;
    }
```

程序运行结果如图 5.14 所示。

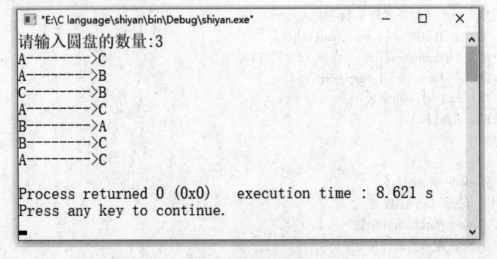

图 5.14　程序运行结果

任务总结

本任务主要学习函数的递归调用,所谓递归调用就是在调用一个函数的过程中又调用该函数本身。通过上述实例分析和演示,总结归纳出函数的递归调用在程序设计中必须具备的2个要素(缺一不可):

①递归算法:

例如 $f(n) = n * f(n-1)$;

例如 $Hanoi(n, start, help, end)$ 被分解为 $hanoi(n-1, start, end, help)$;和 $hanoi(n-1, help, start, end)$;。

②终结条件:

例如 $f(n) = 1$;

例如 printf("%c→%c\n", start, end);。

5.3　掌握数组作为函数的参数

任务描述

在前面的2个项目中,基本上都是以简单变量作为函数的参数。在实际编程中数组也可以作为函数的参数。但它和简单变量作为函数的参数,作用上却有很大的不同。本任务要求掌握数组作为函数的参数,在程序设计中的设计、编写以及特征。

知识学习

(1)数组元素作为函数的参数

数组元素作为参数和变量作为参数是一样的,把作为实参的数组元素的值传送给形参,实现单向的值传送。但是数组元素一般在函数中只用于实参,不能用于形参。

例5.13　某公司的财务部由于获得的公司年终考评优秀的等级,公司决定给予奖励,每位员工的基本工资上调10%。输入该部门6位员工的基本工资,计算并输出奖励后每个人的基本工资。

```c
#include < stdio. h >
double f( double x)
{
    x = x * 1.1;
    return x;
}
int main( )
{
    double a[6];
```

```
        int i;
        printf("输入 6 位员工的开始基本工资\n");
        for(i=0;i<=5;i++)
            scanf("%lf",&a[i]);
        for(i=0;i<=5;i++)
            a[i]=f(a[i]);
        printf("输出 6 位员工的奖励后基本工资\n");
        for(i=0;i<=5;i++)
            printf("%lf\n",a[i]);
        return 0;
    }
```

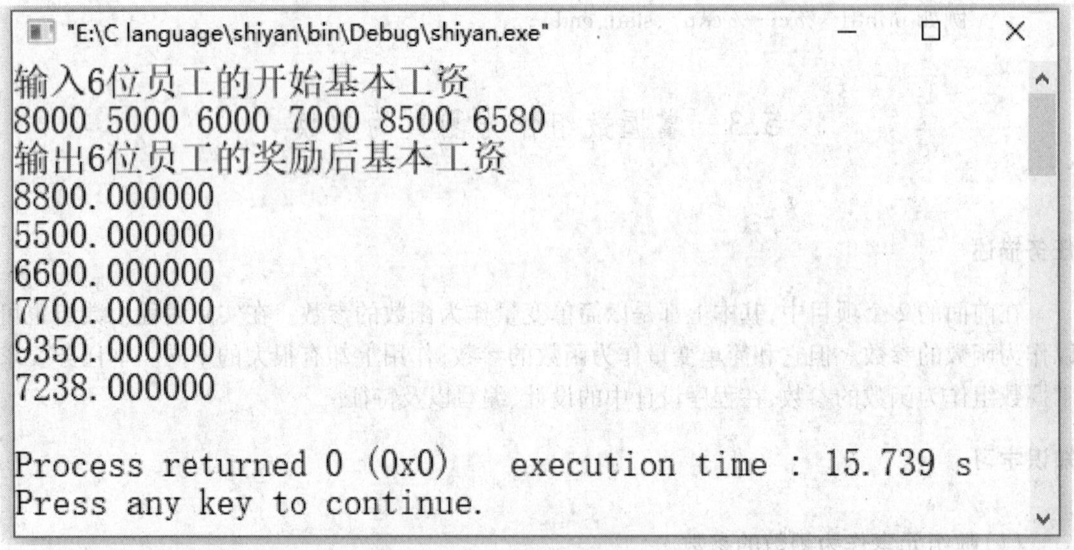

```
■ "E:\C language\shiyan\bin\Debug\shiyan.exe"          —  □  ×

输入6位员工的开始基本工资
8000 5000 6000 7000 8500 6580
输出6位员工的奖励后基本工资
8800.000000
5500.000000
6600.000000
7700.000000
9350.000000
7238.000000


Process returned 0 (0x0)    execution time : 15.739 s
Press any key to continue.
```

图 5.15　程序运行结果

说明:本程序定义了一个 f 函数,形参是一个 double 型的变量 x。一旦 f 函数被调用,形参 x 将会被赋给实参 a[i]的值,再进行计算,然后将结果使用 return 语句返回到主函数调用 f 函数处,最后再将返回值赋值于原本数组元素 a[i]。

(2)数组作为函数的参数

数组作为参数和数组元素作为参数有几点不同:

①数组名也可以作为函数的实参,跟数组元素作实参时不一样,此时不是把数组的值传递给形参,而是把实参数组的起始地址传给形参数组,即"传递地址"。这样实际上是形参数组与实参数组共同占用同一块存储空间,从而使得在函数内如果形参数组的元素的值发生了改变,那么实参数组也发生改变。

②在普通变量或下标变量作函数参数时,形参变量和实参变量是由编译系统分配的两个不同的内存单元。在函数调用时发生的值传送是把实参变量的值赋予形参变量。在用数组名作函数参数时,不是进行值的传送,即不是把实参数组的每一个元素的值都赋予形参数组的各

个元素。因为实际上形参数组并不存在,编译系统不为形参数组分配内存。那么,数据的传送是如何实现的呢? 我们曾介绍过,数组名就是数组的首地址。因此在数组名作函数参数时所进行的传送只是地址的传送,也就是说把实参数组的首地址赋予形参数组名。形参数组名取得该首地址之后,也就等于有了实在的数组。实际上是形参数组和实参数组为同一数组,共同拥有一段内存空间。

如有一维数组 double a[6] 做函数参数时,必须注意以下事项:

①数组做函数的形参时,使用数组的定义形式,例如:double a[6]或者 double a[]。

②数组做函数的实参时,使用数组名的形式,例如:a。

③形参的数组名可以与实参的数组名不相同。

例 5.14　输出一位数组 a 的所有数组元素在内存中的首地址。

```c
#include < stdio. h >
int main( )
{
    int a[6] = {10,20,30,40,50,60} ,i;
    for( i = 0 ;i < = 5 ;i + + )
        printf( " % x \n" ,&a[i]) ;//输出数组 a 中每个数组元素 a[i]的首地址
    return 0 ;
}
```

```
"E:\C language\shiyan\bin\Debug\shiyan.exe"                    —    □    ×
60fef4
60fef8
60fefc
60ff00
60ff04
60ff08

Process returned 0 (0x0)    execution time : 0.347 s
Press any key to continue.
```

图 5.16　程序运行结果

说明:此例题主要是说明数组元素在内存中是连续存储,加之数组名等价于该数组首元素的首地址。如果要访问一个数组中所有的数组元素,已知数组名即可。

例 5.15　任意输入一间寝室 6 位同学的身高,求平均身高。要求功能用自定义函数来实现。

```c
#include < stdio. h >
double compute( double b[6] ) // 此处 double b[6]中的 6 可以不写
{
    int i;
    double sum = 0 ;
```

```
        for(i = 0;i < =5;i ++ )
            sum = sum + b[i];
        return sum/6;
    }
    int main( )
    {
        double a[6] = {178,169,175,182,184,175},ave;
        int i;
        ave = compute(a); //可以等价书写为 ave = compute(&a[0]);
        printf("平均身高是% lf\n",ave);
        return 0;
    }
```

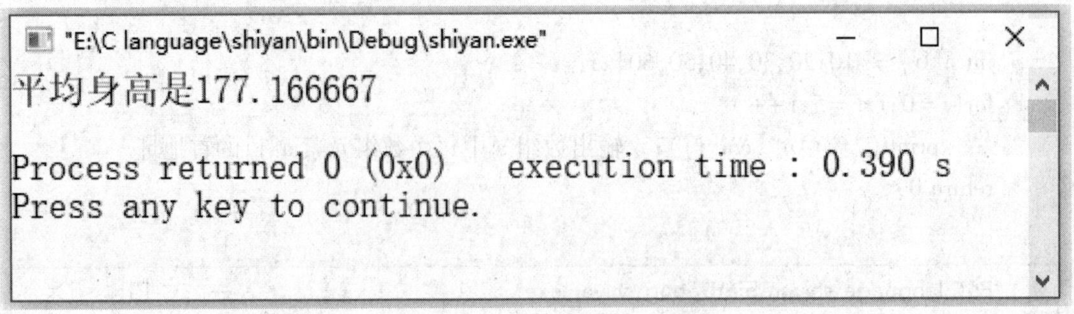

```
■ "E:\C language\shiyan\bin\Debug\shiyan.exe"          —    □    ✕

平均身高是177.166667

Process returned 0 (0x0)    execution time : 0.390 s
Press any key to continue.
```

图 5.17　程序运行结果

说明:依据一维数组的特点①数组中所有数组元素数据类型一致,存储空间大小一样。②数组中所有数组元素在内存中是连续存储。③数组名等价于该数组首元素的首地址。所以当在 main 函数中调用 compute 函数时,实际参数数组名 a 也就是该数组的首元素的首地址 &a[0] 将其值传递给形参的数组 b。使得数组 a 和数组 b 共同使用数组 a 原本在内存的存储空间。相当于 a[0]等价 b[0],也就是推导出 a[i]等价 b[i],见表 5.1。

表 5.1　数组 a 和数组 b 数组元素、数组元素的值、数组元素的首地址

a 数组元素的首地址	18ff30	18ff34	18ff38	18ff3c	18ff40	18ff40
a 数组元素	a[0]	a[1]	a[2]	a[3]	a[4]	a[5]
a 和 b 数组元素的值	178	169	175	182	184	175
b 数组元素	b[0]	b[1]	b[2]	b[3]	b[4]	b[5]
b 数组元素的首地址	18ff30	18ff34	18ff38	18ff3c	18ff40	18ff40

任务总结

提醒在编写函数且参数使用数组时需要注意以下几点:

①形参数组和实参数组的类型必须一致,否则将引起错误。

②形参数组和实参数组的长度可以不相同,因为在调用时,只传送首地址而不检查形参数

组的长度。当形参数组的长度与实参数组不一致时,虽不至于出现语法错误(编译能通过),但程序执行结果将与实际不符,这是应予以注意的。

③当形参和实参都为数组时,因此当形参数组发生变化时,实参数组也随之变化。

④在函数形参表中,允许可以给出形参数组的长度、不给出形参数组的长度,或用一个变量来表示数组元素的个数。

例如,可以写为:

void f(double b[6])

或写为

void f(double b[ ])

或写为

void f(double b[ ],int n)

其中形参数组 b 没有给出长度,而由 n 值动态地表示数组的长度。n 的值由主调函数的实参进行传送。

⑤多维数组也可以作为函数的参数。在函数定义时对形参数组可以指定每一维的长度,也可省去第一维的长度。因此,以下写法都是合法的。

double max(int b[30][6])

或

double max(int b[ ][6])。

⑥上述 3 点同样适用于二维数组做函数的参数。

5.4　掌握局部变量和全局变量

任务描述

在之前讨论函数的形参变量时曾经提到,形参变量只在被调用期间才分配内存单元,调用结束立即释放。这一点表明形参变量只有在函数内才是有效的,离开该函数就不能再使用了,这种变量有效性的范围称为变量的作用域。不仅对于形参变量,C 语言中所有的变量都有自己的作用域,变量说明的方式不同,其作用域也不同。C 语言中的变量,按作用域范围可分为两种,即局部变量和全局变量。

知识学习

(1)局部变量

局部变量也称为内部变量。局部变量是在函数内作定义说明的。其作用域仅限于函数内,离开该函数后再使用这种变量是非法的。另外一种情况是变量定义在某个复合语句内部,其作用域仅限于复合语句的┊┊之内,离开┊┊后再使用这种变量也是非法的。

例 5.16　任意输入一个正整数给 n,求 n!。

方法 1:

```
#include < stdio. h >
int main( )
{
    double n,i,s;//局部变量
    printf("请输入正整数给 n:");
    scanf("% lf" ,&n);
    s = 1;
    for(i = 1;i < = n;i ++ )
        s = s * i;
    printf("阶乘的结果是% lf\n" ,s);
    return 0;
    //n,i,s 作用域到此
}
```

方法 2：
```
#include < stdio. h >
int main( )
{
    double n;//局部变量
    printf("请输入正整数给 n:");
    scanf("% lf" ,&n);
    {
        double s,i;//局部变量
        s = 1;
        for(i = 1;i < = n;i ++ )
            s = s * i;
        printf("阶乘的结果是% lf\n" ,s);
        //s,i 变量作用域到此
    }
    return 0;
    //n 变量作用域到此
}
```

说明：方法 1 中，main 函数中 s、i、n 都是局部变量且只能在 main 函数的 ┊┊也就是函数体内起作用。方法 2 中，main 函数中的 n 是局部变量，复合语句 ┊┊内的 i 和 s 变量也是局部变量，其中 i 和 s 只能在其所属的 ┊┊之内起作用，在之外不起作用，而 s 是在其所属函数的 ┊┊内其作用，也就是在函数内的复合语句内部 s 也起作用。比如将方法 2 的输出语句 printf("阶乘的结果是% lf\n" ,s);访到 return 0;的上一行就会出现错误。

关于局部变量的作用域还要说明以下几点：

①主函数中定义的变量也只能在主函数中使用，不能在其他函数中使用。同时，主函数中也不能使用其他函数中定义的变量。因为主函数也是一个函数，它与其他函数是平行关系。

这一点与其他语言不同,应予以注意。

②形参变量属于被调函数的局部变量,实参变量属于主调函数的局部变量。

③允许在不同的函数中使用相同的变量名,它们代表不同的对象,分配不同的单元,互不干扰,也不会发生混淆。如在前例中,形参和实参的变量名都为 n,是完全允许的。

④在复合语句中也可定义变量,其作用域只在复合语句范围内。

⑤既然有局部变量,数组也可作为局部数组。

(2)全局变量

全局变量也称为外部变量,它是在函数外部定义的变量。它不属于哪一个函数,它属于一个源程序文件。其作用域是整个源程序。

例 5.17   任意输入一段英文,统计其中英文字符、数字字符、空格字符和其他字符的格子数量。要求将统计功能用自定义函数来实现,其中输入英文、函数调用、结果输出必须留在main 函数中,且用全局变量和全局数组来实现。

```c
#include < stdio. h >
int a,b,c,d;// 全局变量
char str[1000];// 全局数组
void f( )
{
    int i;// 局部变量
    a = b = c = d = 0;
    for(i = 0;str[i]! = '\0';i ++ )
    {
        if( str[i] > = 'A'&&str[i] < = 'Z' ||str[i] > = 'a'&&str[i] < = 'z')
            a ++ ;
        else if( str[i] > = '0'&&str[i] < = '9')
            b ++ ;
        else if( str[i] ==' ')
            c ++ ;
        else
            d ++ ;
    }
}
int main( )
{
    printf( "任意输入一段英文:");
    gets( str);
    f( );// 无参和无返回值的函数调用
    printf( "英文字符个数是% d\n",a);
    printf( "数字字符个数是% d\n",b);
```

```
        printf("空格字符个数是%d\n",c);
        printf("其他字符个数是%d\n",d);
        return 0;
    }
```

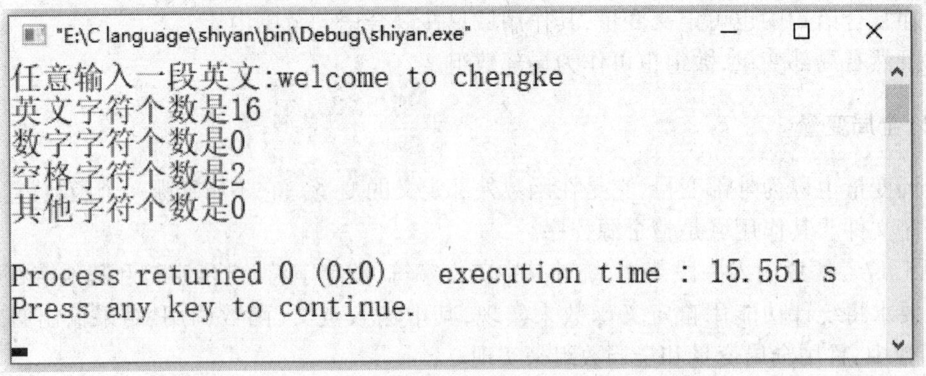

```
"E:\C language\shiyan\bin\Debug\shiyan.exe"            —   □   ×
任意输入一段英文:welcome to chengke
英文字符个数是16
数字字符个数是0
空格字符个数是2
其他字符个数是0

Process returned 0 (0x0)    execution time : 15.551 s
Press any key to continue.
```

图 5.18　程序运行结果

说明:int a,b,c,d;和 char str[1000];就是全局变量和全局数组。它们不属于该程序中的任何一个{},包括不属于 2 个函数。从它们定义开始到整个程序最后一行都起作用。另外对于全局变量和全局数组,系统会默认赋值为 0,所以上述程序中 a = b = c = d = 0;此行程序可以直接删除。最后提醒 2 点:①全局变量和全局数组优点是共用。但也暴露了缺点,一旦定义之后某操作修改了全局变量和全局数组的值,其值就修改且不可恢复。②如果同一个源文件中,外部变量与局部变量同名,则在局部变量的作用范围内,外部变量被"屏蔽",即它不起作用。

(3)外部变量的声明

此前提到全局变量由于其所处的位置,也可以将其称之为外部变量。如果我们将例 5.17 中程序的全局变量和全局数组的定义放在 f 函数和 main 函数之间,也称之为全局变量和全局数组。但是它们的作用域由于是向下起作用,所以 f 函数内部就不能再使用全局变量 a、b、c、d 和全局数组 str。解决该问题的方法是只需要在 f 函数内部做一个外部变量的声明即可,使用 extern 来实现。将例 5.17 用该方法实现,程序如下:

```
#include < stdio.h >
void f()
{
    extern int a,b,c,d;//外部变量的声明
    extern char str[1000];//外部数组的声明
    int i;//局部变量
    a = b = c = d = 0;
    for(i = 0;str[i]! = '\0';i ++)
    {
        if(str[i] > = 'A'&&str[i] < = 'Z' || str[i] > = 'a'&&str[i] < = 'z')
            a ++;
        else if(str[i] > = '0'&&str[i] < = '9')
```

```
            b ++ ;
        else if( str[ i ] == ' ' )
                c ++ ;
        else
                d ++ ;
    }
}

int a,b,c,d;//全局变量
char str[1000];//全局数组

int main( )
{
    printf("任意输入一段英文:");
    gets( str);
    f( );//无参和无返回值的函数调用
    printf("英文字符个数是%d\n",a);
    printf("数字字符个数是%d\n",b);
    printf("空格字符个数是%d\n",c);
    printf("其他字符个数是%d\n",d);
    return 0;
}
```

说明:外部变量的声明只有当全局变量或者全局数组在某些函数之间定义,并不是从程序的一开始就定义,这样就缩小了外部变量的作用域。所以就需要使用外部函数的声明。声明的方式是:自定义函数的函数首部放在主调函数中,在前面加 extern,末尾加分号。

任务总结

变程序量中使用的范围不同:作用域(Scope)就是变量的有效范围,变量的作用域取决于变量的访问性。

局部变量:函数内部的变量称为局部变量(Local Variable),它的作用域仅限于函数内部,离开该函数后就是无效的,再使用就会报错。

①主函数中定义的变量也只能在主函数中使用,不能在其他函数中使用。

②允许在不同的函数中使用相同的变量名,它们代表不同变量,分配不同的存放单元,互不相干,不会发生混淆。

③复合语句中定义的变量,只限于使用当前函数中,也是复合语句的局部变量,复合语句就是用{}包含起来的语句块。

④形参变量、在函数体内定义的变量都是局部变量,实参给形参传值的过程也就是给局部变量赋值的过程。

全局变量:在所有函数外部定义的变量称为全局变量(Global Variable),它的作用域默认是整个程序,也就是所有的源文件,包括 .c 和 .h 文件。它的作用域是从声明时刻开始,到程序结束。

①全局变量定义必须在所有函数之外。

②全局变量可加强函数模块之间的数据联系,但是函数又依赖这些变量,降低函数的独立性。

③在同一源文件中,允许全局变量和局部变量同名,在局部变量作用域内,同名的全局变量不起作用。

④因为全局变量是共同使用的,在实际编程中一般建议少用或者慎重使用。

5.5 掌握变量的存储类型

任务描述

前面讨论过变量的分类方式:按照数据类型分类、按照作用范围分类等。通过对本任务的学习,要求掌握按照变量作用时间来分类:静态存储方式和动态存储方式等。

知识学习

(1)动态存储方式与静态动态存储方式

前面已经介绍了,从变量的作用域(即从空间)角度来分,可以分为全局变量和局部变量。

从另一个角度,从变量值存在的时间(即生存期)角度来分,可以分为静态存储方式和动态存储方式。

①静态存储方式:是指在程序运行期间分配固定的存储空间的方式。

②动态存储方式:是在程序运行期间根据需要进行动态的分配存储空间的方式。

用户存储空间可以分为 3 个部分:

①程序区。

②静态存储区。

③动态存储区。

局变量全部存放在静态存储区,在程序开始执行时给全局变量分配存储区,程序运行完毕就释放。在程序执行过程中它们占据固定的存储单元,而不动态地进行分配和释放。

动态存储区存放以下数据:

①函数形式参数。

②自动变量(未加 static 声明的局部变量)。

③函数调用实的现场保护和返回地址。

对以上这些数据,在函数开始调用时分配动态存储空间,函数结束时释放这些空间。

在 C 语言中,每个变量和函数有两个属性:数据类型和数据的存储类别。

(2)auto 型变量

　　函数中的局部变量,如不专门声明为 static 存储类别,系统都是动态地分配存储空间的,aotu 型变量数据存储在动态存储区中。函数中的形参和在函数中定义的变量(包括在复合语句中定义的变量),都属此类,在调用该函数时系统会给它们分配存储空间,在函数调用结束时就自动释放这些存储空间。这类局部变量称为自动变量。自动变量用关键字 auto 作存储类别的声明。

　　例如:前面学习过的输入 n 的值,求 n!。

```
#include < stdio. h >
double f( double n)
{
    if( n > =2)
        return n * f( n -1) ;
    else if( n ==1)
        return 1;
}
int main( )
{
    double n,y;
    printf("任意输入 1 个正整数:");
    scanf("% lf",&n);
    y = f( n) ;
    printf("输出阶乘是% lf\n",y);
    return 0;
}
```

　　其实上述程序本质上是

```
#include < stdio. h >
auto double f( auto double n) //形参 n 是 auto 型变量
{
    if( n > =2)
        return n * f( n -1) ;
    else if( n ==1)
        return 1;
}
int main( )
{
    auto double n,y; //局部变量 n 和 y 是 auto 型变量
    printf("任意输入 1 个正整数:");
    scanf("% lf",&n);
```

```
        y = f( n );
        printf( "输出阶乘是% lf\n" ,y);
        return 0;
}
```

n 是形参,n,y 是自动变量,对 n 输入值后。执行完 f 函数后,自动释放 f 函数的 n 变量所占的存储单元。当整个程序运行结束并关闭后 main 中的 n 和 y 变量所占的存储单元也自动释放。

其中关键字 auto 可以省略,auto 不写则隐含定为"自动存储类别",属于动态存储方式。

(3) 用 static 声明局部变量

有时希望函数中的局部变量的值在函数调用结束后不消失而保留原值,这时就应该指定局部变量为"静态局部变量",用关键字 static 进行声明。

例 5.18 考察静态局部变量的值。

```
#include < stdio. h >
int f( int a)
{
        int b = 20;
        static int c = 30;
        a ++ ;
        b ++ ;
        c ++ ;
        return a + b + c;
}
int main( )
{
        int a = 10,i;
        for(i = 1;i < = 3;i ++ )
            printf( "% d\n" ,f(a));
        return 0;
}
```

说明:循环第 1 次调用 f 函数时,实参 a = 10 的值传递给形参 a,然后根据 a、b、c 的值分别做自增,分别自增操作后 a = 11、b = 21、c = 31,求和结果是 63,将其返回并输出。循环第 2 次调用 f 函数时,由于 a 和 b 默认是 auto 型,而 c 是 static 型。其中 a 和 b 都重新划分存储空间,而 c 的存储一直没变且没有释放。所以第 2 次结果是 a = 11、b = 21、c = 32,求和结果是 64,将其返回并输出。最后循环第 3 次同理,结果是 a = 11、b = 21、c = 33,求和结果是 65,将其返回并输出。但是 staic 型变量还是会在整个程序运行并结束后才会释放所占内存空间,程序运行结果如图 5.19 所示。

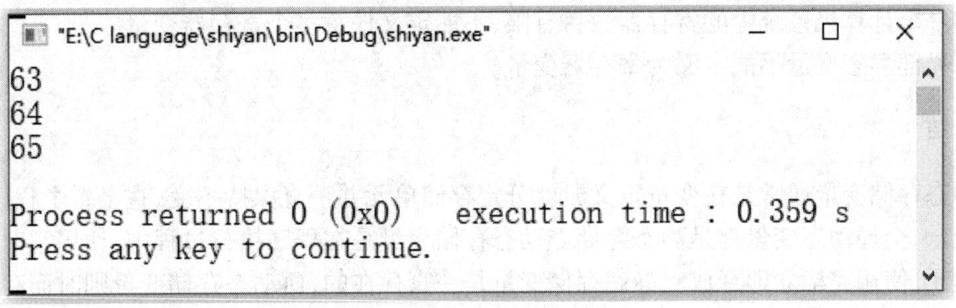

图 5.19　例 5.18 程序运行结果

(4) register **变量**

为提高效率,C 语言允许将局部变量的值放在 CPU 中的寄存器中,这种变量称为"寄存器变量",用关键字 register 作声明。

例 5.19　使用寄存器变量,输出 1 到 5 的所有阶乘。

```c
#include < stdio. h >
int f( int n)
{
    register int i,s = 1; // 寄存器型变量
    for( i = 1;i < = n;i ++ )
        s = s * i;
    return( s) ;
}
int main( )
{
    int i;
    for( i = 1;i < = 5;i ++ )
        printf( "% d! = % d\n",i,f( i) );
}
```

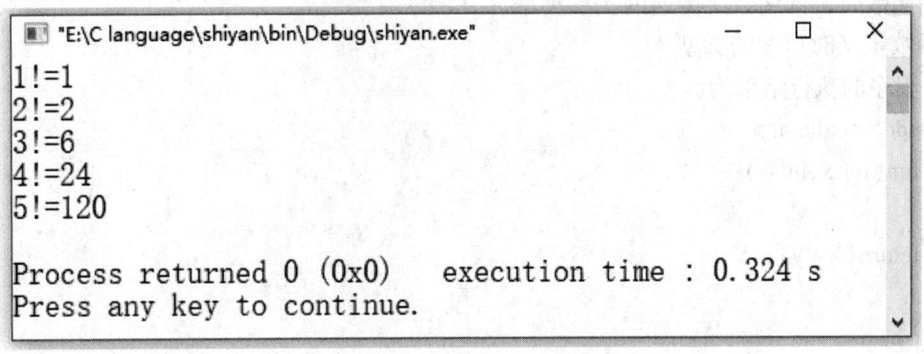

图 5.20　例 5.19 程序运行结果

说明:

①只有局部自动变量和形式参数可以作为寄存器变量。

②一个计算机系统中的寄存器数目有限,不能定义任意多个寄存器变量。

③局部静态变量不能定义为寄存器变量。

任务总结

静态存储变量通常是在变量定义时就分定存储单元并一直保持不变,直至整个程序结束。静态变量、全局动态变量都是静态存储。动态存储变量是在程序执行过程中,使用它时才分配存储单元,使用完毕立即释放。静态存储变量是一直存在的,而动态存储变量则时而存在时而消失。通常把由于变量存储方式不同而产生的特性称为变量的生存期。

静态存储只会初始化一次。定义或者声明变量时,没有 static 修饰符的就是动态变量,有 static 修饰符的就是静态变量。动态全局变量可以通过 extern 关键字在外部文件中使用,但静态全局变量不可以在外部文件中使用。静态全局变量相当于限制了动态全局变量的作用域。

习题 5

一、选择题

1. 以下说法中正确的是(　　)。

　A. C 语言程序总是从第一个定义的函数开始执行

　B. 在 C 语言程序中,要调用的函数必须在 main( )函数中定义

　C. C 语言程序总是从 main( )函数开始执行

　D. C 语言程序中的 main( )函数必须放在程序的开始部分

2. 在 C 语言中,函数值类型在定义时可以缺省,此时函数值的隐含类型是(　　)。

　A. void　　　　　　　B. int　　　　　　　C. float　　　　　　　D. double

3. 在 C 语言中,函数返回值的类型最终取决于(　　)。

　A. 函数定义时在函数值首部所说明的函数类型

　B. return 语句中表达式值的类型

　C. 用函数时主调函数所传递的实参类型

　D. 函数定义时形参的类型

4. 以下程序的执行结果为(　　)。

```c
#include < stdio. h >
float fun( int x,int y)
{
    return( x * y );
}
main( )
{
    int a = 2,b = 5,c = 8;
    printf( "%. 0f\n",fun( ( int )fun( a + b,c ),a − b ) );
```

```
}
```
A. − 24　　　　　　　B. 24　　　　　　　C. − 168　　　　　　D. 168

5. 以下程序运行后的输出结果是(　　　)。
```
#include  < stdio. h >
int f( int x) ;
main( )
{
    int n = 1,m;
    m = f( f( f( n) ) ) ;
    printf( "% d\n",m) ;
}
int f( int x)
{
    return x * 2 ;
}
```
A. 1　　　　　　　　B. 2　　　　　　　　C. 4　　　　　　　　D. 8

6. 如下函数调用语句中,含有的实参个数是(　　　)。
```
fun( arg1 ,arg2 + arg3 ,( arg4 ,arg5) ) ;          //实参可以是表达式
```
A. 3　　　　　　　　B. 4　　　　　　　　C. 5　　　　　　　　D. 有语法错误

7. 以下程序的输出结果是(　　　)。
```
#include  < stdio. h >
main( )
{
    int w = 5 ;
    fun( w) ;

}
fun( int m)
{
    if( m > 0)
        fun( m − 1) ;
    printf( "% d ",m) ;
}
```
A. 5 4 3 2 1　　　　B. 0 1 2 3 4 5　　　C. 1 2 3 4 5　　　　D. 5 4 3 2 1 0

8. 在一个 C 源程序文件中所定义的全局变量,其作用域为(　　　)。
   A. 所在文件的全部范围
   B. 所在程序的全部范围
   C. 所在函数的全部范围
   D. 由具体定义位置和 extern 说明来决定范围

9. 以下程序的运行结果是(　　)。

```c
#include <stdio.h>
int a=1;
int f(int c)
{
    static int a=2;
    c=c+1;
    return (a++)+c;
}
main()
{
    int i,k=0;
    for(i=0;i<2;i++)
    {
        int a=3;
        k+=f(a);
    }
    k+=a;

    printf("%d\n",k);
}
```

A. 13 　　　　　 B. 14 　　　　　 C. 15 　　　　　 D. 16

10. 以下程序执行后变量 w 的值是(　　)。

```c
#include <stdio.h>
int fun1(double a)
{
    return a*=a;
}
int fun2(double x,double y)
{
    double a=0,b=0;
    a=fun1(x);
    b=fun1(y);
    return(int)(a+b);
}
main()
{
    double w;
```

```
        w = fun2(1.1,2.0);
        ……
    }
```
　　A.5.21　　　　　B.5　　　　　　C.5.0　　　　　D.0.0

11. 以下程序执行时,给变量 x 输入 10,程序的输出结果是(　　)。

```
#include  <stdio.h>
int fun(int n)
{
    if(n==1)
        return 1;
    else
        return(n+fun(n-1));
}
main()
{
    int x;
    scanf("%d",&x);
    x=fun(x);
    printf("%d\n",x);
}
```
　　A.45　　　　　　B.54　　　　　　C.55　　　　　　D.65

12. 以下叙述中错误的是(　　)。

　　A.C 程序必须由一个或一个以上的函数组成

　　B.函数调用可以作为一个独立的语句存在

　　C.若函数有返回值,必须通过 return 语句返回

　　D.函数形参的值也可以传回给对应的实参

13. 以下叙述中正确的是(　　)。

　　A.预处理命令行必须位于 C 源程序的起始位置

　　B.在 C 语言中,预处理命令行都以"#"开头

　　C.每个 C 程序必须在开头包含预处理命令行:#include <stdio.h>

　　D.C 语言的预处理不能实现宏定义和条件编译的功能

14. 以下叙述中正确的是(　　)。

　　A.局部变量说明为 static,其生存期将得到延长

　　B.全局变量说明为 static,其作用域将被扩大

　　C.任何存储类的变量在未赋初值时,其值都是不确定的

　　D.形参可以使用的存储类说明符与局部变量完全相同

15. 在函数调用过程中,如果函数 funA 调用了函数 funB,函数 funB 又调用了函数 funA,则(　　)。

　　A.称为函数的直接递归调用

B. C 语言中不允许这样的递归调用

C. 称为函数的循环调用

D. 称为函数的间接递归调用

16. 以下程序的输出结果是(　　)。

```c
#include <stdio.h>

long fib(int n)
{
    if(n>2)
        return(fib(n-1)+fib(n-2));
    else
        return(2);
}
int main()
{
    printf("%d\n",fib(3));
}
```

　　A. 2　　　　　　　　B. 4　　　　　　　　C. 6　　　　　　　　D. 8

17. 以下所列的各函数首部中,正确的是(　　)。

A. void play(var:Integer,var b:Integer)

B. void play(int a,b)

C. void play(int a,int b)

D. Sub play(a as integer,b as integer)

18. 以下程序的输出结果是(　　)。

```c
#include <stdio.h>
#define f(x)x*x
int main()
{
    int a=6,b=2,c;
    c=f(a)/f(b);
    printf("%d\n",c);
}
```

　　A. 9　　　　　　　　B. 18　　　　　　　　C. 36　　　　　　　　D. 6

19. 下列程序的运行结果为(　　)。

```c
#include <stdio.h>
#define MA(x)x*(x-1)
int main()
{
    int a=1,b=2;
```

200

```
    printf("% d\n",MA(1 + a + b));
}
```

  A.5   B.6   C.7   D.8

20. 以下程序的输出结果是(　　)。

```
#include < stdio. h >
f( int b[ ] ,int m,int n)
{
    int i,s = 0;
    for( i = m;i < n;i = i + 2)
        s = s + b[ i ];
    return   s;
}
main( )
{
    int x,a[ ] = {1,2,3,4,5,6,7,8,9};
    x = f(a,3,7);
    printf("% d\n",x);
}
```

  A.10   B.18   C.8   D.15

21. 下列的结论中只有(　　)是正确的。

  A. 所有的递归程序均可以采用非递归算法实现

  B. 只有部分递归程序可以用非递归算法实现

  C. 所有的递归程序均不可以采用非递归算法实现

  D. 以上 3 种说法都不对

22. 以下程序的运行结果为(　　)。

```
#include < stdio. h >
int x = 2;
int fun( int p)
{
    static int x = 3;
    x + = p;     printf("% d ",x);
    return ( x);
}
int main( )
{
    int y = 3;
    printf("% d \n",fun(fun(x)));
}
```

  A.5 10 20   B.5 6 10   C.5 10 10   D.5 5 10

23. 下列程序的输出结果是(   )。

```c
#include < stdio. h >
int fun( int x,int y,int cp,int dp)
{
    cp = x * x + y * y;
    dp = x * x - y * y;
}

int main( )
{
    int a = 4,b = 3,c = 5,d = 6;
    fun(a,b,c,d);
    printf("% d   % d\n",c,d);
}
```

A. 16   9   B. 4   3   C. 25   9   D. 5   6

24. 以下程序输出的结果是(   )。

```c
#include < stdio. h >
long fun( int n)
{
    long s;
    if( n == 1 | | n == 2)
        s = 2;
    else
        s = n - fun( n - 1);

    return s;
}
main( )
{
    printf("% ld\n",fun(3));
}
```

A. 1   B. 2   C. 3   D. 4

25. 阅读下面的程序:

```c
#include < stdio. h >
int main( )
{
    int swap( );
    int a,b;
```

```
        a = 3;
        b = 10;
        swap(a,b);
        printf("a = % d,b = % d\n",a,b);
}
swap(int a,int b)
{
        int temp;

        temp = a;
        a = b;
        b = temp;
}
```

下面的说法中,正确的是(　　　)。

A. 在 main( )函数中调用 swap( )后,能使变量 a 和 b 的值交换

B. 在 main( )函数中输出的结果是:a = 3,b = 10

C. 程序第 2 行的语句 int swap( );是对 swap( )函数进行调用

D. swap( )函数的类型是 void.

二、程序题

1. 编写 2 个函数,分别求最大公约数和最小公倍数。

2. 编写函数求方程 ax2 + bx + c = 0 的根。

3. 编写函数判断一个正整数是否是素数。

4. 编写函数使得给定一个二维数组(3 * 3)转置。

5. 编写函数,使得输入的字符串反序存放。

6. 编写函数,连接 2 个字符串。

7. 编写函数,输入 4 个数字,要求输出 4 个数字字符,但是每 2 个字符之间加一个空格。

8. 编写函数,将字符串中最长的单词输出。

9. 编写函数,对输入的 10 个数值按由小到大排序。

10. 编写函数,输入 10 个同学 5 门课的成绩,用函数分别实现(1)每个学生的平均分;(2)每门课的平均分;(3)找出最高分所对应的学生和课程;(4)求出平均分方差。

11. 编写函数,输入一个十进制数输出对应的二进制。

12. 编写函数,输入一个十进制数输出对应的八进制。

13. 编写函数,输入一个十进制数输出对应的十六进制。

项目 **6**

预处理命令

项目目标

- 熟练应用不带参数和带参数宏定义。
- 掌握文件包含的作用和使用方法。
- 掌握条件编译的使用方法。

6.1 初识宏定义

任务描述

在前面各项目中,已多次使用过以"#"号开头的预处理命令。如包含命令#include,宏定义命令#define 等。在源程序中这些命令都放在函数之外,而且一般都放在源文件的前面,它们称为预处理部分。本任务主要介绍预处理命令的使用。

知识学习

所谓预处理是指在进行编译的第一遍扫描(词法扫描和语法分析)之前所做的工作。预处理是 C 语言的一个重要功能,它由预处理程序负责完成。当对一个源文件进行编译时,系统将自动引用预处理程序对源程序中的预处理部分作处理,处理完毕自动进入对源程序的编译。

C 语言提供了多种预处理功能,如宏定义、文件包含、条件编译等。合理地使用预处理功能编写的程序便于阅读、修改、移植和调试,也有利于模块化程序设计。

在 C 语言源程序中允许用一个标识符来表示一个字符串,称为"宏"。被定义为"宏"的标识符称为"宏名"。在编译预处理时,对程序中所有出现的"宏名",都用宏定义中的字符串去代换,这称为"宏代换"或"宏展开"。

宏定义是由源程序中的宏定义命令完成的。宏代换是由预处理程序自动完成的。

在 C 语言中,"宏"分为有参数和无参数两种。下面分别讨论这两种"宏"的定义和调用。

204

(1)不带参数的宏定义

不带参数的宏定义的一般形式为:

　　　#define　标识符　字符串

其中的"#"表示这是一条预处理命令,凡是以"#"开头的均为预处理命令,"define"为宏定义命令,"标识符"为所定义的宏名;"字符串"可以是常数、表达式、格式串等。

在前面介绍过的符号常量的定义就是一种无参宏定义。此外,常对程序中反复使用的表达式进行宏定义。

例如:

　　　#define M (y＊y＋3＊y)

它的作用是指定标识符 M 来代替表达式(y＊y＋3＊y)。在编写源程序时,所有的(y＊y＋3＊y)都可由 M 代替,而对源程序作编译时,将先由预处理程序进行宏代换,即用(y＊y＋3＊y)表达式去置换所有的宏名 M,然后再进行编译。

例6.1　无参宏替换。

```
#include < stdio. h >
#define M (y*y+3*y)
int main( )
{
        int sum,y;
    printf("请输入 y 的值:");
    scanf("%d",&y);
    sum =3*M+4*M+5*M;
    printf("s =%d\n",sum);
        return 0;
}
```

程序运行结果如图6.1所示。

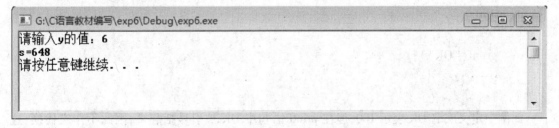

图6.1　程序运行结果

例6.1中首先进行宏定义,定义 M 来替代表达式(y＊y＋3＊y),在 s＝3＊M＋4＊M＋5＊M 中 M 作了宏调用。在预处理时经宏展开后该语句变为:

　　　s＝3＊(y＊y＋3＊y)＋4＊(y＊y＋3＊y)＋5＊(y＊y＋3＊y);

但要注意的是,在宏定义中表达式(y＊y＋3＊y)两边的括号不能少,否则会发生错误。如当作以下定义后:

　　　#difine M y＊y＋3＊y

在宏展开时将得到下述语句：

s = 3 * y * y + 3 * y + 4 * y * y + 3 * y + 5 * y * y + 3 * y;

显然与原题意要求不符，计算结果当然是错误的。因此在作宏定义时必须十分注意，应保证在宏代换之后不发生错误。

对宏定义还要说明以下几点：

①宏定义是用宏名来表示一个字符串，在宏展开时又以该字符串取代宏名，这只是一种简单的代换，字符串中可以含任何字符，可以是常数，也可以是表达式，预处理程序对它不作任何检查。如有错误，只能在编译已被宏展开后的源程序时发现。

②宏定义不是说明或语句，在行末不必加分号，如加上分号则连分号也一起置换。

③宏定义必须写在函数之外，其作用域为宏定义命令起到源程序结束，如要终止其作用域可使用#undef 命令。

例如：

```
#define PI 3.14159
int main( )
{
    ……
}
#undef PI
f1( )
{
    ……
}
```

表示 PI 只在 main 函数中有效，在 f1 中无效。

④宏名在源程序中若用引号括起来，则预处理程序不对其作宏代换。

例如：

```
#define OK 100
int main( )
{
    printf("OK");
    ……
}
```

此例中定义宏名 OK 表示 100，但在 printf 语句中 OK 被引号括起来，因此不作宏代换，这里把"OK"当字符串处理。

⑤宏定义允许嵌套，在宏定义的字符串中可以使用已经定义的宏名。在宏展开时由预处理程序层层代换。

例如：

```
#define PI 3.1415926
#define S PI * y * y          // PI 是已定义的宏名
```

对语句：

printf("%f",S);

在宏代换后变为：

printf("%f",3.1415926*y*y);

⑥习惯上宏名用大写字母表示，以便于与变量区别，但也允许用小写字母。

⑦可用宏定义表示数据类型，使书写方便。

例如：

#define STU struct stu

在程序中可用 STU 作变量说明：

STU body[5],*p;

例如：

#define INTEGER int

在程序中即可用 INTEGER 作整型变量说明：

INTEGER a,b;

应注意用宏定义表示数据类型和用 typedef 定义数据说明符的区别。宏定义只是简单的字符串代换，是在预处理完成的；而 typedef 是在编译时处理的，它不是作简单的代换，而是对类型说明符重新命名，被命名的标识符具有类型定义说明的功能。

例如：

#define PIN1 int *

typedef (int *)PIN2;

从形式上看这两者相似，但在实际使用中却不相同。下面用 PIN1，PIN2 说明变量时就可以看出它们的区别：

PIN1 a,b;在宏代换后变成：

int *a,b;

表示 a 是指向整型的指针变量，而 b 是整型变量。

然而：

PIN2 a,b;

表示 a、b 都是指向整型的指针变量，因为 PIN2 是一个类型说明符。由这个例子可见，宏定义虽然也可表示数据类型，但毕竟是作字符代换，在使用时要分外小心，以避免出错。

⑧对"输出格式"作宏定义，可以减少书写麻烦。

例 6.2　输出格式作宏定义。

```
#include <stdio.h>
#define P printf
#define D "%d\n"
#define F "%.2f\n"
int main()
{
    int a=6,c=7,e=8;
    float b=5.4,d=10.6,f=22.5;
    P(D F,a,b);
```

```
        P(D F,c,d);
        P(D F,e,f);
            return 0;
    }
```

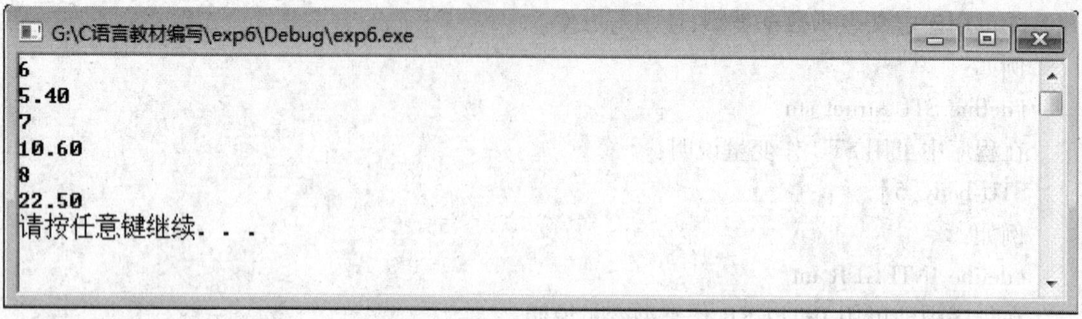

G:\C语言教材编写\exp6\Debug\exp6.exe

```
6
5.40
7
10.60
8
22.50
请按任意键继续. . .
```

图 6.2　例 6.2 程序运行结果

(2)带参数的宏定义

C 语言允许宏定义带有参数。在宏定义中的参数称为形式参数,在宏调用中的参数称为实际参数。

对带参数的宏定义,在调用中,不仅要宏展开,而且要用实参去代换形参。带参宏定义的一般形式为:

#define　宏名(形参表)　字符串

它的作用是在编译预处理时,将源程序中所有标识符替换成字符串,并且将字符串中的参数用实际使用的参数替换。

带参宏调用的一般形式为:

宏名(实参表);

例如:

```
        #define M(y)y * y +3 * y          //宏定义
        ……
        k = M(5);                          //宏调用
        ……
```

在宏调用时,用实参 5 去代替形参 y,经预处理宏展开后的语句为:

k = 5 * 5 +3 * 5;

对于带参的宏定义有以下问题需要说明:

①带参宏定义中,宏名和形参表之间不能有空格出现。

例如把:

```
        #define MAX(a,b)(a>b)? a:b
```

写为:

```
        #define MAX (a,b)(a>b)? a:b
```

将被认为是无参宏定义,宏名 MAX 代表字符串 (a,b)(a>b)? a:b。宏展开时,宏调用语句:

208

max = MAX(x,y);

将变为：

max = (a,b)(a>b)? a:b(x,y);

这显然是错误的。

②在带参宏定义中，形式参数不分配内存单元，因此不必作类型定义。而宏调用中的实参有具体的值，要用它们去代换形参，因此必须作类型说明。这是与函数中的情况不同的。在函数中，形参和实参是两个不同的量，各有自己的作用域，调用时要把实参值赋予形参，进行"值传递"。而在带参宏定义中，只是符号代换，不存在值传递的问题。

③在宏定义中的形参是标识符，而宏调用中的实参可以是表达式。

例如：

```
#define SQ(y)(y) * (y)
int main( )
{
    ……
    sq = SQ(a + 1);
    ……
}
```

上例中第一行为宏定义，形参为 y。程序第七行宏调用中实参为 a + 1，是一个表达式，在宏展开时，用 a + 1 代换 y，再用(y) * (y)代换 SQ，得到如下语句：

sq = (a + 1) * (a + 1);

这与函数的调用是不同的，函数调用时要把实参表达式的值求出来再赋予形参，而宏代换中对实参表达式不作计算直接地照原样代换。

④在宏定义中，字符串内的形参通常要用括号括起来以避免出错。在上例中的宏定义中(y) * (y)表达式的 y 都用括号括起来，因此结果是正确的。如果去掉括号，把程序改为以下形式：

```
#define SQ(y)y * y
int main( )
{
    ……
    sq = SQ(a + 1);
    ……
}
```

a 都取值 3，加括号宏定义后得到的 sq 值是 16，不加括号宏定义后得到的 sq 值是 7。问题在哪里呢？这是由于代换只作符号代换而不作其他处理而造成的。宏代换后将得到以下语句：

sq = a + 1 * a + 1;

这显然与题意相违，因此参数两边的括号是不能少的。即使在参数两边加括号还是不够的，把程序改为以下形式：

```
#define SQ(y)(y) * (y)
```

```
int main( )
{
    ……
    sq = 160/SQ(a + 1);
    ……
}
```

本程序与前例相比,只把宏调用语句改为:

sq = 160/SQ(a + 1);

运行本程序 a 仍然取值 3,希望结果为 10。但实际运行的结果是:

sq = 160

为什么会得这样的结果呢? 分析宏调用语句,在宏代换之后变为:

sq = 160/(a + 1) * (a + 1);

a 为 3 时,由于"/"和"*"运算符优先级和结合性相同,则先作 160/(3 + 1)得 40,再作 40 * (3 + 1)最后得 160。为了得到正确答案应在宏定义中的整个字符串外加括号,程序修改如下:

```
#define SQ(y)((y) * (y))
int main( )
{
    ……
    sq = 160/SQ(a + 1);
    ……
}
```

以上讨论说明,对于宏定义不仅应在参数两侧加括号,也应在整个字符串外加括号。

⑤带参的宏和带参函数很相似,但有本质上的不同,除上面已谈到的各点外,把同一表达式用函数处理与用宏处理两者的结果有可能是不同的。

⑥宏定义也可用来定义多个语句,在宏调用时,把这些语句又代换到源程序内。

(3)宏定义程序实例

例 6.3 输入圆的半径,计算圆的周长和面积,要求用宏定义实现。

```
#include <stdio.h>
#define PI 3.14
double Girth(float r)
{
    return 2 * PI * r;
}
double Area(float r)
{
    return PI * r * r;
}
```

```
int main( )
{
    double girth,area;
    float r;
    printf("请输入圆的半径 r:\n");
    scanf("%f",&r);
    girth = Girth(r);
    area = Area(r);
    printf("圆的周长为:%.2f,圆的面积为:%.2f。\n",girth,area);
        return 0;
}
```

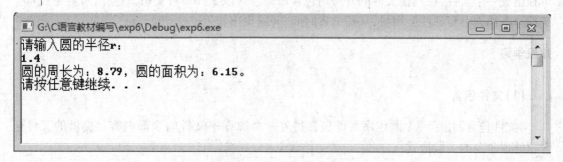

图 6.3 例 6.3 程序运行结果

程序说明:

本例中"#define PI 3.14"的含义是用标识符 PI 来代替"3.14"这个字符串,在程序中出现的都是宏名 PI。在编译前预处理时,将程序中所有的 PI 都用 3.14 来替换。

任务总结

宏(Macro)是一种批量处理的称谓。在绝大多数情况下,"宏"这个词的使用暗示着将小命令或动作转化为一系列指令。

宏定义的优点:

①使用简单宏定义可用宏代替一个在程序中经常使用的常量,在将该常量改变时,不用对整个程序进行修改,只修改宏定义的字符串即可,而且当常量比较长时, 可以用较短的有意义的标识符来写程序,这样更方便一些。

②宏定义在编译期间即会使用并替换,而全局变量要到运行时才可以。

③宏定义的只是一段字符,在编译的时候被替换到引用的位置。在运行中是没有宏定义的概念的,而变量在运行时要为其分配内存。

④宏定义不可以被赋值,即其值一旦定义不可修改,而变量在运行过程中可以被修改。

⑤宏定义只有在定义所在文件或引用所在文件的其他文件中使用,而全局变量可以在工程所有文件中使用,只要在使用前加一个声明就可以了。换句话说,宏定义不需要 extern。

⑥宏定义可以提高程序的运行效率。

宏定义的缺点:

①由于是直接嵌入的,所以代码可能相对多一点。

②嵌套定义过多可能会影响程序的可读性,而且很容易出错,不容易调试。

③对于带参数的宏而言,由于是直接替换,并不会检查参数是否合法,因此存在安全隐患。

6.2 理解文件包含处理

任务描述

文件包含是 C 预处理程序的另一个重要功能。在程序设计中,文件包含是很有用的。一个大的程序可以分为多个模块,由多个程序员分别编程。有些公用的符号常量或宏定义等可单独组成一个文件,在其他文件的开头用包含命令包含该文件即可使用。这样,可避免在每个文件开头都去书写那些公用量,从而节省时间,并减少出错。

知识学习

(1)文件包含

"文件包含"用于一个源程序文件包含另外一个源程序文件的全部内容。提供的文件包含预处理命令的一般形式:

        #include ＜文件名＞

或者

        #include "文件名"

上述两种方式的区别是:第一种形式的文件名用尖括弧括起来,系统将到包含 C 语言库函数的头文件所在的目录中寻找文件;第二种形式的文件名用双引号括起来,系统先在当前目录下寻找,若找不到,再到操作系统的 path 命令设置的自动搜索路径中查找,最后才到 C 语言库函数的头文件所在的目录中查找。所以为了节省查找时间,包含 C 语言的头文件时选择第一种形式(C 语言库函数的头文件),其他情况选择第二种形式(自己创建的头文件)。

处理过程:预编译时,用被包含文件的内容取代该预处理命令,再对"包含"后的文件作一个源文件编译。

对文件包含命令使用时要注意:

①一个 include 命令只能指定一个被包含文件,若有多个文件要包含,则需用多个 include 命令。

②文件包含允许嵌套,即在一个被包含的文件中又可以包含另一个文件。

(2)文件包含实例操作

例 6.4   读取用户输入的数字,并显示其平方。

头文件 a.h 的内容如下:

```
long sqr( int x)
{
    return  ( x * x);
```

```
    }
```
源文件 a. c 的内容如下:
```
#include  < stdio. h >
#include "a. h"
int main( )
{
    int x;
    printf( " 请输入 x 的值为:\n" );
    scanf( "% d" ,&x );
    printf( "% d 的平方是:% d。\n" ,x,sqr( x ));
    return 0;
}
```

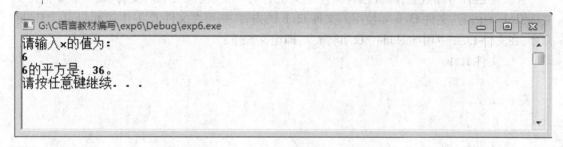

图 6.4　例 6.4 程序运行结果

程序说明:

本例中把求平方函数放到自己创建的"a. h"头文件中,在源文件"a. c"中需要使用该函数功能,就把该函数功能所在的头文件"a. h"包含在源文件"a. c"中,这样源文件就可以使用头文件"a. h"中的相应函数功能。

任务总结

在 C 语言中,文件包含是指一个源文件可以将另一个源文件的全部内容包含进来。该命令的作用是在预编译时,将指定源文件的内容复制到当前文件中。文件包含是 C 语言预处理命令 3 个内容之一。

文件包含的优点:

一个大程序,通常分为多个模块,并由多个程序员分别编程。有了文件包含处理功能,就可以将多个模块共用的数据(如符号常量和数据结构)或函数集中到一个单独的文件中。凡是要使用其中数据或调用其中函数的程序员,只要使用文件包含处理功能,将所需文件包含进来即可,不必再重复定义它们,从而减少重复劳动和定义不一致造成的错误。

文件包含的特点:

①编译预处理时,预处理程序将查找指定的被包含文件,并将其复制插入到#include 命令出现的位置上。

②常用在文件头部的被包含文件,称为"标题文件"或"头部文件",常以"h"(head)作为后缀,简称头文件。在头文件中,除可包含宏定义外,还可包含外部变量定义、结构类型定

义等。

③一条包含命令,只能指定一个被包含文件。如果要包含多个文件,则要用多条包含命令。例如,文件 f1.h 中要使用到文件 f2.h 和文件 f3.h 的内容,则可在文件 f1.h 中用两个文件包含命令分别包含文件 f2.h 和文件 f3.h,即在文件 f1.h 中定义:

```
#include "f2.h"
#include "f3.h"
```

在使用多个#include 命令时,顺序是一个值得注意的问题。在上例中,如果文件 f1.h 包含文件 f2.h,而文件 2 要用到文件 f3.h,则在 f1.h 中#include 定义的顺序应该是:

```
#include "f3.h"
#include "f2.h"
```

这样文件 f1.c 和文件 f2.h 都可以使用文件 f3.h 的内容。

④文件包含可以嵌套,即被包含文件中又包含另一个文件。例如,文件 f2.h 中要使用到文件 f1.h 的内容,文件 f3.h 要使用到文件 f2.h 的内容,则可在文件 f2.h 中用#include "f1.h"命令,在文件 f3.h 中用#include "f2.h"命令,即定义如下:

```
文件 f1.h:
{
… …
}
文件 f2.h:
#include "f1.h"
int max( )
{
… …
}
文件 f3.h:
#include "f2.h"
main
{
… …
}
```

#include 命令一般用来把 C 语言提供的标准库头文件(如 stdio.h、math.h)包含到程序中。程序员也可以自己定义一个头文件,写入一些常用的函数原型、宏定义、结构和联合类型定义等,然后将它包含到程序中。例如:#include "stdio.h"(标准输入/输出函数库)。

```
#include "math.h"(数学函数库)
#include "stdlib.h"(常用函数库)
#include "string.h"(字符串处理函数库)
```

6.3　理解条件编译

任务描述

预处理程序提供了条件编译的功能。可以按不同的条件去编译不同的程序部分,因而产生不同的目标代码文件。这对程序的移植和调试是很有用的。

知识学习

(1)条件编译

条件编译有 3 种形式,下面分别介绍:

①第一种形式:

  #ifdef　标识符

    程序段 1

  #else

    程序段 2

  #endif

它的功能是,如果标识符已被 #define 命令定义过则对程序段 1 进行编译;否则对程序段 2 进行编译。如果没有程序段 2(它为空),本格式中的#else 可以没有,即可以写为:

  #ifdef　标识符

    程序段

  #endif

②第二种形式:

  #ifndef 标识符

    程序段 1

  #else

    程序段 2

  #endif

与第一种形式的区别是将"ifdef"改为"ifndef"。它的功能是,如果标识符未被#define 命令定义过则对程序段 1 进行编译,否则对程序段 2 进行编译。这与第一种形式的功能正相反。

③第三种形式:

  #if 常量表达式

    程序段 1

  #else

    程序段 2

  #endif

它的功能是,如常量表达式的值为真(非 0),则对程序段 1 进行编译,否则对程序段 2 进行编译。因此可以使程序在不同条件下,完成不同的功能。

(2) 条件编译实例操作

例 6.5　根据条件编译读取学生的相应信息。

```c
#include  < stdio. h >
#define NUM ok
struct stu
{
    int num;
    char * name;
    char sex;
    float score;
} * ps;
long sqr( int x)
{
    return   ( x * x);
}
int main( )
{
    ps = ( struct stu * ) malloc( sizeof( struct stu) );
    ps -> num = 102;
    ps -> name = " Zhang ping";
    ps -> sex = 'M';
    ps -> score = 62. 5;
#ifdef NUM
    printf( " Number = % d\nScore = % . 2f\n", ps -> num, ps -> score);
#else
    printf( " Name = % s\nSex = % c\n", ps -> name, ps -> sex);
#endif
    free( ps);
    return 0;
}
```

程序说明:

由于在程序的第 21 行插入了条件编译预处理命令,因此要根据 NUM 是否被定义过来决定编译那一个 printf 语句。而在程序的第一行已对 NUM 作过宏定义,因此应对第一个 printf 语句作编译故运行结果是输出了学号和成绩。

在程序的宏定义中,定义 NUM 表示字符串 OK,其实也可以为任何字符串,甚至不给出任何字符串,写为:

```c
#define NUM
```

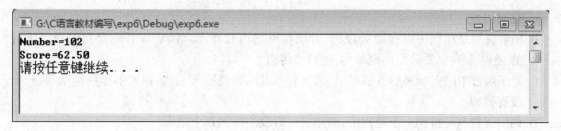

图6.5　例6.5程序运行结果

也具有同样的意义。只有取消程序的第一行才会去编译第二个 printf 语句。

任务总结

一般情况下,C 语言源程序中的每一行代码都要参加编译,但有时候出于对程序代码优化的考虑,希望只对其中一部分内容进行编译,此时就需要在程序中加上条件,让编译器只对满足条件的代码进行编译,将不满足条件的代码舍弃,这就是条件编译。

条件编译允许只编译程序中满足条件的程序段,使生成的目标程序较短,从而减少了内存的占用并提高了程序的效率。

习题 6

一、选择题

1. 下面叙述中正确的是(　　)。

    A. 带参数的宏定义中参数是没有类型的

    B. 宏展开将占用程序的运行时间

    C. 宏定义命令是 C 语言中的一种特殊语句

    D. 使用#include 命令包含的头文件必须以".h"为后缀

2. 下面叙述中正确的是(　　)。

    A. 宏定义是 C 语句,所以要在行末加分号

    B. 可以使用#undef 命令来终止宏定义的作用域

    C. 在进行宏定义时,宏定义不能层层嵌套

    D. 对程序中用双引号括起来的字符串内的字符,与宏名相同的要进行置换

3. 在"文件包含"预处理语句中,当#include 后面的文件名用双引号括起时,寻找被包含文件的方式为(　　)。

    A. 直接按系统设定的标准方式搜索目录

    B. 先在源程序所在目录搜索,若找不到,再按系统设定的标准方式搜索

    C. 仅仅搜索源程序所在目录

    D. 仅仅搜索当前目录

4. 下面叙述中不正确的是(　　)。

    A. 函数调用时,先求出实参表达式,然后带入形参。而使用带参的宏只是进行简单的字符

　　替换

　　B. 函数调用是在程序运行时处理的,分配临时的内存单元。而宏展开则是在编译时进行的,在展开时也要分配内存单元,进行值传递

　　C. 对于函数中的实参和形参都要定义类型,二者的类型要求一致,而宏不存在类型问题,宏没有类型

　　D. 调用函数只可得到一个返回值,而用宏可以设法得到几个结果

5. 下面叙述中不正确的是( )。

　　A. 使用宏的次数较多时,宏展开后源程序长度增长,而函数调用不会使源程序变长

　　B. 函数调用是在程序运行时处理的,分配临时的内存单元,而宏展开则是在编译时进行的,在展开时不分配内存单元,不进行值传递

　　C. 宏替换占用编译时间

　　D. 函数调用占用编译时间

6. 下面叙述中正确的是( )。

　　A. 可以把 define 和 if 定义为用户标识符

　　B. 可以把 define 定义为用户标识符,但不能把 if 定义为用户标识符

　　C. 可以把 if 定义为用户标识符,但不能把 define 定义为用户标识符

　　D. define 和 if 都不能定义为用户标识符

7. 下面叙述中正确的是( )。

　　A. #define 和 printf 都是 C 语句

　　B. #define 是 C 语句,而 printf 不是

　　C. printf 是 C 语句,但#define 不是

　　D. #define 和 printf 都不是 C 语句

8. 以下叙述中正确的是( )。

　　A. 用#include 包含的头文件的后缀不可以是".a"

　　B. 若一些源程序中包含某个头文件;当该头文件有错时,只需对该头文件进行修改,包含此头文件所有源程序不必重新进行编译

　　C. 宏命令行可以看作是一行 C 语句

　　D. C 编译中的预处理是在编译之前进行的

9. 下列程序运行结果为( )。

```
#include <stdio.h>
#define R 3.0
#define PI 3.1415926
#define L 2 * PI * R
#define S PI * R * R
int main()
{
    printf("L = % f S = % f\n",L,S);
    return 0;
}
```

A. L = 18. 849556 S = 28. 274333

B. 18. 849556 = 18. 849556 28. 274333 = 28. 274333

C. L = 18. 849556 28. 274333 = 28. 274333

D. 18. 849556 = 18. 849556 S = 28. 274333

10. 以下程序执行的输出结果是( )。

```c
#include < stdio. h >
#define MIN(x,y)(x) < (y)? (x):(y)
int main( )
{
    int i,j,k;
    i = 10;j = 15;
    k = 10 * MIN(i,j);
    printf("%d\n",k);
    return 0;
}
```

A. 15   B. 100   C. 10   D. 150

11. 下列程序执行后的输出结果是( )。

```c
#include < stdio. h >
#define MA(x)x * (x − 1)
int main( )
{
    int a = 1,b = 2;
    printf("%d \n",MA(1 + a + b));
    return 0;
}
```

A. 6   B. 8   C. 10   D. 12

12. 以下程序的输出结果是( )。

```c
#include < stdio. h >
#define   M(x,y,z)   x * y + z
int main( )
{
    int   a = 1,b = 2, c = 3;
    printf("%d\n", M(a + b,b + c, c + a));
    return 0;
}
```

A. 19   B. 17   C. 15   D. 12

13. 程序中头文件 type1. h 的内容是:

```c
#define   N   5
#define   M1 N * 3
```

程序如下:

```
#include <stdio.h>
#include "type1.h"
#define   M2   N*2
int main( )
{
    int i;
    i = M1 + M2;
    printf("%d\n",i);
    return 0;
}
```

程序编译后运行的输出结果是(   )。

A. 10   B. 20   C. 25   D. 30

14. 请读程序:

```
#include <stdio.h>
#define SUB(X,Y)(X)*Y
int main( )
{
    int a = 3, b = 4;
    printf("%d", SUB(a++, b++));
    return 0;
}
```

上面程序的输出结果是(   )。

A. 12   B. 15   C. 16   D. 20

15. 执行下面的程序后,a 的值是(   )。

```
#include <stdio.h>
#define    SQR(X)    X*X
int main( )
{
    int a = 10,k = 2,m = 1;
    a/ = SQR(k+m)/SQR(k+m);
    printf("%d\n",a);
    return 0;
}
```

A. 10   B. 1   C. 9   D. 0

16. 设有以下宏定义:

```
#define   N   3
#define   Y(n)   ((N+1)*n)
```

则执行语句:z = 2*(N+Y(5+1));后,z 的值为(   )。

A. 出错   B. 42   C. 48   D. 54

17. 以下程序的输出结果是(   )。

```
#define   f(x)   x * x
int main()
{
    int a = 6,b = 2,c;
    c = f(a)/ f(b);
    printf("% d\n",c);
    return 0;
}
```

A. 9   B. 6   C. 36   D. 18

18. 有如下程序：

```
#include  < stdio. h >
#define   N   2
#define   M   N + 1
#define   NUM   2 * M + 1
int main()
{
    int   i;
    for(i = 1;i < = NUM;i ++ )
    printf("% d\n",i);
    return   0;
}
```

该程序中的 for 循环执行的次数是(   )。

A. 5   B. 6   C. 7   D. 8

19. 执行如下程序后,输出结果为(   )。

```
#include  < stdio. h >
#define   N   4 + 1
#define   M   N * 2 + N
#define   RE   5 * M + M * N
int main()
{
    printf("% d",RE/2);
    return 0;
}
```

A. 150   B. 100   C. 41   D. 以上结果都不正确

20. 以下程序的输出结果是(   )。

```
#include  < stdio. h >
#define LETTER 0
```

221

```c
int main()
{
    char str[20] = "C Language",c;
    int i;
    i = 0;
    while((c = str[i])! = '\0')
    {
        i ++ ;
        #if LETTER
        if(c > = 'a'&&c < = 'z') c = c - 32;
        #else
        if(c > = 'A'&&c < = 'Z') c = c + 32;
        #endif
        printf("%c",c);
    }
}
```

A. C Language   B. c language   C. C LANGUAGE   D. c LANGUAGE

二、程序题

1. 输入一行字符,根据需要设置条件编译,使之能将字母全改成大写输出,或改成小写输出。

2. 定义一个带参数的宏,使两个参数的值互换,并写出程序,输入两个数作为使用宏时的参数,输出已交换后的两个值。

3. 输入两个整数,求他们相除的余数。用带参数的宏来实现,编写程序。

4. 设计输出实数的格式,实数用"%6.2f"格式输出。要求:

(1)一行输出 1 个实数。

(2)一行内输出 2 个实数。

(3)一行内输出 3 个实数。

5. 分别用函数和带参数的宏,从 3 个数中找出最大值。

項目 **7**

掌握指针

项目目标

- 理解地址和指针的概念。
- 掌握变量的直接引用方式和间接引用方式。
- 熟练应用指针变量的定义和引用。
- 熟练应用指针变量作函数参数时的传参方式。
- 掌握指向数组元素的指针变量的定义和引用。
- 熟练应用数组名与指针变量作函数参数时的传参方式。
- 掌握指向字符串的指针变量的定义和引用。
- 理解返回指针值函数的定义和使用特点。
- 掌握指向函数的指针的定义及其调用函数的方法。
- 了解指针数组的定义,并掌握其应用。
- 理解指向二维数组的指针变量的定义和使用。
- 掌握指向二维数组中一维数组的指针变量的定义和使用。
- 理解指向数组的指针变量和指针数组的区别。
- 掌握指向指针的指针变量的定义和引用。

7.1 认识指针

任务描述

    将介绍 C 语言的一个重要组成部分——指针。指针是在 C 语言中广泛使用的一种数据类型。运用指针编程是 C 语言最主要的风格之一。利用指针变量可以表示各种数据结构;能很方便地使用数组和字符串;并能像汇编语言一样处理内存地址,从而编出精练而高效的程序。指针极大地丰富了 C 语言的功能。学习指针是学习 C 语言中最重要的一环,能否正确理解和使用指针是人们是否掌握 C 语言的一个标志。在掌握了指针的基本用法之后,将更进一步讨论指针的高级用法。

知识学习

(1) 地址和指针

在计算机中,所有的数据都是存放在存储器中的。一般把存储器中的一个字节称为一个内存单元,不同的数据类型所占用的内存单元数不等,如整型量占 4 个单元,字符量占 1 个单元等,为了正确地访问这些内存单元,必须为每个内存单元编上号。根据一个内存单元的编号即可准确地找到该内存单元。内存单元的编号也称为地址。所以根据内存单元的编号或地址就可以找到所需的内存单元。

当 C 程序中定义一个变量时,系统就分配一个带有唯一地址的存储单元来存储这个变量。例如,若有下面的变量定义:

    char a = 'A';

    int b = 66;

    long c = 67;

系统将根据变量的类型,分别为 a、b 和 c 分配 1 个、4 个和 4 个字节的存储单元,此时变量所占存储单元的第一个字节的地址就是该变量的地址。

程序对变量的读取操作(即变量的引用),实际上是对变量所在存储空间进行写入或取出数据。通过变量名来直接引用变量,称为变量的"直接引用"方式,这种引用方式是由系统自动完成变量名与其存储地址之间的转换。

此外,C 语言中还有另一种称为"间接引用"的方式。它首先将变量的地址存放在一个变量(存放地址的变量称为指针变量)中,然后通过存放变量地址的指针变量来引用变量,如图 7.1 所示。

    int x = 123;

    int y = 456;

    int z = 789;

    int * point = &x;

在 C 语言中一个变量的地址称为该变量的指针。用来存放一个变量地址的变量称为指针变量。即指针是一个特殊变量,它是用来存放其他变量的地址的。其实,一个指针总是一个无符号整数类型,因为计算机的内存编号总是整型的,而且不会是负数。

(2) 指针变量

1) 指针变量的定义

指针变量同其他变量一样,必须先定义,后使用。指针变量定义的一般形式为:

    类型名 * 指针变量名;

例如:int * p;

表示 p 是一个指针变量,它的值是某个整型变量的地址。或者说 p 指向一个整型变量。至于 p 究竟指向哪一个整型变量,应由向 p 赋予的地址来决定。

对指针变量的类型说明包括 3 个内容:

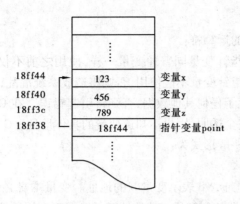

图 7.1　数据存储区域

①指针类型说明,即变量名前面的" * "是一个说明符,用来说明该变量是指针变量,这个" * "是不能省略它定义变量为一个指针变量。

②指针变量名。

③变量的数据类型。类型名表示指针变量所指向的变量的类型,而且只能指向这种类型的变量,因为它决定了指针的访问范围。将在其后的内容中进一步介绍指针变量定义类型的必要性。

指针变量也允许在定义时进行初始化。例如:

float * ptr, percent = 12. 80;

ptr = &percent

ptr 的值为变量 percent 的地址时,可以说指针变量 p 指向该变量。

通过上述操作可以得到如下关系:

percent 等价 * ptr

&percent 等价 ptr

percent = 12. 80 等价 * ptr = 12. 80

例 7. 2　指针的基本用法。

```
#include  < stdio. h >
int main( )
{
    int nVar  = 1;
    int  * ptr;
    ptr  = &nVar;
    printf( " \nDirect access, var = % d", nVar);
    printf( " \nIndirect access, var = % d", * ptr);
    printf( " \n\nThe address of var = % d", &nVar);
    printf( " \nThe address of var = % d\n", ptr);
    return 0;
}
```

2）指针变量的运算

指针变量有两个有关的运算符：

①& 取地址运算符。指针变量同普通变量一样，使用之前不仅要定义说明，而且必须赋予具体的值。未经赋值的指针变量不能使用，否则将造成系统混乱，甚至死机。指针变量的赋值只能赋予地址，决不能赋予任何其他数据，否则将引起错误。在 C 语言中，变量的地址是由编译系统分配的，对用户完全透明，用户不知道变量的具体地址。C 语言中提供了地址运算符 & 来表示变量的地址。其一般形式为：

& 变量名；

如 &a 表示变量 a 的地址，&b 表示变量 b 的地址。变量本身必须预先说明。设有指向整型变量的指针变量 p，如要把整型变量 a 的地址赋予 p 可以有以下两种方式：

指针变量初始化的方法　　int a；

   int ＊p ＝ &a；

赋值语句的方法　　int a；

   int ＊p；

 p ＝ &a；

不允许把一个数赋予指针变量，故下面的赋值是错误的：

int ＊p；

p ＝ 1000；

被赋值的指针变量前不能再加"＊"说明符，如写为 ＊p ＝ &a 也是错误的。

②＊指针运算符。取内容运算符 ＊ 是单目运算符，其结合性为自右至左，用来表示指针变量所指的变量。在 ＊运算符之后跟的变量必须是指针变量。

需要注意的是指针运算符 ＊ 和指针变量说明中的指针说明符 ＊ 不是一回事。在指针变量说明中，"＊"是类型说明符，表示其后的变量是指针类型。而表达式中出现的"＊"则是一个运算符用以表示指针变量所指的变量。

例如：&a 表示变量 a 的地址，＊p 表示对指针变量 p 指向的变量的内存单元所进行的操作。

例 7.3　指针的引用。

```c
#include <stdio.h>
int   main()
{
    int ＊point;//指针定义时的 ＊说明该变量是指针变量
    int   nTemp = 5;
    point = &nTemp;
    printf("Temp = %d, ＊point = %d", nTemp, ＊point);//此时的 ＊表示对 point 所
指的内存单元读数据
    ＊point = 6;
    printf("nTemp = %d, ＊point = %d", nTemp, ＊point);
    return 0;
}
```

226

3）指针变量作为函数参数

在 C 语言中，函数参数可以是指针类型。当指针变量作函数参数，其作用是将一个变量的地址传送到另一个函数中。此时形参从实参获得了变量的地址，即形参和实参指向同一个变量，当形参指向的变量发生变化时，实参指向的变量也随之变化。

例 7.4　交换两个数。

```
void swap(int * p1, int * p2)
{
    int * p;
    p = p1;
    p1 = p2;
    p2 = p;
}
int main()
{
    int nA,nB;
    int * pointer_1, * pointer_2;
    scanf("%d,%d",&nA,&nB);
    pointer_1 = &nA;    pointer_2 = &nB;
    if(nA < nB)
        swap(pointer_1,pointer_2);
    printf("%d,%d", * pointer_1, * pointer_2);
    return 0;
}
```

任务总结

指针就是地址，是指某数据在内存中存储空间的首字节的编号。

指针的作用：可以用来对程序中变量和数组等对象实现间接访问。如果要实现对数据的间接访问，必须已知数据在内存中的地址（指针）。

间接访问：例如让同学给你带个饭，中学上课传纸条。

关于 *

①乘法：　a * b;

②说明：必须在定义语句中，如：double * p;

③指向运算符：在定义语句以外，和 * 结合。* 右边必须是指针！

如果有 double r;double * p; p = &r; ,则有结论：

①p 等价于 &r

②* p 等价于 * &r

③* p 等价于 r

④* & 相遇 抵消。

7.2　理解数组与指针的关系

任务描述

　　一个变量有一个地址,一个数组包含若干元素,每个数组元素都在内存中占用存储单元,它们都有相应的地址。所谓数组的指针是指数组的起始地址,数组元素的指针是数组元素的地址。

知识学习

(1)指向一维数组的指针

1)定义与赋值

这种定义方式与指向变量的指针变量的定义相同。例如:

int A[5];

int　*p;

指针变量 p 可以指向任何整型变量,因此也可以指向数组 A 的任一元素。例如:

p = &A[0];

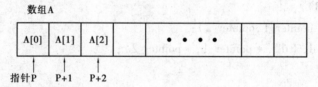

表示 p 指向数组的第一个元素 A[0]。

　　C 语言规定,数组名代表数组的首地址,也是第一个数组元素的地址。因此上面的赋值语句等价于:

　　　p = A;

指向数组元素的指针也可以在定义时赋初值。

2)引用

如有以下的定义和赋值:

　　　int a[5], *p;

　　　p = &a[1];

即指针变量 p 指向数组元素 a[1],则可以通过指针运算符"*"来对数组元素进行引用。例如:

　　　*p = 10;

表示对 p 所指向的数组元素 a[1]赋值,上式等价于 a[1] = 10;

　　C 语言规定,如果 p 指向一个数组元素,则 p + 1 表示指向数组该元素的下一个元素。假设 p = &a[0],则 p + 1 表示数组元素 a[1]的地址。

　　引入指针变量后,就可以用两种方法来访问数组元素了。第一种方法为下标法,即用 a[i]

形式访问数组元素,在前面介绍数组时都是采用这种方法;第二种方法为指针法,即采用 * (p + i) 形式,用间接访问的方法来访问数组元素。

例 7.5　用下标法输出一维数组中的全部元素。

```c
#include < stdio. h >
int main( )
{
    int * p,i;
    int A[5] = {1,2,3,4,5};
    p = A;
    for ( i = 0;i < 5;i ++ )
        printf("%d\t",A[i]);
    printf("\n");
    for ( i = 0;i < 5;i ++ )
        printf("%d\t", * ( p + i ));
    return 0;
}
```

3)一维数组数组作函数参数

在函数调用时,是把实参数组的首地址传递给形参数组,这样形参数组中的元素值如发生变化就会使实参数组的元素值也同时变化。如果令一个指针变量指向数组的第一个元素,或者等于数组名,此时数组名和指针变量的含义相同,都表示数组的首地址。所以实参和形参使用数组名时可以用指针变量替换。

例 7.6　将一维数组 a 中的 n 个整数按相反顺序存放。

```c
#include < stdio. h >
void inv( int   x[ ], int n)
{
    int t,i,j,m = ( n - 1)/2;
    for( i = 0;i < = m;i ++ )
    {
        j = n - 1 - i;
        t = x[i];
        x[i] = x[j];
        x[j] = t;
    }
}
int main( )
{
    int i,a[10] = {3,7,9,11,0,6,7,5,4,2};
    inv( a,10);
    printf("The array has been reverted:\n");
```

```
    for( i = 0; i < 10; i ++ )
        printf("% d,", a[i]);
    printf("\n");
    return 0;
}
```

在前面曾经介绍过用数组名作函数的实参和形参的问题。在学习指针变量之后就更容易理解这个问题了。数组名就是数组的首地址,实参向形参传送数组名实际上就是传送数组的地址,形参得到该地址后也指向同一数组。这就好像同一件物品有两个彼此不同的名称一样。

4)指向一维数组元素的指针变量作函数参数

虽然数组名与指向数组首地址的指针变量都可以作函数参数,但是由于指向数组元素的指针变量不仅可以指向数组首地址,也可以指向数组中任何一个元素,所以指向数组元素的指针变量作函数参数的作用范围远远大于数组名作函数参数。

例 7.7 求 5 个学生的 C 语言平均成绩。

```
#include < stdio. h >
double aver(double * pa);
int main()
{
    double score[5], dbAvger, * sp;
    int i;
    sp = &score[0];
    printf("\ninput 5 scores:\n");
    for( i = 0; i < 5; i ++ )
        scanf("% f", &score[i]);
    dbAvger = aver(sp);
    printf("average score is %5.2f", av);
    return 0;
}
double aver(double * pa)
{
    int i;
    double dbAv, dbSum = 0;
    for( i = 0; i < 5; i ++ )
        dbSum = dbSum + * pa ++ ;
    dbAv = dbSum/5;
    return dbAv;
}
```

(2)指向二维数组的指针

1)指向二维数组元素的指针变量

在 C 语言中指针即是地址,如果指针变量等于只带一维下标的二维数组名,它的定义、赋

值、引用与指向一维数组元素的指针变量形式相同,例如

　　　　int a[3][4], * p;

　　　　p = a[0];

此时 p 指向一维数组 a[0]的起始地址,即 p、a[0]、&a[0][0]相同。对其进行加法操作时 p + 1 等同于 a[0] + 1,都指向数组元素 a[0][1]。所以 * (p + 1)等于元素 a[0][1]的值。

例 7.8　已知二维数组 multi[2][3],输出全部元素。

```
#include < stdio. h >
int main( )
{
    int multi[2][3],i,j;
    int * p;
    /* 用坐标法输入二维数组元素 */
    for(i = 0;i < 2;i ++ )
        for(j = 0;j < 3;j ++ )
    scanf("% d",&multi[i][j]);
    /* 用指针法输出二维数组元素 */
    p = multi[0];                /* 等价于 p = &multi[0][0]; */
    for( ;p < multi[0] + 6;p ++ )  /* p < &multi[1][2]等价于 p < multi[0] + 6 */
        printf("%4d", * p);
    printf(" \n");
    return 0;
}
```

2)指向二维数组中一维数组的指针变量

C 语言规定一种指针变量,如果该指针变量等于不带任何下标的二维数组名,指针变量指向作为二维数组元素的一个一维数组(即二维数组的一行),这样对指针变量进行加减操作则指针将在二维数组中的行上移动。这种指针变量的定义形式如下:

　　　　类型符 (* 指针变量名)[指向的一维数组元素的个数]

那么对于一个由 2 行 3 列组成的二维数组 a[2][3],如果指针变量 p 指向这个二维数组中包含 3 个元素的第一行一维数组,则指针变量 p 的定义和赋值形式如下:

　　　　int a[2][3], (* p)[3];

　　　　p = a;

此时 p 指向二维数组 a 的起始地址。对其进行加法操作时 p + 1 等同于 a + 1,指向包含 3 个元素的一维数组 a[1]。所以 * (p + 1)等于一维数组名 a[1], * (p + 1) + 1 等于 a[1] + 1,所以 * (* (p + 1) + 1)等于 a[1][1]。

指向数组的指针变量在使用时,要注意与元素是指针类型的指针数组的区别。例如:

　　　　int (* q)[3], * p[3];

q 是指向一个包含 3 个整型元素的一维数组的指针变量,p 是一个由 p[0]、p[1]、p[2]共3 个指向整型数据的指针组成的一维数组。

例 7.9　用指向二维数组中一维数组的指针变量输出数组中的元素。

```c
#include < stdio. h >
int main( )
{
    int a[3][4] = {1,3,5,7,9,11,13,15,17,19,21,23};
    int i,j,( * p)[4];
    for(p = a,i = 0;i < 3;i ++ ,p ++ )
    {
        for(j = 0;j < 4;j ++ )
            printf("% d ", * ( * p + j));
        printf(" \n");
    }
    return 0;
}
```

说明：

本例程序中,p 是一个指针数组,3 个元素分别指向二维数组 a 的各行。然后用循环语句输出指定的数组元素。其中 * a[i] 表示 i 行 0 列元素值; * (* (a + i) + i) 表示 i 行 i 列的元素值; * p[i] 表示 i 行 0 列元素值;由于 p 与 a[0] 相同,故 p[i] 表示 0 行 i 列的值; * (p + i) 表示 0 行 i 列的值。读者可仔细领会元素值的各种不同的表示方法。应该注意指针数组和二维数组指针变量的区别。这两者虽然都可用来表示二维数组,但是其表示方法和意义是不同的。

(3)指针与字符串

在 C 语言中,字符串是通过一维字符数组来存储的。因此,可以使用指向字符数组的指针变量来实现字符串的操作。

例 7.10　下列程序实现字符串复制功能。

```c
#include < stdio. h >
void strcpy ( char  * pss,char  * pds)
{
    while( * pds ++ = * pss ++ );
}
int main( )
{
    char a[10] = "CHINA",b[10], * pa, * pb;
    pb = b;
    pa = a;
    strcpy (pa,pb);
    printf(" string a = % s \nstring b = % s\n",pa,pb);
    return 0;
}
```

使用字符串指针变量与字符数组的区别,用字符数组和字符指针变量都可实现字符串的存储和运算。但是两者是有区别的,在使用时应注意以下几个问题:

①字符串指针变量本身是一个变量,用于存放字符串的首地址,而字符串本身是存放在以该首地址为首的一块连续的内存空间中并以' \0'作为串的结束,字符数组是由于若干个数组元素组成的,它可用来存放整个字符串。

②对字符数组作初始化赋值,必须采用外部类型或静态类型,如:

　　char st[ ] = { " C Language" } ;

而对字符串指针变量则无此限制,如:　　char ∗ ps = " C Language" ;

③对字符串指针方式　　char ∗ ps = " C Language" ;可以写为:

　　char ∗ ps;

　　ps = " C Language" ;

而对数组方式:　char st[ ] = { " C Language" } ;不能写为:　　char st[20] ;

　　st = { " C Language" } ;而只能对字符数组的各元素逐个赋值。

从以上几点可以看出字符串指针变量与字符数组在使用时的区别,同时也可看出使用指针变量更加方便。

任务总结

如有代码:int a[8] ; int ∗ p; p = &a[0] ;,根据本项目所学习的知识则有如下关系:

①a[i]的地址:&a[i] 等价 p + i。

②a[i]的值:a[i] 等价于 p[i]。

③a[i]的值:a[i]等价于 ∗ (p + i)。

一维数组作为函数的参数时,如果需要将主调函数中的一维数组中所有的数组传递到被调函数中,一般通过使用数组名(代表数组起始地址)或指向数组的指针变量来实现。具体操作如下:

在主调函数中使用一维数组名作为调用函数的实参,在被调用函数中用指针变量作为形参来接受实参。

实参数实为数组首元素的地址,被调用函数其实接受的是该数组首元素的地址,使得备调用函数利用的形参完成了对主调函数中的数组的间接访问。

二维数组与指针、字符串与指针同理。

7.3　理解函数与指针的关系

项目描述

前面介绍过,所谓函数类型是指函数返回值的类型。在 C 语言中允许一个函数的返回值是一个指针(即地址),这种返回指针值的函数称为指针型函数。

知识学习

(1)返回指针值的函数

返回值为指针型数据的函数,定义的一般形式为:

类型名 * 函数名(参数表);

其中函数名之前加了"*"号表明这是一个指针型函数,即返回值是一个指针。类型说明符表示了返回的指针值所指向的数据类型。

例 7.11 从一个函数返回一个指针。

```c
#include <stdio.h>
int larger1(int x, int y);
int *larger2(int *x, int *y);
int main()
{
    int a, b, bigger1, *bigger2;
    printf("Enter two integer values: ");
    scanf("%d %d", &a, &b);
    bigger1 = larger1(a, b);
    printf("\nThe larger value is %d.", bigger1);
    bigger2 = larger2(&a, &b);
    printf("\nThe larger value is %d.\n", *bigger2);
    return 0;
}
int larger1(int x, int y)
{
    if (y > x)
        return y;
    return x;
}
int *larger2(int *x, int *y)
{
    if (*y > *x)
        return y;
    return x;
}
```

(2)指向函数的指针

1)指向函数的指针的定义

在 C 语言中规定,一个函数总是占用一段连续的内存区,而函数名就是该函数所占内存区的首地址。可以把函数的这个首地址(或称入口地址)赋予一个指针变量,使该指针变量指向该函数。然后通过指针变量就可以找到并调用这个函数。我们把这种指向函数的指针变量称为"函数指针变量"。一般形式为:

　　　　(∗指针变量名)(实参表)

其中"类型说明符"表示被指函数的返回值的类型。"(∗指针变量名)"表示"∗"后面的变量是定义的指针变量。最后的空括号表示指针变量所指的是一个函数。例如:

　　　　int(∗pf)();

表示 pf 是一个指向函数入口的指针变量,该函数的返回值(函数值)是整型。

例7.12　使用函数指针调用函数。

```
#include <stdio.h>
double square(double x);
double (∗ptr)(double x);
int   main()
{

    ptr = square;
    printf("%f   %f\n", square(6.6), ptr(6.6));
    return 0;
}
double square(double x)
{

    return x ∗ x;
}
```

使用函数指针变量还应注意以下两点:a. 函数指针变量不能进行算术运算,这是与数组指针变量不同的。数组指针变量加减一个整数可使指针移动指向后面或前面的数组元素,而函数指针的移动是毫无意义的。b. 函数调用中"(∗指针变量名)"的两边的括号不可少,其中的 ∗ 不应该理解为求值运算,在此处它只是一种表示符号。

指向函数的指针变量在使用时要注意:由于这类指针变量等于一个函数的入口地址,所以它们作加减运算是无意义的。

2)指向函数的指针和返回指针值的函数

应该特别注意的是函数指针变量和指针型函数这两者在写法和意义上的区别。如int(∗p)()和int ∗p()是两个完全不同的量。int(∗p)()是一个变量说明,说明 p 是一个指向函数入口的指针变量,该函数的返回值是整型量,(∗p)的两边的括号不能少。int ∗p()则不是变量说明而是函数说明,说明 p 是一个指针型函数,其返回值是一个指向整型量的指针,∗p 两边没有括号。作为函数说明,在括号内最好写入形式参数,这样便于与变量说明区别。对于指针型函数定义,int ∗p()只是函数头部分,一般还应该有函数体部分。

任务总结

1)指向函数的指针(函数指针)

一个函数在编译时被分配一个入口地址,这个地址就称为函数的指针,函数名代表函数的入口地址。

其声明格式为返回值类型（∗fun_ptr）（参数列表）

如 int（∗p）（int a，int b）；p 是一个指针变量，它指向一个函数，这个函数有 2 个整型参数，函数返回值类型为 int。首先 p 和 ∗结合，说明 p 是一个指针，然后再与（）结合，说明它指向的是一个函数，指向函数的指针即为函数指针。

2）函数指针的应用——回调函数

函数指针变量常用的用途之一是把函数的指针作为参数传递到其他函数，当这个指针被用来调用其所指向的函数时，即为回调。

3）返回指针值的函数：指针函数

返回指针的函数：一个函数可以返回一个整型值、字符值、实型值等，也可以返回指针型的数据，即地址。定义形式为：类型名 ∗函数名（参数表列）。例如：int ∗a（int x，int y）；注意与指针函数 int（∗a）（int x，int y）；不同。

注意：在调用时要先定义一个适当的指针来接收函数的返回值，这个适当的指针其类型应为函数返回指针所指向的类型。

4）void 类型的指针

void 指针是一种很特别的指针，并不指定它是指向哪一种类型的数据，而是根据需要转换为所需数据类型。

7.4 其他类型的指针

任务描述

除了前面所介绍的指针以外，指针还有其他一些类型的使用。通过本项目的学习，让大家了解其他指针的使用方法和特点。

知识学习

（1）指针数组

一个数组的元素值为指针则是指针数组。指针数组是一组有序的指针的集合。指针数组的所有元素都必须是具有相同存储类型和指向相同数据类型的指针变量。指针数组定义的形式为：

类型名 ∗数组名[常量表达式]；

例如：char ∗message[10] = {"one"，"two"，"three"}

上述声明的功能如下：

①为一个包含 10 个元素的、名为 message 的数组分配空间，其中每个元素都是 char 指针。

②在内存的某个地方分配空间，用于存储 3 个初始字符串，其中每个字符串都以空字符结尾。

③将 message[0]、message[1]、message[2]分别初始化为指向第一个字符串（one）、第二个

字符串(two)和第三个字符串(three)的第一个字符的指针。

例 7.13　将多个字符串按字母顺序输出。

```c
#include <stdio.h>
#include <string.h>
void sort(char *str[], int n)
{
    char *temp;
    int i, j, k;
    for (i = 0; i < n - 1; i++)
    {
        k = i;
        for (j = i + 1; j < n; j++)
            if (strcmp(str[k], str[j]) > 0)
                k = j;
        if (k != i)
        {
            temp = str[i];
            str[i] = str[k];
            str[k] = temp;
        }
    }
}
int main()
{
    char *pstring[4] = {"FORTRAN", "PASCAL", "BASIC", "C"};
    /* 指针数组 string 包含 4 个字符串的首地址 */
    int i, nNum = 4;
    sort(string, nNum);
    for (i = 0; i < n; i++)
        printf("%s\n", pstring[i]);
    /* string[i]表示指针数组中第 i 个字符串的首地址 */
    return 0;
}
```

指针数组的主要用于管理同种类型的指针,其中最常用在处理若干个字符串(如二维字符数组)的操作。

(2)指向指针的指针

指针的地址可以赋给另一个指针变量,这另一个指针变量就称为指向指针的指针。

指向指针的指针定义的一般形式为:

　　　　　类型名 ＊＊指针变量名；

例如： int x = 12；

　　int ＊p = &x；

　　int ＊q = &p；

表示 q 是一个指向 int 型指针变量的指针。

例 7.14　用二级指针处理字符串。

```
#include < stdio. h >
#define    NULL      0
int main( )
{
    char ＊＊p；
    char ＊name[ ] = {"hello","good","world","bye",""}；
    p = name + 1；
    printf("%o : %s      ", ＊p, ＊p)；
    p + = 2；
    while( ＊＊p! = NULL)
        printf("%s\n", ＊p ++ )；
    return 0；
}
```

(3) main 函数的参数

前面介绍的 main 函数都是不带参数的。因此 main 后的括号都是空括号。实际上，main 函数可以带参数，这个参数可以认为是 main 函数的形式参数。C 语言规定 main 函数的参数只能有两个，习惯上这两个参数写为 argc 和 argv。因此，main 函数的函数头可写为：

　　　　main（argc，argv）

C 语言还规定 argc（第一个形参）必须是整型变量，argv（第二个形参）必须是指向字符串的指针数组。加上形参说明后，main 函数的函数头应写为：

　　　　main（int argc，char ＊argv[ ]）

由于 main 函数不能被其他函数调用，因此不可能在程序内部取得实际值。那么，在何处把实参值赋予 main 函数的形参呢？实际上，main 函数的参数值是从操作系统命令行上获得的。当我们要运行一个可执行文件时，在 DOS 提示符下键入文件名，再输入实际参数即可把这些实参传送到 main 的形参中去。

DOS 提示符下命令行的一般形式为：

　　　　C：\ >可执行文件名　参数　参数……；

但是应该特别注意的是，main 的两个形参和命令行中的参数在位置上不是一一对应的。因为，main 的形参只有 2 个，而命令行中的参数个数原则上未加限制。argc 参数表示了命令行中参数的个数（注意：文件名本身也算一个参数），argc 的值是在输入命令行时由系统按实际参数的个数自动赋予的。

例如有命令行为：

C:\ > E24　BASIC　foxpro　FORTRAN

由于文件名 E24 本身也算一个参数,所以共有 4 个参数,因此 argc 取得的值为 4。argv 参数是字符串指针数组,其各元素值为命令行中各字符串(参数均按字符串处理)的首地址。指针数组的长度即为参数个数。数组元素初值由系统自动赋予。其表示如图 7.2 所示:

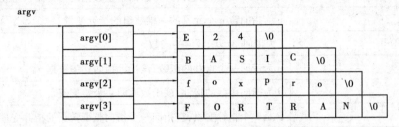

图 7.2　参数对应的存储数据

```
#include < stdio. h >
int main( int argc,char  * argv)
{
    while( argc -- > 1)
        printf( "% s\n", * ++ argv);
    return 0;
}
```

说明:

本例是显示命令行中输入的参数。如果上例的可执行文件名为 e24. exe,存放在 A 驱动器的盘内。因此输入的命令行为:

C:\ > a:e24 BASIC foxpro FORTRAN

则运行结果为:

BASIC

foxpro

FORTRAN

该行共有 4 个参数,执行 main 时,argc 的初值即为 4。argv 的 4 个元素分为 4 个字符串的首地址。执行 while 语句,每循环一次 argv 值减 1,当 argv 等于 1 时停止循环,共循环 3 次,因此共可输出 3 个参数。在 printf 函数中,由于打印项 * ++ argv 是先加 1 再打印,故第一次打印的是 argv[1] 所指的字符串 BASIC。第二、三次循环分别打印后两个字符串。而参数 e24 是文件名,不必输出。

任务总结

1)有关指针的数据类型的小结

定　义	含　义
int i;	定义整型变量 i
int *p	p 为指向整型数据的指针变量

续表

定 义	含 义
int a[n];	定义整型数组 a，它有 n 个元素
int * p[n];	定义指针数组 p，它由 n 个指向整型数据的指针元素组成
int (* p)[n];	p 为指向含 n 个元素的一维数组的指针变量
int f();	f 为带回整型函数值的函数
int * p();	p 为带回一个指针的函数，该指针指向整型数据
int (* p)();	p 为指向函数的指针，该函数返回一个整型值
int * * p;	P 是一个指针变量，它指向一个指向整型数据的指针变量

2）指针运算的小结

现把全部指针运算列出如下：

①指针变量加（减）一个整数：

例如：p++、p--、p+i、p-i、p+=i、p-=i

一个指针变量加（减）一个整数并不是简单地将原值加（减）一个整数，而是将该指针变量的原值（是一个地址）和它指向的变量所占用的内存单元字节数加（减）。

②指针变量赋值：将一个变量的地址赋给一个指针变量。

p = &a;   //将变量 a 的地址赋给 p

p = array;   //将数组 array 的首地址赋给 p

p = &array[i];   //将数组 array 第 i 个元素的地址赋给 p

p = max;   //max 为已定义的函数，将 max 的入口地址赋给 p

p1 = p2;   //p1 和 p2 都是指针变量，将 p2 的值赋给 p1

注意：不能如下：

p = 1000;

③指针变量可以有空值，即该指针变量不指向任何变量：

p = NULL;

④两个指针变量可以相减：如果两个指针变量指向同一个数组的元素，则两个指针变量值之差是两个指针之间的元素个数。

⑤两个指针变量比较：如果两个指针变量指向同一个数组的元素，则两个指针变量可以进行比较。指向前面的元素的指针变量"小于"指向后面的元素的指针变量。

3）void 指针类型

ANSI 新标准增加了一种"void"指针类型，即可以定义一个指针变量，但不指定它是指向哪一种类型数据。

习题 7

一、选择题

1. 变量的指针,其含义是指该变量的(   )。
   A. 值　　　　　　　　B. 地址　　　　　　　C. 名　　　　　　　　D. 一个标志

2. 下面能正确进行字符串赋值操作的是(   )。
   A. char s[5] = {"ABCDE"};
   B. char s[5] = {'A','B','C','D','E'};
   C. char * s;s = "ABCDE";
   D. char * s;scnaf("%s",&s);

3. 以下语句或语句组中,能正确进行字符串赋值的是(   )。
   A. char * sp; * sp = "right";　　　　　　B. char s[10];s = "right";
   C. char s[10]; * s = "right";　　　　　　D. char * sp = "right";

4. 设有定义:char * c;,以下选项中能够使字符型指针 c 正确指向一个字符串的是(   )。
   A. char str[] = "string";c = str;　　　　B. scanf("%s",c);
   C. c = getchar();　　　　　　　　　　　D. * c = "string";

5. 下列语句中,正确的是(   )。
   A. char * s;s = "Olympic";　　　　　　B. char s[7];s = "Olympic";
   C. char * s;s = {"Olympic"};　　　　　D. char s[7];s = {"Olympic"};

6. 已有定义 int k = 2;int * p1, * p2;且 p1 和 p2 均已指向变量 k,下面不能正确执行的赋值语句是(   )。
   A. k = * p1 + * p2;　　　　　　　　　　B. p2 = k;
   C. p1 = p2;　　　　　　　　　　　　　　D. k = * p1 * (* p2);

7. 若有定义:double a[10], * s = a;,以下能够代表数组元素 a[3]的是(   )。
   A. (* s)[3]　　　　B. * (s + 3)　　　　C. * s[3]　　　　D. * s + 3

8. 若有定义 int a[5], * p = a;,则对 a 数组元素的正确引用是(   )。
   A. * &a[5]　　　　B. a + 2　　　　　　C. * (p + 5)　　　　D. * (a + 2)

9. 若有定义语句:double a, * p = &a;以下叙述中错误的是(   )。
   A. 定义语句中 * 是一个间接访问运算符
   B. 定义语句中 * 号只是一个说明符
   C. 定义语句中 p 只能存放 double 类型变量的地址
   D. 定义语句中, * p = &a 把变量 a 的地址作为初始赋给指针变量 p

10. 若有程序段:char str[] = "china";char * p;p = str;则下列叙述正确的是(   )。
    A. * p 与 str[0]相等
    B. str 数组长度和 p 所指向的字符串长度相等
    C. str 和 p 完全相同

D. 数组 str 中的内容和指针变量 p 中的内容相等

11. 若有语句 int * point, a = 4;和 point = &a;下面均代表地址的一组选项是(　　)。

    A. a, point, * &a
              B. & * a, &a, * point

    C. &point, * point, &a
            D. &a, & * point, point

12. 以下选项中,对指针变量 p 的正确操作是(　　)。

    A. int a[5], * p;p = &a;
          B. int a[5], * p;p = a;

    C. int a[5];int * p = a = 1000;
      D. int a[5];int * p1, * p2 = a; * p1 = * p2;

13. 设有定义语句:int m[ ] = {2, 4, 6, 8}, * k = m;,以下选项中表达式的值为 6 的是

    (　　)。

    A. * (k + 2)　　　　B. k + 2　　　　　　C. * k + 2　　　　　　D. * k + = 2

14. 若有定义:int * p, m = 5, n;,以下正确的程序段是(　　)。

    A. p = &n;scanf("% d", &p);
       B. p = &n;scanf("% d", * p);

    C. scanf("% d", &n); * p = n;
       D. p = &n; * p = m;

15. 以下程序的运行结果是(　　)。

    #include < stdio. h > int main( ) { int m = 1, n = 2, * p = &m, * q = &n, * r;r = p;p = q;q = r;

    printf("% d, % d, % d, % d\n", m, n, * p, * q);return 0;}

    A. 1, 2, 1, 2　　　　B. 1, 2, 2, 1　　　　　C. 2, 1, 2, 1　　　　　D. 2, 1, 1, 2

16. 若有定义语句:int a[4][10], * p, * q[4];且 0≤i<4,则错误的赋值是(　　)。

    A. p = a　　　　　B. q[i] = a[i]　　　　C. p = a[i]　　　　　D. p = &a[2][1]

17. 以下程序中调用 scanf 函数给变量 a 输入数值的方法是错误的,其错误原因是(　　)。

    #include < stdio. h > int main( ) { int * p, q, a, b;p = &a;　printf("input a: ");scnaf

    ("% d", * p);　　…　}

    A. * p 表示的是指针变量 p 的地址

    B. * p 表示的是变量 a 的值,而不是变量 a 的地址

    C. * p 表示的是指针变量 p 的值

    D. * p 只能用来说明 p 是一个指针变量

18. 程序段 char * s = "abcde";s + = 2;printf("% d", s);的运行结果是(　　)。

    A. cde　　　　　B. 字符'c'　　　　　　C. 字符'c'的地址　　　D. 无确定的输出结果

19. 下面程序段的运行结果是(　　)。

    char str[ ] = "ABC", * p = str;printf("% d\n", * (p + 3));　// * (p + 3)表示 p 的地址

    从开始处移动3

    A. 67　　　　　　B. 0　　　　　　　　C. 字符'C'的地址　　　D. 字符'C'

20. 下面程序段的运行结果是(　　)。

    char a[ ] = "language", * p;　p = a;while(* p! = 'u') {printf("% c", * p - 32);p + + ;}

    A. LANGUAGE　B. language　　　　C. LANG　　　　　　D. langUAGE

21. 若有定义 char s[10];,则在下面表达式中不表示 s[1]的地址的是(　　)。

    A. s + 1　　　　　B. s + +　　　　　　C. &s[0] + 1　　　　D. &s[1]

22. 以下程序的运行结果是(　　)。

    #include < stdio. h > #include < string. h > int main( ) { char str[ ][20] = {"One *

World","One * Dream!"}, * p = str[1];printf("% d,",strlen(p));printf("% s\n",p);
return 0;　}

  A. 9,One * World   B. 9,One * Dream!

  C. 10,One * Dream!   D. 10,One * World

23. 下列函数的功能是(　　　)。

  fun(char * a,char * b){　while((* b = * a)! = '\0'){a ++ ,b ++ ;}}

  A. 使 a 所指字符串赋给 b 所指空间

  B. 使指针 b 指向 a 所指字符串

  C. 将 a 所指字符串和 b 所指字符串进行比较

  D. 检查 a 和 b 所指字符串中是否有'\0'

24. 以下程序的运行结果是(　　　)。

  #include < stdio. h > int main(){ char * s = {"abc"};do{ printf("% d", * s%10); ++ s;}
while(* s);return 0;　}

  A. abc   B. 789   C. 7890   D. 979899

25. 以下程序的运行结果是(　　　)。

  #include < stdio. h > void fun(int * p){　printf("% d\n",p[5]);　} int main(){ int
a[10] = {1,2,3,4,5,6,7,8,9,10};fun(&a[3]);return 0;　}

  A. 5   B. 6   C. 8   D. 9

26. 若有定义语句: char * s = " OK", * s2 = " ok";,以下选项中能够输出"OK"的语句
是(　　　)。

  A. if(strcmp(s1,s2) = 0) puts(s1);

  B. if(strcmp(s1,s2)! = 0) puts(s2);

  C. if(strcmp(s1,s2) = 1) puts(s1);

  D. if(strcmp(s1,s2)! = 0) puts(s1);

27. 以下程序的运行结果是(　　　)。

  #include < stdio. h > void fun(char * c,int d){ * c = * c + 1;d = d + 1;printf("% c,% c,",
* c,d);} int main(){ char b = 'a',a = 'A';fun(&b,a);　printf("% c,% c\n",b,a);return
0;　}

  A. b,B,b,A   B. b,B,B,A   C. a,B,B,a   D. a,B,a,B

28. 有以下定义和语句: struct workers {int num;char name[20];char c;struct { int day;int
month;int year;}s;　};struct workers w, * pw;　pw = &w;能给 w 中 year 成员赋 2019 的语
句是(　　　)。

  A. * pw. year = 2019;   B. w. year = 2019

  C. pw— > year = 2019;   D. w. s. year = 2019;

29. 下面程序把数组元素中的最大值放入 a[0]中,则在 if 语句中的条件表达式应该是
(　　　)。

  #include < stdio. h > int main()　{ int a[10] = {6,7,2,9,1,10,5,8,4,3}, * p = a,i;
for(i = 0;i < 10;i ++ ,p ++)if((　　　)) * a = * p;printf("% d", * a);return 0;}

  A. p > a   B. * p > a[0]   C. * p > * a[0]   D. * p[0] > * a[0]

30. 以下程序的运行结果是(   )。

    `#include <stdio.h> int main() { int a[] = {10,20,30,40}, *p = a,i; for(i = 0;i <= 3; i++){a[i] = *p;p++;} printf("%d\n",a[2]);return 0;}`

    A. 30   B. 40   C. 10   D. 20

31. 以下程序的输出结果是(   )。

    `#include <stdio.h> int main() { char *s = "12134";int k = 0,a = 0;while(s[k + 1]! = '\0') { k++;if(k%2 == 0){a = a + (s[k] - '0' + 1);continue;} a = a + (s[k] - '0'); } printf("k = %d a = %d\n",k,a);return 0;}`

    A. k = 6 a = 11   B. k = 3 a = 14   C. k = 4 a = 12   D. k = 5 a = 15

32. 以下程序的输出结果是(   )。

    `#include <stdio.h> int main() { char a[5][10] = {"one","two","three","four","five"}; int i,j;char t;for(i = 0;i < 4;i++) for(j = i + 1;j < 5;j++) if(a[i][0] > a[j][0]){t = a[i][0];a[i][0] = a[j][0];a[j][0] = t;} puts(a[1]); return 0; }`

    A. fwo   B. fix   C. two   D. owo

33. 下面程序对两个整型变量的值进行交换。以下正确的说法是(   )。

    `#include <stdio.h> void swap();int main(){ int a = 10,b = 20;printf("(1)a = %d,b = %d\n",a,b);swap(&a,&b); printf("(2)a = %d,b = %d\n",a,b);return 0;} swap(int p, int q){ int t;t = p;p = q;q = t; }`

    A. 该程序完全正确

    B. 该程序有错,只要将语句 swap(&a,&b);中的参数改为 a,b 即可

    C. 该程序有错,只要将 swap()函数中形参 p 和 q 以及 t 均定义为指针即可

    D. 以上说法都不正确

34. 下面程序的功能是按字典顺序比较两个字符串 a,b 的大小,如果 a 大于 b 则返回正值,等于则返回 0,小于则返回负值。下划线处应该填(   )。

    `#include <stdio.h> s(char *s ,char *t){ for( ; *s == *t;t++,s++)if( *s == '\0')return 0; return( *s - *t);} int main(){ char a[20],b[10], *p, *q; int i; p = a;q = b;scanf("%s%s",a,b); i = s( ( ) );printf("%d",i); return 0;}`

    A. p,q   B. q,p   C. a,p   D. b,q

35. 下面程序的运行结果是(   )。

    `#include <stdio.h> void delch(char *s){ int i,j;char *a;a = s; for(i = 0,j = 0; a[i]! = '\0';i++) if(a[i] >= '0' &&a[i] <= '9'){s[j] = a[i];j++;} s[j] = '\0';} int main(){ char *item = "a34bc";delch(item);printf("\n%s",item);return 0; }`

    A. abc   B. 34   C. a23   D. a34bc

36. 以下程序的执行后输出结果是(   )。

    `#include <stdio.h> int main(){ char str[] = "xyz", *ps = str; while( *ps)ps++; for(ps--;ps - str >= 0;ps--)puts(ps);}`

    A. yz   B. z   C. z   D. x

37. 以下程序的执行后输出结果是( )。

```
#include <stdio.h> int main(){ int a[3][3], *p,i;p=&a[0][0];        for(i=0;i<
9;i++)p[i]=i;            for(i=0;i<3;i++)   printf("%d",a[i][j]);return 0;}
```

   A. 012   B. 123   C. 234   D. 345

38. 以下程序执行后的输出结果是( )。

```
#include <stdio.h> int main(){ int a[]={1,2,3,4},y,*p=&a[1];        y=(*--p)++;
printf("%d",y);return 0;   }
```

   A. 1   B. 2   C. 3   D. 4

39. 以下程序执行后的输出结果是( )。

```
#include <stdio.h> #include <string.h> int main(){ char s1[10], *s2="ab\0cdef";
strcpy(s1,s2);printf("%s",s1);return 0;  }
```

   A. ab\0cdef   B. abcdef   C. ab   D. 以上答案都不对

40. 若有函数:void fun(double a[],int *n) {……},以下叙述中正确的是( )。

   A. 调用 fun 函数时只有数组执行按值传送,其他实参和形参之间执行按地址传送

   B. 形参 a 和 n 都是指针变量

   C. 形参 a 是一个数组名,n 是指针变量

   D. 调用 fun 函数时将把 double 型实参数组元素一一对应地传送给形参 a 数组

二、程序题

1. 编一程序,将字符串 computer 赋给一个字符数组,然后从第一个字母开始间隔地输出该字符串。请用指针完成。

2. 写一函数,求一个字符串的长度。在 main 函数中输入字符串,并输出其长度。请用指针完成。

3. 编写 findmax 函数,功能是计算一维数组数组中的最大元素及其下标值和地址值。请用指针完成。

4. 编写 findmax 函数,功能是计算二维数组数组中的最大元素及其下标值和地址值。请用指针完成。

5. 用指针方法处理。有一字符串,包含 $n(n>2)$ 个字符。写一函数,将此字符串中从第 2 个字符开始的全部字符复制成为另一个字符串。请用指针完成。

6. 用指针方法处理。有一字符串,包含 n 个字符。写一函数,将此字符串中从第 m 个字符开始的全部字符复制成为另一个字符串。请用指针完成。

7. 编写函数实现在一维数组 a 中查找 x 的值,若找到返回下标值,找不到返回 0。在主函数中输入数据和被查找的值。请用指针完成。

8. 从键盘输入有 6 个整型数据的一维数组,编写一个函数,用指针实现求第一个数和最后一个数之和。请用指针完成。

9. 编写一个函数实现:已知有 4 个学生 5 门课的成绩,从键盘输入一个课程序号,求这门课的平均分。请用指针完成。

10. 编一程序,将字符串 You are a student 赋给一个字符数组,然后从第三个字母开始间隔地输出该串字符(前两个字母不变)。请用指针完成。

11. 班级有 10 名学生的某门课成绩存放在一维数组中,统计各等级的人数,其中:优:90～100;良:80～89;中:70～79;及格:60～69;不及格:分数<60。请用指针完成。

12. 编写函数统计各元音字母的个数,并将其作为函数的返回值,在 main 函数中输入字符串,调用该函数,并输出结果。请用指针完成。

13. 假设有一个数组,其元素有序,例如 int a[10] = {3,5,7,9,11,13,15,17,19};要求任意输入一个整数,将其有序地插入数组中。请用指针完成。

14. 编写函数数组中的 n 个数逆序存放,要求在 main 函数中输入数据,调用该函数,并输出结果。请用指针完成。

15. 编写函数将字符串中的小写字符变为大写字符,将其他字符不变。要求 main 函数中输入字符串,调用函数,并输出结果。请用指针完成。

16. 编写一个函数完成矩阵转置。在 main 函数中输入矩阵,调用该函数,并输出转置后的矩阵。请用指针完成。

17. 编写函数实现输入 3×4 整数矩阵,求矩阵中最大值、最小值和所有元素的平均值。请用指针完成。

18. 编写排序函数,通过调用该函数实现对班级学生某门课程的成绩从大到小排序。要求输入输出在 main 函数中完成,从键盘输入学生成绩。请用指针完成。

19. 编写函数,输出杨辉三角的前 n 行。通过调用该函数实现。在 main 函数从键盘输入一个整数 n,通过调用该函数实现。请用指针完成。

20. 编写函数,求出一个 4×5 阶矩阵的每一行的最小值,并将其依次存入另外一个一维数组中。要求输入输出在 main 函数中完成,并从键盘上输入矩阵的数值。请用指针完成。

21. 编写函数,实现对两个字符串的连接,要求输入输出在 main 函数完成,并从键盘上输入字符串。请用指针完成。

22. 编写函数,判断此字符串中字母、数字、空格的个数。要求输入输出在 main 函数中完成,并从键盘上输入字符串。请用指针完成。

23. 编写函数实现若干数值的求和及求平均值。要求输入输出在 main 函数中完成,从键盘上输入数据。请用指针完成。

项目 **8**
用户自定义数据类型

项目目标

- 掌握结构体的定义。
- 掌握结构体变量的定义、初始化
- 掌握结构体数组的定义、初始化。
- 掌握结构体成员的引用方法。
- 了解共用体和枚举类型的概念和使用方法。
- 了解链表的概念和使用方法。

8.1 使用结构体变量

任务描述

实际问题中,经常需要对一些类型不同但又相互关联的数据进行处理。比如,对一个学生而言,他的学号(num)、姓名(name)、性别(sex)、年龄(age)、成绩(score)等数据都与该学生有联系。如果将 num、name、sex、age、score 分别定义成相互独立的简单变量,则无法反映它们之间的内在联系;又因为这些数据彼此类型不同,而数组只能对同种类型的成批数据进行处理,所以,此时也无法使用数组。这就需要有一种新的数据类型,它能将具有内在联系的不同类型的数据组合成一个整体,在 C 语言里,这种数据类型就是"结构体"。

结构体属于构造数据类型,它由若干成员组成,成员的类型既可以是基本数据类型,也可以是构造数据类型,而且可以互不相同。由于不同问题需要定义的结构体中包含的成员可能互不相同,所以,C 语言只提供定义结构体的一般方法,结构体中的具体成员由用户自己定义。这样,编程人员可以根据实际需要定义各种不同的结构体类型。

知识学习

(1)结构体的定义

结构体遵循"先定义后使用"的原则,其定义包含两个方面,一是定义结构体类型;二是定义该结构体类型的变量。

1)结构体类型的定义

格式:struct 结构体类型名

   {

    类型 1 成员名 1;

    类型 2 成员名 2;

    ……

    类型 n 成员名 n;

   };

功能:定义一种结构体类型。

例如,图 8.1 所示结构体类型可有如下定义:

num	name	sex	birthday			score
			year	month	day	

图 8.1 struct student 结构体类型组织结构图

```
struct date
{
    int year;
    int month;
    int day;
};
struct student
{
    int num;
    char name[20];
    char sex;
    struct date birthday;
    float score;
};
```

说明:

①"结构体类型名"与"成员名"都遵循标识符命名规则。

②成员类型可以是除本身所属结构体类型外的任何已有数据类型。

③在同一作用域内,结构体类型名不能与其他变量名或结构体类型名重名。

④同一个结构体各成员不能重名,但允许成员名与程序中的变量名、函数名或者不同结构体类型中的成员名相同。

⑤结构体类型的作用域与普通变量的作用域相同:在函数内定义,则仅在函数内部起作用;在函数外定义,则有全局作用域。

⑥结构体类型定义的末尾必须有分号。

(2)结构体变量的定义、引用和初始化

1)结构体变量的定义

①先定义结构体类型,再定义结构体变量。如

```
struct date
{
   int year;
       int month;
       int day;
};
struct date date1,date2;
```

②定义结构体类型的同时定义结构体变量。如

```
struct student
{
   int num;
   char name[20];
   char sex;
   struct date birthday;
   float score;
}stu1,stu2;
```

③直接定义结构体变量。如

```
struct
{
   int num;
   char name[20];
   char sex;
   struct date birthday;
   float score;
}stu1,stu2;
```

说明:

①结构体类型与结构体变量是两个不同的概念。前者只声明结构体的组织形式,本身不占用存储空间;后者是某种结构体类型的具体实例,编译系统只有定义了结构体变量后才为其分配内存空间。

②结构体变量各成员存储在一片连续的内存单元中。

③可以用 sizeof 测出某种基本类型数据或构造类型数据在内存中所占用的字节数,如 printf("% d",sizeof(struct student));。

2)结构体变量的引用

①使用成员运算符引用结构体变量的成员。

格式:结构体变量名. 成员名

功能:引用结构体变量中指定名称的成员变量,如

struct student stu1,stu2;

int age;

stu1. num = 1001;

gets(stu1. name);

scanf("% d",&stu1. birthday. year);

age = 2006 – stu1. birthday. year;

②使用指针运算符和成员运算符引用结构体变量的成员,如

struct student stu, * p = &stu;

(* p). num = 10001;

scanf("% s",(* p). name);

scanf("% f",&(* p). score);

③使用指向运算符" –>"引用结构体变量的成员,如

struct student stu, * p = &stu;

p –> num = 10001;

scanf("% s", p –> name);

scanf("% f",&p –> score);

printf("age of % s is % d\n",stu. name,age);

④将结构体变量作为一个整体进行操作,如

struct student stu1,stu2, * p = &stu1;

stu2 = stu1;

printf("the address of struct student variable stu2 is % x",&stu2);

说明:

①"(* p). 成员名""p –> 成员名"与"stu. 成员名"等价,不过后两种方式更直观。

②成员运算符"."与指向运算符" –>"的优先级相同,都高于指针运算符" * "。

③不能将结构体变量当作一个整体进行输入、输出或赋值,如

struct date date1,date2;

date1 = |1988,8,5|;

scanf("% d% d% d",&date2);

printf("% d% d% d",date2);

3)结构体变量的初始化

在定义结构体变量的同时,按照所属结构体类型的组织形式依次写出全部或部分成员变量的初始值。如:

struct student stu1 = |1001,"Zhang San",'M',|1988,8,10|,580|;

```
    struct student stu2 = {1002,"Li Ping",'F',1989,2,5,595};
    struct student stu3 = {1002,"Li Ping",'F',1989};
```

说明：

①初始化前,结构体变量各成员的取值是随机的。

②花括号内初值的顺序、类型要与结构体成员的顺序和类型一致。

③初始化时,花括号内的数据不能包含变量。如以下程序片段的最后一行不正确：

```
struct date
{
    int year;
    int month;
    int day;
}date1 = {1988,8,10};

struct student
{
    int num;
    char name[20];
    char sex;
    struct date birthday;
    float score;
}stu = {10010,"zhangsan",'M',date1,580};
```

(3)结构体变量程序举例

例8.1 输入一个学生的信息并显示。

```
#include < stdio. h >
int main( )
{
    struct date
    {
        int year;
        int month;
        int day;
    };
    struct student
    {
        int num;
        char name[20];
        char sex;
        struct date birthday;
```

```
    float score;
};
struct student stu;
printf("请输入学生学号:");
scanf("%d",&stu.num);
    printf("请输入学生姓名:");
scanf("%s",stu.name);
printf("请输入学生性别:");
scanf(" %c",&stu.sex);
printf("请输入学生出生日期:");
scanf("%d%d%d",&stu.birthday.year,&stu.birthday.month,&stu.birthday.day);
printf("请输入学生成绩:");
scanf("%f",&stu.score);
printf("学号:%d\n 姓名:%s\n 性别:%c\n 出生日期:%d 年%d 月%d 日\n 成
绩:%6.1f\n",stu.num,stu.name,stu.sex,stu.birthday.year,stu.birthday.month,stu.birthday.
day,stu.score);
    return 0;
}
```

注意:

若连续输入两个字符或者先输入一个字符串后输入一个字符,则输入第二个字符的控制符%c 前应加一个空格。如语句 scanf(" %c",&stu.sex)中,格式控制符%c 之前的空格不能省略,否则,两次输入之间的分隔符将被作为第二个字符的输入加以处理。

例 8.2 在函数 input 中输入一个学生的信息,在函数 list 中显示。

```
#include <stdio.h>
struct date
{
  int year;
  int month;
  int day;
};
struct student
{
  int num;
  char name[20];
  char sex;
  struct date birthday;
  float score;
};
struct student input()
```

```c
{
    struct student stu;
    printf("请输入学生学号:");
    scanf("%d",&stu.num);
        printf("请输入学生姓名:");
    scanf("%s",stu.name);
    printf("请输入学生性别:");
    scanf("%c",&stu.sex);
    printf("请输入学生出生日期:");
    scanf("%d%d%d",&stu.birthday.year,&stu.birthday.month,&stu.birthday.day);
    printf("请输入学生成绩:");
    scanf("%f",&stu.score);
    return(stu);
}
void list(struct student stu)
{
    printf("学号:%d\n姓名:%s\n性别:%c\n出生日期:%d年%d月%d日\n成绩:%6.1f\n",stu.num,stu.name,stu.sex,stu.birthday.year,stu.birthday.month,stu.birthday.day,stu.score);
}
int main()
{
    struct student stu;
    stu = input();
    list(stu);
    return 0;
}
```

说明:

3个函数中的结构体变量 stu 各不相同,拥有不同的存储空间。

例8.3　使用指向结构体数组元素的指针作函数参数输出学生相关信息。

```c
#include <stdio.h>
struct student
{
    int num;
    char name[20];
    float score;
};
void print(struct student *p)
{
```

```
    int i;
    printf(" 学号     姓名     成绩\n");
    for(i = 0;i < 3;i ++ ,p ++ )
    printf("%5d%10s%8.1f\n",p -> num,p -> name,p -> score);
}
int main()
{
    struct student stu[3] = {101,"li",583,102,"wu",590,103,"han",560};
    void print(struct student * );
    print(stu);
    return 0;
}
```

例 8.4 编程统计候选人的得票数。假设有 3 个候选人,共 11 人投票。

```
#include < stdio.h >
#include < string.h >
#define N 3
#define M 11
int main()
{
    struct person
    {
        char name[20];
        int count;
    } leader[N] = {{"zhangsan",0},{"lisi",0},{"wangwu",0}};
    int i,j;
    char name[20];
    for(i = 0;i < M;i ++ )
    {
        printf("请输入候选人姓名:\n");
        gets(name);
        for(j = 0;j < N;j ++ )
            if(strcmp(leader[j].name,name) ==0)
                leader[j].count ++ ;
    }
    for(i = 0;i < N;i ++ )
        printf("%8s:%d\n",leader[i].name,leader[i].count);
    return 0;
}
```

任务总结

结构体是由同种类型或者不同类型的数据成员所构成的一类构造数据类型。

①struct 是结构体关键字。

②结构体名是用户自定义。

③大括弧内的数据是结构体的成员。

④每个结构体成员必须由数据类型说明和结构体成员名组成。

⑤整个结构体类型声明结束后以";"结尾。

⑥结构体类型的声明可以在程序中的任何地方。但是如果是在某个函数内部声明,其作用范围只能在函数内部起作用。如果从程序一开始处就声明,其作用范围是整个源文件。

⑦结构体要先声明再定义结构体变量。

⑧结构体变量的引用形式:结构体变量名. 成员名。

8.2　使用结构体数组

任务描述

数组的元素也可以是结构类型的,因此可以构成结构型数组。结构数组的每一个元素都是具有相同结构类型的下标结构变量。在实际应用中,经常用结构数组来表示具有相同数据结构的一个群体,如一个班的学生档案,一个车间职工的工资表等。

知识学习

(1)结构体数组的定义

结构体数组的定义方法和结构变量相似,只需说明它为数组类型即可。

例如:

```
struct stu
{
        int num;
        char * name;
        char sex;
        float score;
} boy[5];
```

(2)结构体数组的定义并初始化

定义了一个结构数组 boy,共有 5 个元素,boy[0] ~ boy[4]。每个数组元素都具有 struct stu 的结构形式。对结构数组可以做初始化赋值。

例如:

```
struct stu
```

```
    {
            int num;
            char  * name;
            char sex;
            float score;
    } boy[5] = {
                    {101,"Li ping","M",45},
                    {102,"Zhang ping","M",62.5},
                    {103,"He fang","F",92.5},
                    {104,"Cheng ling","F",87},
                    {105,"Wang ming","M",58};
    };
```

当对全部元素作初始化赋值时,也可不给出数组长度。

```
struct stu
    {
            int num;
            char  * name;
            char sex;
            float score;
    } boy[] = {
                    {101,"Li ping","M",45},
                    {102,"Zhang ping","M",62.5},
                    {103,"He fang","F",92.5},
                    {104,"Cheng ling","F",87},
                    {105,"Wang ming","M",58};
    };
```

(3) 结构体数组程序举例

例 8.5   计算学生的平均成绩和不及格的人数。

```
struct stu
    {
      int num;
      char  * name;
      char sex;
      float score;
    } boy[5] = {
                {101,"Li ping",'M',45},
                {102,"Zhang ping",'M',62.5},
                {103,"He fang",'F',92.5},
                {104,"Cheng ling",'F',87},
```

```
            {105,"Wang ming",'M',58},
        };
int main()
{
    int i,c=0;
    float ave,s=0;
    for(i=0;i<5;i++)
        {
            s+=boy[i].score;
            if(boy[i].score<60) c+=1;
        }
        printf("s=%f\n",s);
        ave=s/5;
        printf("average=%f\ncount=%d\n",ave,c);
    return 0;
}
```

说明：

本例程序中定义了一个外部结构数组 boy，共 5 个元素，并做了初始化赋值。在 main 函数中用 for 语句逐个累加各元素的 score 成员值存于 s 之中，如 score 的值小于 60（不及格）即计数器 C 加 1，循环完毕后计算平均成绩，并输出全班总分，平均分及不及格人数。

例 8.6　建立同学通信录。

```
#include"stdio.h"
#define NUM 3
struct mem
{
    char name[20];
    char phone[10];
};
int main()
{
    struct mem man[NUM];
    int i;
    for(i=0;i<NUM;i++)
        {
        printf("input name:\n");
        gets(man[i].name);
        printf("input phone:\n");
        gets(man[i].phone);
        }
        printf("name\t\t\tphone\n\n");
```

```
        for( i = 0 ; i < NUM ; i ++ )
        printf("% s\t\t\t% s\n",man[ i ]. name,man[ i ]. phone) ;
    return 0 ;
}
```

说明：

本程序中定义了一个结构 mem，它有两个成员 name 和 phone 用来表示姓名和电话号码。在主函数中定义 man 为具有 mem 类型的结构数组。在 for 语句中，用 gets 函数分别输入各个元素中两个成员的值。然后又在 for 语句中用 printf 语句输出各元素中两个成员值。

例 8.7　输入学生的学号、姓名及入学成绩，统计平均成绩并显示最高分学生的信息。

```
#include < stdio. h >
#define N 5
struct student
{
    int num;
    char name[ 20 ];
    float score;
};
void input( struct student stu[ ] )
{
    int i;
    printf( "请输入% d 个学生的学号、姓名及成绩:\n",N);
    for( i = 0 ; i < N ; i ++ )
    {
        scanf( "% d% s% f",&stu[ i ]. num,&stu[ i ]. name,&stu[ i ]. score) ;
    }
}
float aver( struct student stu[ ] )
{
    float sum = 0 ,average;
    int i;
    for( i = 0 ; i < N ; i ++ )
            sum += stu[ i ]. score;
    average = sum/N;
    return( average) ;
}
int search( struct student stu[ ] )
{
    int i,max1 = 0 ;
    for( i = 1 ; i < N ; i ++ )
    {
```

```
        if(stu[i].score > stu[max1].score)
            max1 = i;
    }
    return(max1);
}
void list(struct student student1)
{
    printf("学号:%d\n",student1.num);
    printf("姓名:%s\n",student1.name);
    printf("成绩:%6.1f\n",student1.score);
}
void main()
{
    struct student stu[N];
    float average;
    int max;
    input(stu);
    average = aver(stu);
    max = search(stu);
    printf("平均成绩为%6.2f\n",average);
    printf("最高分学生为:\n");
    list(stu[max]);
}
```

任务总结

①结构体数组要先声明再定义结构体数组。
②结构体数组的引用形式:结构体数组名[下标].成员名。

8.3　使用结构体指针

任务描述

　　一个指针变量当用来指向一个结构变量时,称为结构指针变量。结构指针变量中的值是所指向的结构变量的首地址。通过结构指针即可访问该结构变量,这与数组指针和函数指针的情况是相同的。

知识学习

(1)结构体指针的定义

```
struct stu
{
        int num;
        char * name;
        char sex;
        float score;
};
```

结构指针变量定义的一般形式为:

struct 结构名 * 结构指针变量名

例如,在前面的例题中定义了 stu 这个结构,如要说明一个指向 stu 的指针变量 pstu,可写为:

struct stu * pstu;

当然也可在定义 stu 结构时同时说明 pstu。与前面讨论的各类指针变量相同,结构指针变量也必须要先赋值后才能使用。

赋值是把结构变量的首地址赋予该指针变量,不能把结构名赋予该指针变量。如果 boy 是被说明为 stu 类型的结构变量,则:

pstu = &boy

是正确的,而:

pstu = &stu

是错误的。

结构名和结构变量是两个不同的概念,不能混淆。结构名只能表示一个结构形式,编译系统并不对它分配内存空间。只有当某变量被说明为这种类型的结构时,才对该变量分配存储空间。因此上面 &stu 这种写法是错误的,不可能去取一个结构名的首地址。有了结构指针变量,就能更方便地访问结构变量的各个成员。

其访问的一般形式为:

(* 结构指针变量). 成员名

或为:

结构指针变量 -> 成员名

例如:

(* pstu). num

或者:

pstu -> num

应该注意(* pstu)两侧的括号不可少,因为成员符".". 的优先级高于" * "。如去掉括号写作 * pstu. num 则等效于 * (pstu. num),这样,意义就完全不对了。

下面通过例子来说明结构指针变量的具体说明和使用方法。

例 8.8　简单结构体指针的使用。

```
#include < stdio. h >
struct stu
{
    int num;
    char * name;
    char sex;
    float score;
} boy1 = {102,"Zhang ping",'M',78.5}, * pstu;
int main( )
{
    pstu = &boy1;
    printf("Number = % d\nName = % s\n",boy1. num,boy1. name);
    printf("Sex = % c\nScore = % f\n\n",boy1. sex,boy1. score);
    printf("Number = % d\nName = % s\n",( * pstu). num,( * pstu). name);
    printf("Sex = % c\nScore = % f\n\n",( * pstu). sex,( * pstu). score);
    printf("Number = % d\nName = % s\n",pstu -> num,pstu ->name);
    printf("Sex = % c\nScore = % f\n\n",pstu -> sex,pstu -> score);
    return 0;
}
```

(2)指向结构数组的指针

指针变量可以指向一个结构数组,这时结构指针变量的值是整个结构数组的首地址。结构指针变量也可指向结构数组的一个元素,这时结构指针变量的值是该结构数组元素的首地址。

设 ps 为指向结构数组的指针变量,则 ps 也指向该结构数组的 0 号元素,ps + 1 指向 1 号元素,ps + i 则指向 i 号元素。这与普通数组的情况是一致的。

例 8.9   用指针变量输出结构数组。

```
struct stu
{
    int num;
    char * name;
    char sex;
    float score;
} boy[5] = {
        {101,"Zhou ping",'M',45},
        {102,"Zhang ping",'M',62.5},
        {103,"Liou fang",'F',92.5},
        {104,"Cheng ling",'F',87},
        {105,"Wang ming",'M',58},
    };
```

```
int main( )
{
    struct stu  * ps;
    printf("No\tName\t\t\tSex\tScore\t\n");
    for(ps = boy;ps < boy + 5;ps + + )
        printf("% d\t% s\t\t% c\t% f\t\n",ps -> num,ps -> name,ps -> sex,ps -> score);
    return 0;
}
```

注意:

在程序中,定义了 stu 结构类型的外部数组 boy 并做了初始化赋值。在 main 函数内定义 ps 为指向 stu 类型的指针。在循环语句 for 的表达式 1 中,ps 被赋予 boy 的首地址,然后循环 5 次,输出 boy 数组中各成员值。

应该注意的是,一个结构指针变量虽然可以用来访问结构变量或结构数组元素的成员,但是,不能使它指向一个成员。也就是说不允许取一个成员的地址来赋予它。因此,下面的赋值是错误的。

```
ps = &boy[1].sex;
```

而只能是:

```
ps = boy; //赋予数组首地址
```

或者是:

```
ps = &boy[0]; //赋予 0 号元素首地址
```

(3)结构指针变量作函数参数

在 ANSI C 标准中允许用结构变量作函数参数进行整体传送。但是这种传送要将全部成员逐个传送,特别是成员为数组时将会使传送的时间和空间开销很大,严重地降低了程序的效率。因此最好的办法就是使用指针,即用指针变量作函数参数进行传送。这时由实参传向形参的只是地址,从而减少了时间和空间的开销。

例 8.10　计算一组学生的平均成绩和不及格人数。用结构指针变量作函数参数编程。

```
struct stu
{
    int num;
    char * name;
    char sex;
    float score;
}boy[5] = {
    {101,"Li ping",'M',45},
    {102,"Zhang ping",'M',62.5},
    {103,"He fang",'F',92.5},
    {104,"Cheng ling",'F',87},
    {105,"Wang ming",'M',58},
};
```

```
int main( )
{
        struct stu  * ps;
        void ave( struct stu  * ps);
        ps = boy;
        ave( ps);
    return 0;
}
void ave( struct stu  * ps)
{
        int c = 0,i;
        float ave,s = 0;
        for( i = 0;i < 5;i + + ,ps + + )
        {
            s += ps -> score;
            if( ps -> score < 60)  c += 1;
        }
        printf( "s = % f\n",s);
        ave = s/5;
        printf( "average = % f\ncount = % d \n",ave,c);
}
```

说明：

本程序中定义了函数 ave,其形参为结构指针变量 ps。boy 被定义为外部结构数组,因此在整个源程序中有效。在 main 函数中定义说明了结构指针变量 ps,并把 boy 的首地址赋予它,使 ps 指向 boy 数组。然后以 ps 作实参调用函数 ave。在函数 ave 中完成计算平均成绩和统计不及格人数的工作并输出结果。

由于本程序全部采用指针变量作运算和处理,故速度更快,程序效率更高。

任务总结

所谓结构体指针就是指向结构体变量的指针,表示的是这个结构体变量占内存中的起始位置,如果把一个结构体变量的起始地址存放在一个指针变量中,则这个指针变量就指向该结构体变量。

定义结构体变量的指针：

//假设已有一个结构体名为 Student

struct Student * pStruct

//结构体类型 * 指针名；

#include < stdio. h >

#include < stdlib. h >

#include < string. h >

/ * 1. 使用 - > 引用结构体成员 * /

```
int main ( )
{
struct Student
{
long num;
char name[20];
char sex;
float score;
};//student = {"Girl",2017,'w',2};
struct Student stu;//定义 struct Student 类型的变量 stu
struct Student * pStruct;//定义指向 struct Student 类型数据的指针变量 pStruct
pStruct = &stu; //pStruct 指向 stu
stu. num = 10101;
strcpy(stu. name,"fan");//对结构体变量的成员赋值
stu. sex = 'M';
stu. score = 88;
printf(" – – – – – – – – – – the sudent's information – – – – – – – – – –\n");
printf("NO.:%ld\nname:%s\nsex%c\nscore:%5.1f\n",stu. num,stu. name,stu. sex,stu. score);
printf("\nNO.:%ld\nname:%s\nsex%c\nscore:%5.1f\n",(*pStruct). num,(*pStruct). name,(*pStruct). sex,(*pStruct). score);
printf("\nNO.:%ld\nname:%s\nsex%c\nscore:%5.1f\n",pStruct ->num,pStruct ->name,pStruct ->sex,pStruct ->score);
return 0;
}
```

(*pStruct). num 中的(*pStruct)表示,*pStruct 指向结构体变量,(*pStruct). num 表示 pStruct 指向结构体变量中的成员 num,注意括号不能省略,因为成员运算符"."优先于"*"运算符。为了直观和使用方便,C 语言允许把(*pStruct). num 用 pStruct ->num 来代替,上面的 3 种表达方式等价。

8.4 使用链表

任务描述

用数组处理数据存在两方面的问题:其一,如果数据个数不确定,则数组长度必须是可能的最大长度,这显然会浪费内存;其二,当需要向数组增加或删除一个数据时,可能需要移动大量的数组元素,这会造成时间上的浪费。为解决上述问题,本任务将介绍一种新的数据结构——链表。

链表是一种动态地进行存储分配的数据结构,它既不需要事先确定最大长度,在插入或者

删除一个元素时也不会引起数据的大量移动。

知识学习

（1）链表的结构

链表有一个"头"，一个"尾"。中间有若干元素，每个元素称为一个结点。每个结点包括两部分：一部分是用户关心的实际数据，称为数据域；另一部分是下一个结点的地址，称为指针域。具体如图8.2所示。其中，head称为头指针，它指向链表的第一个结点；最后一个结点称为"表尾"，该结点的指针域值为0，指向内存中编号为零的地址（常用符号常量 NULL 表示，称为空地址），表尾不再有后继结点，链表到此结束。

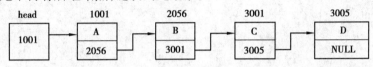

图8.2　链表结构示意图

说明：

①链表中各元素在内存中可以不连续存放。

②查找链表中某个结点，必须从头指针开始顺序查找各结点，直至找到或到达表尾为止。

③头指针至关重要，没有头指针则整个链表无法访问。

（2）链表的定义

链表各结点中，数据域中的数据与指针域中的数据通常具有不同的类型，数据域本身还可以包含类型不同的多个成员，因此，一般用结构体变量表示链表的一个结点。该结构体变量不仅要有成员表示数据域的值，还要有一个指针类型的成员表示指针域中的数据。例如，对图8.3所示链表，可定义如下结构体类型：

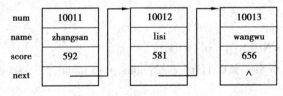

图8.3　单链表示例

```
struct student
{
    int num;
    char name[20];
    float score;
    struct student  * next;
};
```

其中，成员 num、name 和 score 存放结点中用户关心的数据，next 是指针类型的成员，它指向链表中的下一个结点，基类型是结构体类型本身。

创建链表的结点有两种方式:其一,在程序中定义相应数量的结构体变量来充当结点;其二,在程序执行过程中动态开辟结点。第一种方式创建的链表称为静态链表,第二种方式创建的链表称为动态链表。静态链表各结点所占用的存储空间在程序执行完毕后由系统释放;动态链表可在程序执行过程中调用动态存储分配函数释放。

(3)静态链表

链表长度固定且结点个数较少时通常使用"静态链表",下面举例说明静态链表的建立和输出方法。

例 8.11　建立静态链表。

```c
#include < stdio. h >
struct student
{
  int num;
  char name[20];
  float score;
  struct student * next;
};
void main( )
{
  struct student a = {10011,"zhangsan",592}, b = {10012,"lisi",581}, c = {10013,"wangwu",656};
  struct student * head, * p;
  head = &a;
  a. next = &b;
  b. next = &c;
  c. next = NULL;
  for( p = head;p! = NULL;p = p -> next)
    printf("%5d　%8s　%6.1f\n",p -> num,p -> name,p -> score);
}
```

(4)动态链表

1)动态存储分配函数

与静态链表不同,动态链表可以动态地分配存储,即在程序运行过程中根据需要动态地开辟或者释放结点。常用的动态内存分配函数有 malloc、calloc 和 free,它们包含在头文件"stdlib. h"或"malloc. h"中。

①malloc 函数。

函数原型:void * malloc(unsigned size)

功能:在内存的动态存储区中分配 size 字节的连续空间。返回值为所分配存储区的起始地址,分配不成功则返回 NULL。

例如:char ∗ p;

p = (char ∗)malloc(8);

说明:

表示分配 8 个字节的连续存储空间并进行强制类型转换,p 代表首地址。

函数返回值为 void 指针类型,使用时需强制类型转换为所需类型。以下程序片段利用动态内存分配函数建立一个长度事先不确定的浮点型数组:

int n,i;

float ∗ a;

scanf("% d",&n);

a = (float ∗)malloc(n ∗ sizeof(float));

for(i = 0;i < n;i ++)

　scanf("% f",a[i]);

②calloc 函数。

函数原型:void ∗ calloc(unsigned n,unsigned size)

功能:在内存的动态存储区中分配 n 个长度为 size 字节的连续空间。返回值为所分配存储区的起始地址,分配不成功则返回 NULL。

例如:　char ∗ p;

　　　　p = (char ∗)calloc(2,20);

说明:

表示分配 2 块大小为 20 个字节的连续存储空间并进行强制类型转换,p 代表首地址。

与 malloc 函数相比,calloc 函数可以一次分配 n 块区域。

③free 函数。

函数原型:void free(void ∗ p)

功能:释放 p 所指向的内存空间。

例如:　int n,∗ p;

　　　　scanf("% d",&n);

　　　　p = (int ∗)malloc(n ∗ sizof(int));

　　　　free(p);

说明:

调用 free 函数时,p 从指向 int 型的指针自动转化为 void 型指针。

所释放的内存空间必须是由 malloc 函数或 calloc 函数分配的。

2)动态链表的操作

假设链表的结点类型如下:

```
struct student
{
    int num;
    float score;
    struct student ∗ next;
};
```

①动态链表的建立。

创建动态链表是指在程序执行过程中从无到有地建立一个链表。

算法思想:开辟 N 个结点,每开辟一个结点都让 p1 指向新结点,p2 指向当前表尾结点,把 p1 所指向的结点连接到 p2 所指向结点的后面。

下面以含有 3 个结点的动态链表为例说明创建步骤:

第 1 步:开辟新结点,并令指针 head、p1 与 p2 都指向该结点,如图 8.4 所示。

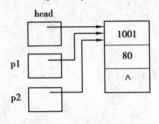

图 8.4　开辟首结点

第 2 步：再开辟一个新结点,令指针 p1 指向该结点;如图 8.5(a)所示。然后,令前一个结点指针域的指针指向该结点,如图 8.5(b)所示;最后,令指针 p2 后移一个位置,以指向新开辟结点,如图 8.5(c)所示。

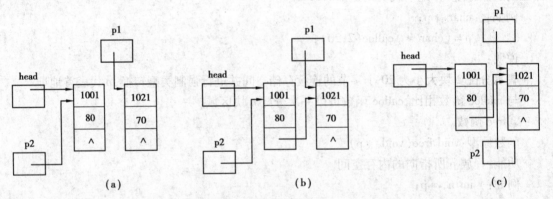

图 8.5　开辟第 2 个结点并与前一个结点连接

第 3 步:开辟第三个结点,令指针 p1 指向该结点,如图 8.6(a)所示;然后,令前一个结点指针域的指针指向该结点,如图 8.6(b)所示。

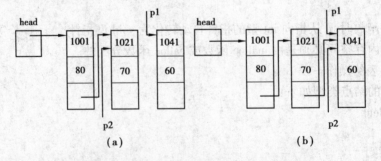

图 8.6　开辟第 3 个结点并与前一个结点连接

例 8.12　编写函数建立动态链表,结点个数作函数形参,返回链表头指针。

```
#include < stdio. h >
```

```
#include < malloc. h >
struct student  * create( int n)
{
  struct student  * head = NULL, * p1, * p2;
  int i;
  for( i = 1; i < = n; i + + )
  {
    p1 = ( struct student  * ) malloc( sizeof( struct student) );
    printf( "请输入第% d 个学生的学号及考试成绩: \n", i);
    scanf( "% d% f", &p1 - > num, &p1 - > score);
    p1 - > next = NULL;
    if( i = = 1)
      head = p1;
    else
      p2 - > next = p1;
    p2 = p1;
  }
  return( head);
}
```

说明：

可将结构体类型的长度定义为符号常量，如#define LEN sizeof(struct student)。

①动态链表的输出。

先让指针变量 p 指向第一个结点，输出该结点的值；然后后移一个结点，再输出；如此重复，直到到达表尾结点，如图 8.7 所示。

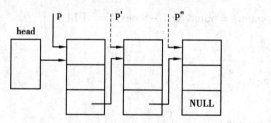

图 8.7　链表输出示意图(p'代表指针 p 后移一个
结点后指向的位置, p"代表后移两个结点后的位置)

例 8.13　编写函数输出动态链表。

```
#include < stdio. h >
void print( struct student  * head)
{
  struct student  * p = head;
  while( p! = NULL)
  {
```

```
    printf("学号:% d 成绩:% 3f\n",p -> num, p -> score);
    p = p -> next;
  }
}
```

②动态链表结点的删除。

要删除一个结点,只需从第一个结点出发沿链表搜索,找到待删除结点后,修改该结点前驱结点的指针域,使其指向待删除结点的后继结点即可,如图 8.8 所示。

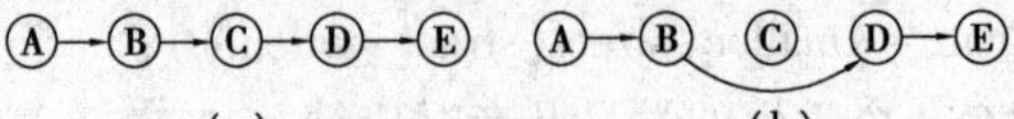

(a)   (b)

图 8.8 删除结点 C 示意图

例 8.14 编写函数,删除指定学号的学生结点,以头指针和学号作参数。

```
#include < stdio. h >
struct student * del( struct student * head,int num)
{
  struct student * p1 , * p2;
  if( head == NULL)
  {
    printf("原表为空! \n");
    return(NULL);

  }
  else
  {
    p1 = head;
    while( p1 -> num! = num&&p1 -> next! = NULL)
    {
      p2 = p1;
      p1 = p1 -> next;
    }
    if( p1 -> num == num)
    {
      if( p1 == head)
        head = p1 -> next;
      else
        p2 -> next = p1 -> next;
      printf("学号为% d 的学生已被删除\n",num);
    }
    else
      printf("学号为% d 的学生不存在\n",num);
```

```
    return(head);
  }
}
```

注意：

程序中只是将结点从链表中删除，该结点所占用的内存由系统在程序执行完毕后释放。

③动态链表结点的插入。

将结点插入到链表的指定位置，比如将图 8.9 中结点 b 插入到结点 a 与结点 c 之间，只需修改结点 b 指针域的值，使其指向结点 c；然后令结点 a 的指针指向结点 b。这样原链表中由结点 a 到结点 c 的连接被断开，结点 b 被插入到链表中。

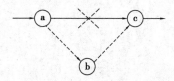

图 8.9 插入结点示意图

例 8.15 设链表中各结点按学号由小到大排列，编写函数插入一个新结点，使链表仍按原顺序排列。

```
#include < stdio. h >
struct student  * insert( struct student  * head, struct student  * stud)
{
    struct student  * p0, * p1, * p2;
    p1 = head;
    p0 = stud;
    if( head == NULL) / * 原链表为空则将新结点作为头结点处理 * /
    {
      head = p0;
      p0 -> next = NULL;
    }
    else
    {
        while(( p0 -> num > p1 -> num) && ( p1 -> next! = NULL))
        / * 查找第一个不小于指定学号的结点 * /
        {
        p2 = p1;
        p1 = p1 -> next;
        }
        if( p0 -> num < = p1 -> num)
        {
          if( head == p1) / * 新结点插到原链表表头前 * /
            head = p0;
```

271

```
        else / * 新结点插到链表中间 * /
            p2 -> next = p0;
        p0 -> next = p1;
        }
    else/ * 新结点插到表尾 * /
        {
        p1 -> next = p0;
        p0 -> next = NULL;
        }
    }
    return( head);
}
```

④动态链表的综合操作。

例 8.16   在主函数中调用上述各子函数实现链表的建立、输入、输出、删除及插入。

```
#include < stdio. h >
#include < malloc. h >
void main( )
{
    struct student  * head, * stud;
    int n,k;
    printf("请输入学生个数:\n");
    scanf("% d",&n);
    printf("请按学号输入各学生的信息:\n");
    head = create( n);
    printf("原链表为:\n");
    print( head);
    printf("输入要删除学生的学号:\n");
    scanf("% d",&k);
    head = del( head,k);
    printf("删除后链表为:\n");
    print( head);
    stud = ( struct student * ) malloc( sizeof( struct student));
    printf("输入欲插入学生的学号及成绩\n");
    scanf("% d% f",&stud -> num,&stud -> score);
    head = insert( head,stud);
    printf("插入后链表为:\n");
    print( head);
}
```

任务总结

链表是一种零散的线性数据结构,链表建立、插入、删除、查找、遍历等基本操作。链表的插入删除的时间复杂度为 O(1)O(1),而查找的时间复杂度为 O(n)O(n)。按照组织的方式,链表可以分为单链表、双链表、环形链表。

单链表的节点只包括数据域和一个指针域,其中指针域指向其后继节点,因此只能单向访问,不能够访问前置节点。双向链表则包括了两个指针域,分别指向其前驱和后继节点。循环链表则是双向链表的一种延伸,其最后一个节点的后继不是指向了 nullptr 而是指向了第一个节点(nullptr 是 C++11 标准中的空指针的保留字)。

链表可以带头指针也可以不带头指针,但是带了头指针则会充分利用 nullptr 可以直接赋值的特性,使一些操作边界条件处理简化(比如删除节点为第一个节点)。nullptr 的这些技巧在二叉树中也会有使用。

下面以双向带头链表为例来说明链表这一数据结构的基本操作。

首先需要定义链表的节点:

```
template < typename T >
struct node
{
  T value;
  node * next;
  node * prev;
  node( )
  {
    next = prev = nullptr;
  }
};
```

这里自定义了一个默认的构造函数,用来把新建的节点的指针域全部设置为 nullptr。这样可以在后续操作时更加简洁。

(1)链表的建立

链表的建立非常简单,只需要构造出一个表即可。这里使用了一个带头链表,只需返回头节点的指针即可,因为初始化在构造函数中完成了,因此可直接返回一个 new。

```
template < typename T >
node < T > * CreateList( )
{
  return new node < T > ;
}
```

(2) 链表的插入

对于链表的插入有两种处理方法:头插法和尾插法。顾名思义,头插法是将新的节点插入在已知链表的第一个节点之前;而尾插法则是要保存一个末尾指针,插入时先将末尾指针所指向的节点的后继设置为新的节点,然后更新末尾指针为新的节点。假设使用 new 运算符新建的节点具有构造函数能把所有的指针域设为 nullptr,因此没有描述哪些指针需要设置为空。如果使用 C 语言中的 malloc( )函数或者没有显式给出构造函数去初始化指针域,将未使用的指针域设置为空这一点还是需要注意的。下面给出头插法和尾插法的代码:

①头插法:

```
template < typename T >
node < T > * InsertAtHead( node < T > * list, T value)
{
    node < T > * pnode;
    pnode = new node < T > ;
    pnode - > value = value;
    pnode - > next = list - > next;
    if ( list - > next ! = nullptr)
        list - > next - > prev = pnode;
    pnode - > prev = list;
    list - > next = pnode;
    return pnode;
}
```

②尾插法:

```
template < typename T >
node < T > * InsertAtTail( node < T > * list, T value, node < T > * tail)
{
    node < T > * pnode;
    pnode = new node;
    pnode - > next = nullptr;
    pnode - > value = value;
    tail - > next = pnode;
    return pnode;
}
```

更倾向于为链表的接口单独提供一个类(C 不支持类,可以提供一个结构体,用来单独保存尾插法所需的 tail 指针),这样使得代码更为简洁明了。

(3) 链表的查找

链表本质上是一个顺序表,因此查找链表只能从头或者从尾顺序查找,与数组的顺序查找较为类似,只要一个个地遍历整个表中的元素,判断其元素是否符合要求的元素,找不到则返回空指针即可。

下面给出了双向链表的查找：

```
template < typename T >
node < T > * FindNode( node < T > * list, T value)
{
    node < T > * p;
    p = list - > next;
    while ( p ! = nullptr)
    {
        if ( p - > value = = value)
            return p;
        p = p - > next;
    }
    return nullptr;
}
```

当然这里使用了模板的方法，要求模板的实例化后的类 T 具有 = = 运算符。至于单向链表的查找其实一样，但是如果想要利用查找的结果来进行删除操作，则务必返回前一个节点，这样查找的具体代码又会有所不同。

(4) 链表节点的删除

删除节点略有麻烦，因为要涉及前后指针域的修改。前面提及为了简化边界条件的处理，使用了带头的链表。这样只需判断该节点的后继是否为空（是不是最后一个节点）即可，如果非空则将其的前驱设置为被删除节点的前驱。如果不使用带头表，也需要判断一下该节点的前驱是否为空（是不是第一个节点）。当然，如果一开始构造了一个带头又带尾的表，两个判断都是不需要的。

代码实现如下：

```
template < typename T >
void DeleteNode( node < T > * lnode)
{
    node < T > * pnode = lnode;
    if ( lnode - > next ! = nullptr)
        lnode - > next - > prev = lnode - > prev;
    lnode - > prev - > next = lnode - > next;
    delete pnode;
}
```

(5) 链表的销毁

在动态数据结构中，为了避免内存泄漏，在使用结束时应进行销毁。链表的销毁很简单，只需遍历整个表，逐个删除节点即可。删除的时候需要注意保存当前节点的后继，以免 delete

运算符释放当前节点后无法找到其下一个节点。

```
template < typename T >
void DestoryList( node < T >  * list)
{
  node < T >  * tmp;
  while ( list !  = nullptr)
  {
    tmp  = list;
    list  = list − > next;
    delete tmp;
  }
}
```

切记不能使用节点的析构函数实现递归销毁整个表,这样会导致在删除单个节点时把以该节点为头的子表也全部销毁了。

链表的用途:链表作为基本的数据结构,除了其本身插入删除非常快之外,还可以实现其他的复杂数据结构和算法,比如可以用链表实现栈和队列,可以处理哈希表的冲突,还可以用邻接表来表示图,等等。

8.5　使用共用体

任务描述

共用体是使几个类型相同或不同的成员变量占用同一段内存的结构。它与结构体类似,都属于构造数据类型,都由若干类型可以互不相同的成员组成。但不同的是,结构体变量的各个成员拥有自己独立的存储单元,而共用体变量的各个成员“共用”一段内存,该内存段允许各成员在不同的时间分别起作用。

说明:

共用体各成员变量的存储空间是相互覆盖的,一个成员变量值的改变会影响其他成员变量。

共用体变量所占的存储空间不是多个成员变量所占空间的和,而是所有成员中存储空间最大值。

知识学习

(1)共用体的定义

格式:

union　共用体类型名
{

```
　类型 1　成员名 1;
　类型 2　成员名 2;
　……
　类型 N　成员名 N;
}共用体变量名列表;
```
功能:

定义一种共用体类型与若干该类型的共用体变量。

例如:
```
union udata
{
  char c;
  short i;
  float f;
}data1,data2;
```
说明:

共用体类型的声明与共用体变量的定义可以分开,也可以直接定义共用体变量。如下:
```
union udata
{
  char c;
  short i;
  float f;
};
union udata data1,data2;
```
或者
```
union
{
  char c;
  short i;
  float f;
}data1,data2;
```
注意:

共用体可以出现在结构体类型的定义中,反之也可。

(2)共用体变量的引用

格式:共用体变量名. 成员名

功能:引用共用体变量中指定名称的成员变量。

例如:
```
　union udata data1,data2;
　data1. c = 'A';
```

277

```
      data1. i = 66;
      printf("% c",data1. c);
      scanf("% f",&data1. f);
      data2. f = data1. i + 2;
```

说明:
①共用体变量的地址和其各成员的地址相同。
②每改变一个成员的值,共用体中其他成员的值都可能改变,因此,共用体变量中起作用的是最后一次改写的成员。
③共用体变量不能整体赋值,也不能初始化。以下两条语句均不正确:

```
      union udata data1 ,data2 = {'A',5 ,2. 3};
      data2 = 'B';
```

④共用体变量不能作函数参数或函数返回值,但可以使用指向共用体变量的指针。
例 8.17 某门课程,部分学生选修,部分学生必修。对选修学生按等级制打分,分 A、B、C、D、E 五级,对必修课学生按百分制打分。然后进行输入输出。

```
#include < stdio. h >
#define N 3
struct student
  {
    int num;
    char name[20];
    char optional;
    union
      {
        float mark;
        char grade;
      } score;
  };
int main( )
  {
    struct student stu[N];
    int i;
    printf("请输入% d 个学生的信息:\n",N);
    printf("  学号  姓名  是否选修  成绩\n");
    for(i = 0;i < N;i ++)
      {
        scanf("% d% s % c",&stu[i]. num,stu[i]. name,&stu[i]. optional);
        if( stu[i]. optional == 'T')
          scanf(" % c",&stu[i]. score. grade);
        else
```

```
        scanf("%f",&stu[i].score.mark);
    }
    for(i=0;i<N;i++)
    {
        printf("%d 号%s",stu[i].num,stu[i].name);
        if(stu[i].optional=='T')
            printf("选修,成绩%c\n",stu[i].score.grade);
        else
            printf("必修,成绩%5.1f\n",stu[i].score.mark);
    }
    return 0;
}
```

说明：

可以在主函数内定义结构体和共用体,此时两者只在主函数内部起作用。

任务总结

共用体总是存储最后一个数据的值,因为在共用体中每一瞬间只能存放其中一个成员,而不是同时存放几个。因为在每一个存储的瞬间,存储单元只能有唯一的内容,在共用体变量中只能存一个值,所以可以说是共用体存在内存覆盖,不管有多少个数据,只会存放最后一个元素的值,原有的值会被取代。

由于共用体的第一个性质,所以对共用体进行初始化的时候,在初始化表中只能有一个变量,下面举例：

union Data
{
　　int i;
　　char ch;
　　float f;
}a={1,'a',1.5};　//错了,占用同一段存储单元

union Data a={16};　//正确,对第一个成员进行初始化

union Data a={.ch='j'};　//可以对指定的成员进行初始化

不能对共用体进行赋值,也不能通过引用变量名来得到一个值

举两个错误的例子。

①a=1,这样不知道给哪一个赋值,所以错了；

②m=a,不能通过引用变量名得到一个值赋给整型变量 m。

但是,可以对两个同类型的共用体进行赋值。

比如 a=b;这样是完全可以的,这一点又和结构体有异曲同工之妙。

特别注意：

只有先定义了共用体变量才可以引用它,但是,不能引用共用体变量,只能引用共用体变量中的成员：

a. i（引用共用体变量中的整型变量 i）

a. ch（引用共用体变量中的字符变量 ch）

a. f（引用共用体变量中的实型变量 f）

8.6 使用枚举类型

任务描述

编程处理实际问题时,存在某些变量,它们的取值被限定在一个有限的范围内。例如,表示性别的变量只有"男"或"女"两种取值,表示月份的变量只有 12 个不同的取值,等等。把这些量定义为字符型、整型或其他类型都不是很合理,为此,C 语言中引入了一种新的基本数据类型——枚举类型。

知识学习

(1) 枚举定义

格式:enum 枚举类型名

{

　枚举常量列表

}枚举变量名列表;

功能:定义一种枚举类型与若干该类型的枚举变量。

例如:enum workday { mon,tue,wed,thr,fri } d1,d2;

说明:

①枚举常量列表中列举了该枚举类型的变量所有可能的取值;

②枚举类型的声明与枚举变量的定义可以分开,也可以直接定义枚举变量。如下

enum workday

{

　mon,tue,wed,thr,fri

};

enum workday d1,d2;

或者

enum

{

　mon,tue,wed,thr,fri

}d1,d2;

说明:

①定义枚举时,各枚举常量之间用逗号分隔,且最后一个枚举值常量后无分号。

②枚举变量的取值必须来自枚举常量列表,如语句 enum workday d1 = sat 不正确。

③枚举常量实际上是一个标识符,其值是一个整型常数,默认情况下,各枚举常量按定义时的顺序,从 0 开始取值,依次增 1。当然,也可以在定义时显式地指定各枚举常量的取值,具体形式如下:

```
enum  枚举类型名
{
    标识符 1[ = 整型常数 1],
    标识符 2[ = 整型常数 2],
    ……
    标识符 n[ = 整型常数 n]
}枚举变量名列表;
```

④当某个枚举常量被显式赋值后,其后未显式赋值的枚举常量将根据按出现顺序依次加 1 的规则确定其值。如以下程序片段输出结果为 -9:

```
enum color
{
    red = -10,
    orange,
    yellow = 0,
    green = 10
};
enum color x = orange;
printf("% d",x);
```

(2)枚举变量

1)枚举变量的赋值

①使用枚举常量为枚举变量赋值,如 enum workday d = mon。

②把一个整数进行强制类型转换后再赋值给枚举变量,如 enum color y = (enum color)0。

注意:

①枚举常量是一个标识符,可在定义枚举类型时为其赋值,但不能在程序中为其赋值。如对于定义 enum{ mon,tue,wed,thr,fri }d,赋值语句 mon = 1 是非法的。

②枚举常量既非字符常量,也非字符串常量,使用时不可加单引号或双引号。

2)枚举变量的输出

通常使用 switch 语句或 if 语句输出枚举变量的值。如:

```
enum workday
{
    mon,tue,wed,thr,fri
};
enum workday d = mon;
switch(d)
{
```

```
        case mon:printf("% -6s","mon");break;
        case tue:printf("% -6s","tue");break;
        case wed:printf("% -6s","wed");break;
        case thr:printf("% -6s","thr");break;
        case fri:printf("% -6s","fri");break;
        default:printf("% -6s","error!");"break;
    }
```

说明:

枚举常量不是字符串常量,不能用"% s"的格式输出,如程序片段不会输出 mon:

```
    enum{ mon,tue,wed,thr,fri }d = mon;
    printf("% s",d);
```

枚举类型数据相互之间以及枚举类型数据与整型数据之间可以进行比较运算或算术运算。对于枚举类型数据来说,参与运算的实际是枚举常量的值,且运算结果为整型数据。因此,将运算结果赋值给一个枚举变量前要进行强制类型转换。

例 8.18　放假期间,每周的周一到周五由 zhangsan、lisi、wangwu 轮流值班,每人值一天,输入整数 n,求第 n 天是周几,何人值班? 假设假期第一天是周二,且由 zhangsan 值班。

```
#include < stdio.h >
int main()
{
    enum weekday{ mon,tue,wed,thu,fri,sat,sun } d = tue;
    enum worker{ zhangsan,lisi,wangwu } onduty = zhangsan;
    int i,n;
    printf("input n:\n");
    scanf("% d",&n);
    for(i = 2;i < = n;i ++)
    {
        if(d! = sun)/* 前一天为周日 */
            d = (enum weekday)(d + 1);
        else/* 前一天非周日 */
            d = mon;
        if(d < sat)/* 今天非周末 */
        {
            if(onduty! = wangwu)
                onduty = (enum worker)(onduty + 1);
            else
                onduty = zhangsan;
        }
    }
    switch(d)/* 输出今天是周几 */
```

```
    {
    case mon:printf("% −6s\n","mon");break;
    case tue:printf("% −6s\n","tue");break;
    case wed:printf("% −6s\n","wed");break;
    case thu:printf("% −6s\n","thu");break;
    case fri:printf("% −6s\n","fri");break;
    case sat:printf("% −6s\n","sat");break;
    case sun:printf("% −6s\n","sun");break;
    default:break;
    }
    if(d < sat)/ * 若今天非周末,则输出值班人姓名 * /
    {
        switch(onduty)/ * 输出值班人姓名 * /
        {
        case zhangsan:printf("onduty:% s\n","zhangsan");break;
        case lisi:printf("onduty:% s\n","lisi");break;
        case wangwu:printf("onduty:% s\n","wangwu");break;
        default:break;
        }
    }
    else / * 今天是周末,无人值班 * /
        printf("weekend! \n");
    return 0;
}
```

任务总结

①枚举类型是用来声明代表整数常量的符号名称。由此可见,枚举类型与整数类型有着密切的联系,枚举类型的常量均是 int 类型的,它的存在主要是提高程序的可读性。通过 enum 关键字就可以创建一个新的"类型"并可以给它指定具体的值。

②枚举类型的声明:

enum spectrum {red, green, blue, orange, black, yellow};

enum spectrum color;

声明一是借用 enum 关键字,常见新的类型 enum spectrum,声明二则是通过新的类型创建它的变量,注意变量只能取得声明一中所列出的几个值。这方面似乎与结构体的语法十分类似。

③枚举常量枚举列表中的常量均有默认值,当然也可以用户自己定义设置,如前面的几种颜色,其值分别是 0,1,2,3,4,5 等几个整型值。若出现只是对之间的一个常量赋值,而不对后面的常量赋值,那么这些后面的常量会通过递增自动被赋值。

在实际编程中,枚举常量与整型常量可以混用,当然,整型常量中的一些禁忌同样应该适用于枚举常量,比如常量不能自加或者自减。

④强制转换在 GNU 编译器下,枚举类型几乎与整形类型通用,当然前提是能容纳下,比如整型常量就可以直接赋值给枚举变量。但是在 VC 编译器下,则需要做强制转换才行,否则就会出现编译错误。

color tree = (color)5;

⑤枚举常量的取值范围:给定几个枚举常量,如何计算出这个枚举类型的取值范围呢?

最大值:距最大值(指的是列举出的常量最大值)最近的 2 的幂,并减去 1。

如:

Enum number ｛a, b, c = 6, d = 23, e, f｝;

上面这个例子中的最大值为 23,而距其最近的 2 的幂为 32(2 的 5 次幂),则需要 5 bit 就可以容纳,因此其最大值应该为 31(32 − 1)。负数情况与上面的计算方法类似。

Enum number ｛a, b, c = −4, d =2 , e, f｝;

这个例子中的最大值为 4(−4 的绝对值),需要 3 bit 容纳,另外加上一个符号位,需要 4 bit,其取值范围是:1000—0111,即 −8 到 7.

8.7 使用 typedef 命名已有数据类型

任务描述

C 语言不仅提供了丰富的数据类型,而且还允许由用户自己定义类型说明符,也就是说允许由用户为数据类型取"别名"。

知识学习

(1)typedef 的使用

类型定义符 typedef 即可用来完成此功能。

例如,有整型量 a,b,其说明如下:

　　int a,b;

其中 int 是整型变量的类型说明符。int 的完整写法为 integer,为了增加程序的可读性,可把整型说明符用 typedef 定义为:

typedef int INTEGER

这以后就可用 INTEGER 来代替 int 作整型变量的类型说明了。

例如:

　　INTEGER a,b;

它等效于:

　　int a,b;

用 typedef 定义数组、指针、结构等类型将带来很大的方便,不仅使程序书写简单而且使意义更为明确,因而增强了可读性。

例如：

typedef char NAME[20];　　　表示 NAME 是字符数组类型,数组长度为 20。然后可用 NAME 说明变量,如：

NAME a1,a2,s1,s2;

完全等效于：

char a1[20],a2[20],s1[20],s2[20]

又如：

typedef struct stu

{

char name[20];

int age;

char sex;

} STU;

定义 STU 表示 stu 的结构类型,然后可用 STU 来说明结构变量：

STU body1,body2;

typedef 定义的一般形式为：

typedef 原类型名　新类型名

其中原类型名中含有定义部分,新类型名一般用大写表示,以便于区别。

有时也可用宏定义来代替 typedef 的功能,但是宏定义是由预处理完成的,而 typedef 则是在编译时完成的,后者更为灵活方便。

(2) 项目实训

例 8.19　找出各门课平均分在 85 以上的同学,并输出这些同学的信息。

```c
#include < stdio. h >
#include < malloc. h >
#define M 5   /* 学生数 */
#define N 3  /* 课程数 */
struct student
{
  long num;
  char name[20];
  float score[N];
  struct student * next;
};
/* 创建链表子函数 */
struct student * create( int n)
{
  struct student * head = NULL, * p1, * p2;
  int i,j;
```

```
    for(i = 1;i < = n;i ++ )/ * 逐个创建结点并输入相关数据 * /
      {
        p1 = (struct student * )malloc(sizeof(struct student));
        printf("请输入第%d个学生的学号、姓名及各门课考试成绩:\n",i);
        scanf("%ld%s",&p1 -> num,p1 -> name);
        for(j = 0;j < N;j ++ )
          scanf("%f",&p1 -> score[j]);
        p1 -> next = NULL;
        if(i == 1)
          head = p1;
        else
          p2 -> next = p1;
        p2 = p1;
      }
    return(head);
  }
int main()
  {
    struct student * head = NULL, * p;
    int i;
    float sum,aver;
    head = create(M);
    p = head;
    while(p! = NULL)/ * 用指针 p 遍历链表各个结点 * /
      {
        sum = 0;
        for(i = 0;i < N;i ++ )
          sum += p -> score[i];
        aver = sum/N;
        if(aver - 85 > - 1e - 6)
          {
            printf("学号:%ld 姓名:%s ",p -> num, p -> name);
            for(i = 0;i < N;i ++ )
              printf("%f ",p -> score[i]);
            printf("\n");
          }
        p = p -> next;
      }
    return 0;
```

例 8.20　假设 N 个同学已按学号大小顺序排成一圈,现要从中选一人参加比赛。规则是:从第一个人开始报数,报到 M 的同学就退出圈子,再从他的下一个同学重新开始从 1 到 M 的报数,如此进行下去,最后留下一个同学去参加比赛,问这位同学是几号。

算法设计思想:用单向循环链表(令单向链表的最后一个结点的指针指向头结点,即形成单向循环链表)表示多名同学围成的圈。从头结点开始,每数到 M 就删除一个结点,之后令头指针指向所删除结点的下一个结点;之后,从新的头结点开始重新报数,直到链表只剩下一个结点。

```c
#include <stdio.h>
#include <malloc.h>
#define N 8
#define M 3
struct student
{
  long num;
  struct student * next;
};
/* 创建单向循环链表子函数 */
struct student * create(int n)
{
  struct student * head = NULL, * p1, * p2;
  int i;
  for(i = 1; i <= n; i++)/* 逐个创建结点并输入相关数据 */
  {
    p1 = (struct student * )malloc(sizeof(struct student));
    printf("请输入第%d 个学生的学号:\n", i);
    scanf("%ld", &p1 -> num);
    p1 -> next = NULL;
    if(i == 1)
      head = p1;
    else
      p2 -> next = p1;
    p2 = p1;
  }
  p1 -> next = head;
  return(head);
}
int main()
{
```

```
    struct student  * head = NULL, * p;
    int len, order;
    head = create( N) ;
    for( len = N; len > 1; len -- )
    {
      p = head;
      for( order = 1; order < M - 1; order ++ )/ * 定位到序号为 M - 1 的结点上 * /
        p = p -> next;
      p -> next = p -> next -> next;
      head = p -> next;
    }
    printf( "最后剩下的同学学号为:% ld\n", head -> num) ;
    return 0;
}
```

例 8.21　设学生信息包括学号和姓名,按姓名字典序输出学生信息。

算法设计思想:用冒泡法排序,每轮比较相邻两个结点中的学生姓名,若不满足字典序则两个结点交换在链表中的位置,如此,进行 N - 1 轮比较即可。

```
#include < stdio. h >
#include < malloc. h >
#include < string. h >
#define N 6
struct student
{
  long num;
  char name[ 20] ;
  struct student  * next;
};
/ * 创建单向链表子函数 * /
struct student  * create( int n)
{
  struct student  * head = NULL,  * p1,  * p2;
  int i;
  for( i = 1; i < = n; i ++ )
  {
    p1 = ( struct student  * ) malloc( sizeof( struct student) ) ;
    printf( "请输入第% d 个学生的学号和姓名:\n", i) ;
    scanf( "% ld% s", &p1 -> num, p1 -> name) ;
    p1 -> next = NULL;
    if( i == 1)
```

```
                head = p1 ;
            else
                p2 -> next = p1 ;
            p2 = p1 ;
        }
        return( head ) ;
    }
int main( )
    {
        struct student  * head, * p, * prep;
        int i,j;
        head = create( N ) ;
        for( i = 0 ; i < N - 1 ; i ++ )
        {
            p = head ;
            for( j = 0 ; j < N - 1 - i ; j ++ )
            {
                if( strcmp( p -> name, p -> next -> name) > 0)
                {
                        /* 相邻两结点交换位置,之后仍令 p 指向前边的一个结点 */
                    if( p == head )
                    {
                        head = p -> next ;
                        p -> next = p -> next -> next ;
                        head -> next = p ;
                        p = head ;
                    }
                    else
                    {
                        prep -> next = p -> next ;
                        p -> next = p -> next -> next ;
                        prep -> next -> next = p ;
                        p = prep -> next ;
                    }
                }
                /* p 指向下一个结点,prep 指向 p 的前一个结点 */
                prep = p ;
                p = p -> next ;
            }
```

```
    }
    for( p = head;p! = NULL;p = p -> next)
        printf( "% ld % s\n",p -> num,p -> name) ;
    return 0;
}
```

任务总结

typedef 是在计算机编程语言中用来为复杂的声明定义简单的别名,它与宏定义有些差异。它本身是一种存储类的关键字,与 auto、extern、mutable、static、register 等关键字不能出现在同一个表达式中。

习题 8

一、选择题

1. 在定义一个共用体变量时,系统分配给它的内存是(   )。

    A. 各成员所需内存之和   B. 第一个成员所需内存

    C. 成员中占用内存最大者   D. 任意一个成员所需内存

2. 以下结构体的定义语句中,正确的是(   )。

    A. struct student {int num; char name[10];int age;} ;stu;

    B. struct {int num; char name[10];int age;} student; struct student stu;

    C. struct student {int num; char name[10];int age;} stu;

    D. struct student {int num; char name[10]; int age;} ; student stu;

3. 如有定义的枚举类型:enum week_day{Wed = 3,Thu,Fri,Sat,Sun,Mon,Tue} everyday; 则,Mon 的值为(   )。

    A. 1   B. 2   C. 8   D. 5

4. 有如下定义的结构体类型:struct data {int year; int month; int day;} workday;对其中成员 month 的正确引用方式是(   )。

    A. dat. month   B. year. month

    C. month   D. workday. month

5. 已知对学生记录的描述为:struct student {int num; char name[20],sex; struct{int year,month,day;} birthday; }; struct student stu;设变量 stu 中的"生日"是"1995 年 11 月 12 日",对"birthday"正确赋值的程序是(   )。

    A. year = 1995;month = 11;day = 12;

    B. stu. year = 1995;stu. month = 11;stu. day = 12;

    C. birthday. year = 1995;birthday. month = 11;birthday. day = 12;

    D. stu. birthday. year = 1995;stu. birthday. month = 11;stu. birthday. day = 12;

6. 下列关于枚举类型的描述不正确的是(   )。

A. 可以在定义枚举类型时对枚举元素进行初始化

B. 在赋值时,不可以将一个整数赋值给枚举变量

C. 枚举变量不可以进行关系运算

D. 枚举变量只能取对应枚举类型的枚举元素表中的元素值

7. 有如下的说明:union test｛int a; char c;｝test1;则在 VC 环境下 sizeof(union test)的结果是(　　)。

　　A. 4　　　　　　　　B. 2　　　　　　　　C. 5　　　　　　　　D. 3

8. 以下程序的运行结果是(　　)。#include < stdio. h > union con｛struct｛int x,y,z;｝m; int i;｝num; int main()｛num. m. x = 4;num. m. y = 5;num. m. z = 6;num. i = 0; printf("% d\n", num. m. x);return 0;｝

　　A. 4　　　　　　　　B. 0　　　　　　　　C. 5　　　　　　　　D. 6

9. 有如下程序段,执行后的输出结果是(　　)。#include < stdio. h >　int main()｛structa｛int x;int y;｝num[2] = ｛｛20,5｝,｛6,7｝｝; printf("% d\n",num[0]. x/num[0]. y * num[1]. y);return 0;　｝

　　A. 0　　　　　　　　B. 28　　　　　　　　C. 20　　　　　　　　D. 5

10. 以下程序的运行结果是(　　)。#include < stdio. h > #include < string. h > typedef struct｛char name[9]; char sex; float score[2];｝STU; void f(STU a)｛STU b = ｛"Zhao",'m', 85.0,90.0｝; int i; strcpy(A. name, B. name); A. sex = B. sex; for(i = 0;i < 2;i ++) A. score[i] = B. score[i];　｝ int main()｛STU c = ｛"Qian",'f',95.0,92.0｝; f(c); printf("%s, % c,%2. 0f,%2. 0f\n",C. name,C. sex,C. score[0],C. score[1]);｝

　　A. Qian,f,95,92　　　B. Qian,m,85,90　　　C. Zhao,f,95,92　　　D. Zhao,m,85,90

二、程序题

1. 定义结构体变量(成员包括年、月、日),输入一个日期并计算该日是当年中第几天。

2. 使用指针变量输入学生姓名、学号及 3 门课的成绩,计算各自的平均成绩并输出。

3. 学生信息包括学号、姓名及入学成绩。输入一组学生的信息,按姓名字典序排序。

4. 学生信息包括学号、姓名及入学成绩。输入一组学生信息并将成绩最低的学生删除。

5. 编写函数,统计链表中结点的个数。

6. 编写函数,查找指定学号的结点在链表中第一次出现的位置,未找到则返回 0。

7. 编写函数,删除链表中指定位置的结点。

8. 将两个链表头尾相连,合并为一个链表。

9. 将链表中各个结点逆置。

10. 分析下列程序的输出结果。

```
#include < stdio. h >
void main()
{
    union
    {
        int a;
```

```
    int b;
  }s[3],*p;
  int n=1,k;
  for(k=0;k<3;k++)
  {
    s[k].a=n;
    s[k].b=s[k].a*2;
    n+=2;
  }
  p=s;
  printf("%d,%d\n",p->a,++p->a);
}
```

11. 学生的数据中包括:姓名、学号、性别、身份、班级;教师的数据包括:姓名、教师编号、性别、身份、职称。定义下表所示的共用体存放学生和教师的信息,并进行输入、输出。

num	name	sex	job	class(班)/position(职务)
101	Li	f	s	501
102	Wang	m	t	prof

项目 **9**

文 件

项目目标

- 掌握文件和文件系统的基本概念。
- 理解文本文件和二进制文件的区别。
- 理解 FILE ＊fp 文件指针。
- 掌握文件建立、打开、关闭、文件读写、文件错误检测等的系统标准函数的使用方法。
- 掌握缓冲文件系统进行简单文件处理的方法和技巧。
- 熟悉文件操作中常用标准库函数的使用方法。

9.1 认识文件

任务描述

文件,使用计算机的人都接触过,它通常是指存储在外部介质上的数据的集合。比如处理文字的 Word 文件、处理表格的 Excel 文件、处理音乐的音频文件,另外还有视频文件、图形文件等。

在此之前,我们介绍的由 C 语言开发的程序,都没有对文件进行处理。程序需要的数据,全部依靠键盘手动输入,费时费力,而程序处理的结果也仅仅能够显示在屏幕上,程序退出,存储在内存中的数据将会丢失。因为内存中的数据只能暂时存储,必须将数据存储在硬盘等外部介质上才能实现数据的长期保存,这就需要通过文件来实现。

在利用 C 语言对文件进行读写前,首先必须了解文件的概念,理解指向文件类型指针的用法,最后才是在程序中对文件进行读写等操作。

知识学习

（1）文件概述

"文件"是指存储在计算机外部存储器中的数据的集合。计算机在处理文件时，只要知道文件的名字，就可以自动完成文件的查找、存取、删除等各种操作。

C 语言将文件看作字符构成的序列，即字符流。其基本的存储单位是字节。C 语言中的文件，按照数据存放的形式分为两类：一类是将数据当作一个字符，按照它的 ASCII 代码存放，称为 ASCII 文件或文本（text）文件。第二类是按照数据值的二进制代码存放，称为二进制文件。

（2）文件的打开与关闭

1）文件类型指针

当在 C 语言中操作一个实际的磁盘文件时，一样需要一个流指针来代表这个文件。流指针其实是一个结构体类型的指针，这个结构体被定义在头文件 stdio. h 中，它详细描述了一个流的性质，形式如下：

```
typedef struct
{
    short           level;        //缓冲区"满"或者"空"的程度
    unsigned        flags;        // 文件状态标志
    char            fd;           //文件描述符
    unsigned char   hold;         //如果无缓冲区则不读取字符
    short           bsize;        // 缓冲区的大小
    unsigned char   * buffer;     // 数据缓冲区的位置
    unsigned char   * curp;       // 指针,当前的指向
    unsigned        istemp;       // 临时文件指示器
    short           token;        // 用于有效性检查
} FILE;
```

这是 ANSI 标准中定义的，在不同的 C 语言编译平台下面可能有些不同，但区别不大，功能都是一样的，基本含义也没有什么变化。

通常使用 FILE 结构来定义一个流指针：

FILE   * fp;

而且，对于流指针，我们习惯给它起个名称，称为"文件指针"，就好像它指向某一个文件一样。

文件指针变量的赋值操作是通过打开文件函数 fopen（）实现的。

2）文件的打开

C 语言文件的打开是通过 stdio. h 函数库的 fopen（）函数实现的。其调用的一般形式为：

文件指针名 = fopen（文件名,使用文件方式）；

其中：

"文件指针名"必须是被说明为 FILE 类型的指针变量；

"文件名"是被打开文件的文件名；

"使用文件方式"是指文件的类型和操作要求；

"文件名"是字符串常量或字符串数组。

例如：

FILE ＊fp；

fp＝("file. txt","r")；

其意义是在当前目录下打开文件 file. txt,只允许进行"读"操作,并使 fp 指向该文件。

又如：

FILE ＊fp

fp＝("c：\a. txt","rb")

其意义是打开 C 驱动器磁盘的根目录下的文件 a. txt,这是一个二进制文件,只允许按二进制方式进行读操作。两个反斜线"\\"中的第一个表示转义字符,第二个表示根目录。使用文件的方式共有 12 种,具体见表9.1。

表9.1 文件打开的方式

打开方式	处理方式	当文件不存在时	当文件存在时	向文件输入	从文件输出
"r"	只读打开文本文件	出错	打开文件	不能	可以
"w"	只写打开文本文件	建立新文件	覆盖原有文件	可以	不能
"a"	追加打开文本文件	建立新文件	在原有文件后追加	可以	不能
"r＋"	读取/写入打开文本文件	出错	打开文件	可以	可以
"w＋"	写入/读取打开文本文件	建立新文件	覆盖原有文件	可以	可以
"a＋"	追加/读取打开文本文件	建立新文件	在原有文件后追加	可以	可以
"rb"	只读打开二进制文件	出错	打开文件	不能	可以
"wb"	只写打开二进制文件	建立新文件	覆盖原有文件	可以	不能
"ab"	追加打开二进制文件	建立新文件	在原有文件后追加	可以	不能
"rb＋"	读取/写入打开二进制文件	出错	打开文件	可以	可以
"wb＋"	写入/读取打开二进制文件	建立新文件	覆盖原有文件	可以	可以
"ab＋"	追加/读取打开二进制文件	建立新文件	在原有文件后追加	可以	可以

对于文件使用方式有以下几点说明：

a. 文件使用方式由 r、w、a、t、b、+6 个字符拼成,各字符的含义是：

r(read)： 读

w(write)： 写

a(append)： 追加

t(text)： 文本文件,可省略不写

b(banary)： 二进制文件

＋： 读和写

b. 凡用"r"打开一个文件时,该文件必须已经存在,且只能从该文件读出。

c. 用"w"打开的文件只能向该文件写入。若打开的文件不存在,则以指定的文件名建立该文件,若打开的文件已经存在,则将该文件删去,重建一个新文件。

d. 若要向一个已存在的文件追加新的信息,只能用"a"方式打开文件。但此时该文件必须是存在的,否则将会出错。

e. 在打开一个文件时,如果出错,fopen 将返回一个空指针值 NULL。在程序中可以用这一信息来判别是否完成打开文件的工作,并作相应的处理。因此常用以下程序段打开文件:

```
if( ( fp = fopen( "c:\a. txt","rb") == NULL)
{
    printf("\n 文件打开失败! \n");
    getch( );
    exit(0);
}
```

这段程序的意义是,如果返回的指针为空,表示不能打开 C 盘根目录下的 a. txt 文件,下一行 getch( )的功能是从键盘输入一个字符,但不在屏幕上显示。在这里,该行的作用是等待,只有当用户从键盘敲任一键时,程序才继续执行,因此用户可利用这个等待时间阅读出错提示。敲键后执行 exit(0)退出程序。

f. 把一个文本文件读入内存时,要将 ASCII 码转换成二进制码,而把文件以文本方式写入磁盘时,也要把二进制码转换成 ASCII 码,因此文本文件的读写要花费较多的转换时间。对二进制文件的读写不存在这种转换。

g. 标准输入文件(键盘),标准输出文件(显示器),标准出错输出(出错信息)是由系统打开的,可直接使用。

3) 文件的关闭

文件的关闭通过 stdio. h 中的 fclose( )函数实现。具体用法是:

fclose(文件指针);

例如:

fclose(fp);

正常完成关闭文件操作时,fclose 函数返回值为 0。如返回非零值则表示有错误发生。

任务总结

C 语言把文件当作一个"流",按字节进行处理。C 文件按编码方式分为二进制文件和 ASCII 文件。在 C 语言中,用文件指针标识文件,当一个文件被打开时,可取得该文件的指针。文件在读写之前必须打开,读写结束后必须关闭,用于实现保存的目的。

9.2 文件的读写

任务描述

文件是数据在外部介质上存储的信息,读文本文件是将文件中存储的数据输入计算机内存中,供程序运行时使用。

在 C 语言中,都是通过系统函数完成对文件的数据读取操作,这些系统函数包含在头文件"stdio. h"中,使用前需要在程序前面添加命令行:#include "stdio. h"。

知识学习

对文件的读和写是最常用的文件操作。在 C 语言中提供了多种文件读写的函数:

- 字符读写函数:fgetc 和 fputc
- 字符串读写函数:fgets 和 fputs
- 数据块读写函数:freed 和 fwrite
- 格式化读写函数:fscanf 和 fprinf

下面分别予以介绍。

(1)按字符读写的函数 fgetc( )、fputc( )

字符读写函数是以字符(字节)为单位的读写函数,每次可从文件读出或向文件写入一个字符。

1)读字符函数 fgetc

fgetc 函数的功能是从指定的文件中读一个字符,函数调用的形式为:

字符变量 = fgetc(文件指针);

例如:

ch = fgetc(fp);

其意义是从打开的文件 fp 中读取一个字符并送入 ch 中。

对于 fgetc 函数的使用有以下几点说明:

a. 在 fgetc 函数调用中,读取的文件必须是以读或读写方式打开的。

b. 读取字符的结果也可以不向字符变量赋值。

例如:

fgetc(fp);

但是读出的字符不能保存。

c. 在文件内部有一个位置指针,用来指向文件的当前读写字节。在文件打开时,该指针总是指向文件的第一个字节。使用 fgetc 函数后,该位置指针将向后移动一个字节。因此可连续多次使用 fgetc 函数,读取多个字符。应注意文件指针和文件内部的位置指针不是一回事。文件指针是指向整个文件的,须在程序中定义说明,只要不重新赋值,文件指针的值是不变的;文件内部的位置指针用以指示文件内部的当前读写位置,每读写一次,该指针均向后移动,它不需在程序中定义说明,而是由系统自动设置。

例 9.1 读入文件 a. txt,并在屏幕上输出。

```
#include <stdio. h>
int main( )
{
  FILE *fp;
  char ch;
```

```
if( ( fp = fopen( "a. txt","r") ) == NULL)
{
    printf("打开文件失败！\n") ;
    exit(0) ;
}
ch = fgetc(fp) ;
while( ch! = EOF)
{
        putchar( ch) ;
        ch = fgetc( fp) ;
    }
    putchar('\n') ;
    fclose( fp) ;
    return 0 ;
}
```

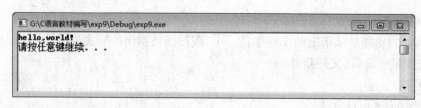

图 9.1　例 9.1 程序运行结果

　　本例程序的功能是从文件中逐个读取字符，在屏幕上显示。程序定义了文件指针 fp，以读文本文件方式打开文件"a. txt"，并使 fp 指向该文件。如打开文件出错，给出提示并退出程序。程序第 11 行先读出一个字符，然后进入循环，只要读出的字符不是文件结束标志（每个文件末有一结束标志 EOF）就把该字符显示在屏幕上，再读入下一字符。每读一次，文件内部的位置指针向后移动一个字符，文件结束时，该指针指向 EOF。执行本程序将显示整个文件。

　　2）写字符函数 fputc

　　fputc 函数的功能是把一个字符写入指定的文件中，函数调用的形式为：

　　　　fputc(字符量,文件指针) ；

其中，待写入的字符量可以是字符常量或变量，例如：

　　fputc('a',fp) ；

其意义是把字符 a 写入 fp 所指向的文件中。

　　对于 fputc 函数的使用也要说明几点：

　　a. 被写入的文件可以用写、读写、追加方式打开，用写或读写方式打开一个已存在的文件时将清除原有的文件内容，写入字符从文件首开始。如需保留原有文件内容，希望写入的字符以文件末开始存放，必须以追加方式打开文件。被写入的文件若不存在，则创建该文件。

　　b. 每写入一个字符，文件内部位置指针向后移动一个字节。

　　c. fputc 函数有一个返回值，如写入成功则返回写入的字符，否则返回一个 EOF，可用此来判断写入是否成功。

例 9.2 从键盘输入一行字符,写入一个文件,再把该文件内容读出显示在屏幕上。

```c
#include < stdio. h >
int main( )
{
    FILE * fp;
    char ch;
    if( ( fp = fopen( "b. txt", "w + ") ) = = NULL)
    {
        printf("打开文件失败! \n") ;
        exit(0) ;
    }
    printf("请输入字符串,以#号结束:\n");
    ch = getchar( ) ;
    while ( ch! = '#')
    {
        fputc( ch,fp) ;
        ch = getchar( ) ;
    }
    rewind( fp) ;
    ch = fgetc( fp) ;
    while( ch! = EOF)
    {
        putchar( ch) ;
        ch = fgetc( fp) ;
    }
    printf( "\n") ;
    fclose( fp) ;
    return 0;
}
```

程序运行结果如图 9.2 所示。

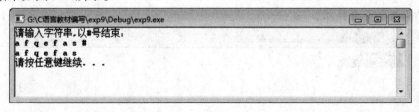

图 9.2 程序运行结果

本例程序的第 6 行以读写文本文件方式打开文件"b. txt"。程序第 13 行从键盘读入一个字符后进入循环,当读入字符不为'#'时,则把该字符写入文件之中,然后继续从键盘读入下一字符。每输入一个字符,文件内部位置指针向后移动一个字节。写入完毕,该指针已指向文件末。如要把文件从头读出,须把指针移向文件头,程序第 19 行 rewind 函数用于把 fp 所指文件的内部位置指针移到文件头。

(2)按字符串读写函数 fgets 和 fputs

1)读字符串函数 fgets

函数的功能是从指定的文件中读一个字符串到字符数组中,函数调用的形式为:

fgets(字符数组名,n,文件指针);

其中的 n 是一个正整数,表示从文件中读出的字符串不超过 $n-1$ 个字符。在读入的最后一个字符后加上串结束标志'\0'。

例如:

fgets(str,n,fp);

其意义是从 fp 所指的文件中读出 $n-1$ 个字符送入字符数组 str 中。对 fgets 函数有两点说明:

a. 在读出 $n-1$ 个字符之前,如遇到了换行符或 EOF,则读出结束。

b. fgets 函数也有返回值,其返回值是字符数组的首地址。

例 9.3   从 a. txt 文件中读入一个含 10 个字符的字符串。

```
#include  < stdio. h >
int main( )
{
    FILE  * fp;
    char str[11];
    if( ( fp = fopen( "a. txt","r") ) == NULL)
    {
        printf("打开文件失败! \n");
        exit(0);
    }
    fgets( str,11,fp);
    printf( "% s\n",str);
    fclose( fp);
    return 0;
}
```

程序运行结果如图 9.3 所示。

图 9.3   程序运行结果

本例定义了一个字符数组 str 共 11 个字节,在以读文本文件方式打开文件"a. txt"后,从中读出 10 个字符送入 str 数组,在数组最后一个单元内将加上'\0',然后在屏幕上显示输出 str 数组。输出的十个字符正是例 13.1 程序的前十个字符。

2）写字符串函数 fputs

fputs 函数的功能是向指定的文件写入一个字符串，其调用形式为：

　　fputs（字符串，文件指针）；

其中字符串可以是字符串常量，也可以是字符数组名，或指针变量，例如：

　　fputs（"abcd",fp）；

其意义是把字符串"abcd"写入 fp 所指的文件之中。

例 9.4　在例 9.1 中建立的文件 a. txt 中追加一个字符串。

```
#include < stdio. h >
int main( )
{
    FILE  * fp;
      char ch,t[20];
      if( ( fp = fopen( "a. txt","a + ") ) = = NULL)
    {
      printf("打开文件失败！\n");
      exit(0);
    }
    printf("请输入字符串:\n");
    scanf("% s",t);
    fputs(t,fp);
    rewind(fp);
    ch = fgetc(fp);
    while( ch! = EOF)
    {
      putchar(ch);
      ch = fgetc(fp);
    }
    printf("\n");
    fclose(fp);
    return 0;
}
```

程序运行结果如图 9.4 所示。

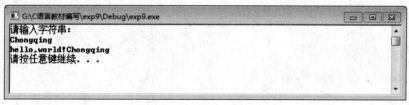

图 9.4　程序运行结果

本例要求在"a. txt"文件末加写字符串,因此,在程序第 6 行以追加读写文本文件的方式打开文件"a. txt"。然后输入字符串,并用 fputs 函数把该字符串写入文件"a. txt"。在程序 14 行用 rewind 函数把文件内部位置指针移到文件首。再进入循环逐个显示当前文件中的全部内容。

(3)按数据块读写函数 fwrite 和 fread

1) fwrite( )函数

函数 fwrite( )的作用是将成批的数据块写入文件。它调用的一般形式为:

fwrite(写入文件的数据块的存放地址,一个数据块的字节数,

数据块的个数,文件型指针变量);

如果函数 fwrite( )操作成功,则返回值为实际写入文件的数据块的个数。

例如:已知一个 struct student 类型的数组 stu[20],则语句

fwrite(&stu[1],sizeof(struct student),1,fp);

是从结构体数组元素 stu[1]存放的地址开始,以一个结构体 struct student 类型变量所占字节数为一个数据块,共写入文件类型指针 fp 指向的文件 1 个数据块,即 stu[1]的内容写入文件。

2) fread( )函数

函数 fread( )的作用是从文件中读出成批的数据块。它调用的一般形式为:

fread(从文件读取的数据块的存放地址,一个数据块的字节数,

数据块的个数,文件型指针变量);

同样,如果函数 fread( )操作成功,则返回值为实际从文件中读取数据块的个数。

例如:已知 stu1 是一个结构体 struct student 变量,则

fread(&stu1,sizeof(struct student),1,fp);

是从文件类型指针 fp 指向的文件的当前位置开始,读取 1 个数据块,该数据块为结构体 struct student 类型变量所占字节数,然后将读取的内容放入变量 stu1 中。

注意:fwrite( )和 fread( )函数读写文件时,只有使用二进制方式,才可以读写任何类型的数据。最常用于读写数组和结构体类型数据。

例 9.5 从键盘输入两个学生数据,写入一个文件中,再读出这两个学生的数据显示在屏幕上。

```c
#include <stdio.h>
struct stu
{
  char name[10];
  int num;
  int age;
  char addr[15];
}boya[2],boyb[2], * pp, * qq;
int main()
{
  FILE * fp;
```

```
        char ch;
        int i;
        pp = boya;
        qq = boyb;
        if( ( fp = fopen( "a. txt","wb + ") ) == NULL)
｛
            printf("打开文件失败！\n");
        exit(0);
｝
printf("请输入学生的姓名,学号,年龄,地址:\n");
for( i = 0;i < 2;i ++ ,pp ++ )
    scanf( "% s% d% d% s",pp -> name, &pp -> num, &pp -> age,pp -> addr);
pp = boya;
fwrite( pp,sizeof( struct stu),2,fp);
rewind( fp);
fread( qq,sizeof( struct stu),2,fp);
printf( "\nname\tnumber\tage\taddr\n");
for( i = 0;i < 2;i ++ ,qq ++ )
    printf( "% s\t% 5d\t% 3d\t% s\n",qq -> name,qq -> num,qq -> age,qq -> addr);
fclose( fp);
return 0;
｝
```

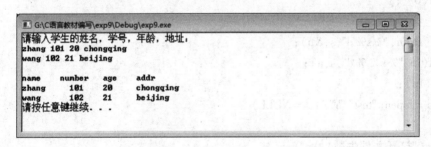

图 9.5　例 9.5 程序运行结果

（4）按格式化读写函数 fprintf 和 fscanf

函数 fprintf( )和 fscanf( )主要用于数据文件的读写,既可以使用 ASCII 文件也可以使用二进制文件。

1）fprintf( )函数

函数 fprintf( )的作用与 printf( )相似,只是输出对象不是标准输出设备而是文件,即按照格式要求将数据写入文件。它调用的一般形式为:

　　　fprintf(文件型指针变量,格式控制,输出表列);

例如:

fprintf(fp,"%d,%s,%5.2f",num,name,score);

它的作用是将变量 num、name、score 按照%d、%s、%5.2f 的格式写入 fp 指向的文件的当前位置。

2)fscanf( )函数

函数 scanf( )从通过标准输入设备读取数据,同样函数 fscanf( )按照格式要求从文件中读取数据。它调用的一般形式为:

fscanf(文件型指针变量,格式控制,输入表列);

例如:

fscanf(fp,"%d,%s,%5.2f",&num,&name,&score);

它的作用是从 fp 指向的文件的当前位置开始,按照%d、%s、%5.2f 的格式取出数据,赋给变量 num、name 和 score。

例9.6 从键盘按格式输入数据存到磁盘文件中去。

```c
#include <stdio.h>
int main()
{
    char s[80],c[80];
    int a,b;
    FILE *fp;
    if((fp=fopen("test","w"))==NULL)
    {
        puts("打开文件失败! \n");
        exit(0);
    }
    fscanf(stdin,"%s%d",s,&a);
    fprintf(fp,"%s  %d",s,a);
    fclose(fp);
    if((fp=fopen("test","r"))==NULL)
    {
        puts("打开文件失败! \n");
        exit(0);
    }
    fscanf(fp,"%s%d",c,&b);
    fprintf(stdout,"%s %d",c,b);
    fclose(fp);
    putchar('\n');
    return 0;
}
```

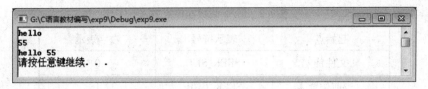

图 9.6　例 9.6 程序运行结果

任务总结

　　文件可按只读、只写、读写、追加 4 种操作方式打开,同时还必须指定文件的类型是二进制文件还是文本文件。文件可按字节、字符串、数据块为单位读写,文件也可按指定的格式进行读写。

9.3　随机读写文件

任务描述

　　前面介绍的对文件的读写方式都是顺序读写,即读写文件只能从头开始,顺序读写各个数据。但在实际问题中常要求只读写文件中某一指定的部分。为了解决这个问题可移动文件内部的位置指针到需要读写的位置,再进行读写,这种读写称为随机读写。

　　实现随机读写的关键是要按要求移动位置指针,这称为文件的定位。

知识学习

(1) 文件定位

　　移动文件内部位置指针的函数主要有两个,即 rewind 函数和 fseek 函数。

　　rewind 函数前面已多次使用,其调用形式为:

　　　　rewind(文件指针);

它的功能是把文件内部的位置指针移到文件首。

　　fseek 函数用来移动文件内部位置指针,其调用形式为:

　　　　fseek(文件指针,位移量,起始点);

其中:

　　"文件指针"指向被移动的文件。

　　"位移量"表示移动的字节数,要求位移量是 long 型数据,以便在文件长度大于 64 KB 时不会出错。当用常量表示位移量时,要求加后缀"L"。

　　"起始点"表示从何处开始计算位移量,规定的起始点有 3 种:文件首、当前位置和文件尾。

　　其表示方法见表 9.2。

表 9.2　fseek 函数起始点方法

起始点	表示符号	数字表示
文件首	SEEK_SET	0
当前位置	SEEK_CUR	1
文件末尾	SEEK_END	2

例如：

```
fseek(fp,100L,0);
```

其意义是把位置指针移到离文件首 100 个字节处。

还要说明的是 fseek 函数一般用于二进制文件。在文本文件中由于要进行转换,故往往计算的位置会出现错误。

(2) 文件的随机读写

在移动位置指针之后,即可用前面介绍的任意一种读写函数进行读写。由于一般是读写一个数据块,因此常用 fread 和 fwrite 函数。

例 9.7　从例 9.5 的 a.txt 文件中读出第二个学生的数据。

```c
#include <stdio.h>
struct stu
{
  char name[10];
  int num;
  int age;
  char addr[15];
}boy, * qq;
int main()
{
    FILE * fp;
    char ch;
    int i = 1;
    qq = &boy;
    if((fp = fopen("a.txt","rb+")) == NULL)
    {
        printf("打开文件失败! \n");
    exit(0);
    }
    rewind(fp);
    fseek(fp,i * sizeof(struct stu),0);
    fread(qq,sizeof(struct stu),1,fp);
```

```
printf("\nname\tnumber\t age \taddr\n");
printf("% s\t%5d\t%3d\t%% s\n",qq -> name,qq -> num,qq -> age,qq -> addr);
fclose(fp);
return 0;
}
```

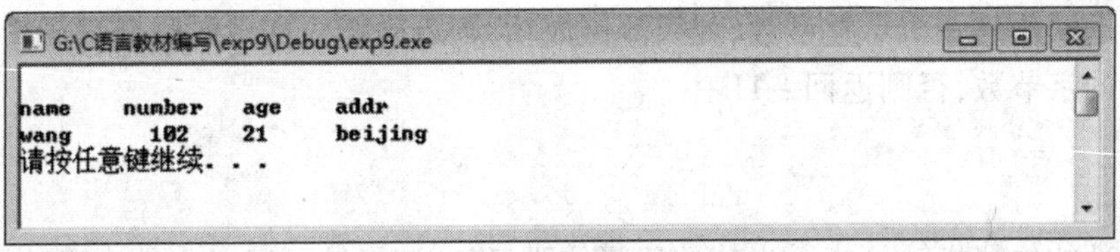

图9.7　例9.7程序运行结果

本程序用随机读出的方法读出第二个学生的数据。程序中定义 boy 为 stu 类型变量,qq 为指向 boy 的指针,以读二进制文件方式打开文件。其中的 i 值为1,表示从文件头开始,移动一个 stu 类型的长度,然后再读出的数据即为第二个学生的数据。

9.4　检测文件读写错误

任务描述

检测文件在文件操作中经常会用到。下面介绍一些文件操作中常用的检测函数,这些库函数是在 C 语言的 stdio. h 头文件中定义的。

知识学习

(1) 文件结束检测 feof 函数

调用格式:

　　feof(文件指针);

功能:判断文件是否处于文件结束位置,如文件结束,则返回值为1,否则为0。

(2) 读写文件出错检测 ferror 函数

ferror 函数调用格式:

　　ferror(文件指针);

功能:检查文件在用各种输入输出函数进行读写时是否出错。如 ferror 返回值为0 表示未出错,否则表示有错。

(3) 文件出错标志和文件结束标志置 clearerr 函数

clearerr 函数调用格式:

　　clearerr(文件指针);

功能:本函数用于清除出错标志和文件结束标志,使它们为 0 值。

(4)检查文件当前位置 ftell( )函数

函数 ftell( )用于测试指向文件的指针的当前位置。它的调用格式为:

ftell(文件型指针变量);

函数的返回值是一个常整型数,如果测试成功,则返回指向文件的指针当前指向的位置距离文件开头的字节数,否则返回 $-1L$。

任务总结

文件内部的位置指针可指示当前的读写位置,移动该指针可以对文件实现随机读写。

习题 9

一、选择题

1. 以下函数不能用于向文件写入数据的是(　　)。

　A. ftell　　　　　　　　B. fwrite　　　　　　　　C. fputc　　　　　　　　D. fprintf

2. 设 fp 已定义,执行语句 fp = fopen("file","w");后,以下针对文本文件 file 操作叙述的选项中正确的是(　　)。

　A. 写操作结束后可以从头开始读　　　　　　B. 只能写不能读

　C. 可以在原有内容后追加　　　　　　　　　D. 可以随意读和写

3. 下列关于 C 语言文件的叙述中正确的是(　　)。

　A. 文件由一系列数据依次排列组成,只能构成二进制文件

　B. 文件由结构序列组成,可以构成二进制文件或文本文件

　C. 文件由数据序列组成,可以构成二进制文件或文本文件

　D. 文件由字符序列组成,其类型只能是文本文件

4. 读取二进制文件的函数调用形式为:fread (buffer, size, count, fp);,其中 buffer 代表的是(　　)。

　A. 一个文件指针,指向待读取的文件

　B. 一个整型变量,代表待读取的数据的字节数

　C. 一个内存块的首地址,代表读入数据存放的地址

　D. 一个内存块的字节数

5. 标准库函数 fgets(buf,n,fp)的功能是(　　)。

　A. 从 fp 所指向的文件中读取长度为 n 的字符串存入缓冲区 buf

　B. 从 fp 所指向的文件中读取长度不超过 $n-1$ 的字符串存入缓冲区 buf

　C. 从 fp 所指向的文件中读取 n 个字符串存入缓冲区 buf

　D. 从 fp 所指向的文件中读取长度为 $n-1$ 的字符串存入缓冲区 buf

6. 以下程序完成的功能是(　　)。

```
#include < stdio. h >
int main( )
{
    FILE * in, * out;
    char ch,infile[10],outfile[10];
    printf("Enter the infile name: ");
    scanf("% s",infile);
    printf("Enter the outfile name: ");
    scanf("% s",outfile);
    if((in = fopen(infile,"r")) == NULL)
        printf("cannot open infile\n");
    if((in = fopen(outfile,"w")) == NULL)
        printf("cannot open outfile\n");
    while(! feof(in))
        fputc(fgetc(in),out);
    fclose(in);
    fclose(out);
    return 0;
}
```

A. 程序完成将磁盘文件的信息在屏幕上显示的功能

B. 程序完成将两个磁盘文件合二为一的功能

C. 程序完成将一个磁盘文件复制到另一个磁盘文件中

D. 程序完成将两个磁盘文件合并并在屏幕上输出

7. 以下程序运行后的输出结果是(　　　)。

```
#include < stdio. h >
int main( )
{
    FILE * fp;
    int i = 20,j = 30,k,n;
    fp = fopen("dl. dat","w");
    fprintf(fp,"% d\n",i);
    fprintf(fp,"% d\n",j);
    fclose(fp);
    fp = fopen("dl. dat","r");
    fscanf(fp,"% d% d",&k,&n);
    printf("% d % d\n",k,n);
    fclose(fp);
    return 0;
}
```

A. 20　30　　　　　　B. 20　50　　　　　　C. 30　50　　　　　　D. 30　20

8. 阅读下面的程序,程序实现的功能是(a123. txt 在当前盘符下已经存在) (　　　)。

```
#include < stdio. h >
#include "string. h"
int main( )
{
    FILE  * fp;
    int a[10], * p = a;
    fp = fopen("a123. txt","w");
    while(strlen(gets(p)) >0)
    {
        fputs(a,fp);
        fputs("\n",fp);
    }
    fclose(fp);
    return 0;
}
```

A. 从键盘输入若干行字符,按行号倒序写入文本文件 a123. txt 中

B. 从键盘输入若干行字符,取前 2 行写入文本文件 a123. txt 中

C. 从键盘输入若干行字符,第一行写入文本文件 a123. txt 中

D. 从键盘输入若干行字符,依次写入文本文件 a123. txt 中

9. 下面的程序执行后,文件 test 中的内容是(　　　)。

```
#include < stdio. h >
#include "string. h"
void fun( char  * fname,char  * st)
{
    FILE  * myf;inti;
    myf = fopen(fname,  "w");
    for(i =0;i < strlen(st);i ++ )
        fputc(st[i],myf);
    fclose(myf);
}
int main( )
{
    fun("test"," new world");
    fun("test"," hello");
    return 0;
}
```

A. hello　　　　　　B. new world hello　　C. new world　　　　　　D. hello,rld

10. 阅读下面的程序,此程序的功能为(　　　)。

```c
#include <stdio.h>
#include "string.h"
int main(int argc,char * argv[])
{
    FILE *p1, *p2;
    int c;
    p1 = fopen(argv[1], "r");
    p2 = fopen(argv[2], "a");
    c = fseek(p2,0L,2);
    while((c = fgetc(p1))! = EOF)
        fputc(c,p2);
        fclose(p1);
        fclose(p2);
        return 0;
}
```

A. 实现将 p1 打开的文件中的内容复制到 p2 打开的文件

B. 实现将 p2 打开的文件中的内容复制到 p1 打开的文件

C. 实现将 p1 打开的文件中的内容追加到 p2 打开的文件内容之后

D. 实现将 p2 打开的文件中的内容追加到 p1 打开的文件内容之后

11. fseek 函数的正确调用形式是(　　　)。

A. fseek(文件指针,起始点,位移量)　　　B. fseek(文件指针,位移量,起始点)

C. fseek(位移量,起始点,文件指针)　　　D. fseek(起始点,位移量,文件指针)

12. 若 fp 是指向某文件的指针,且已读到文件末尾,则函数 feof(fp) 的返回值是(　　　)。

A. EOF　　　　　　　　　　　　　B. -1

C. 1　　　　　　　　　　　　　　D. NULL　//结束标志 -1

13. 函数 fseek(pf,0L,SEEK_END) 中的 SEEK_END 代表的起始点是(　　　)。

A. 文件开始　　　B. 文件末尾　　　C. 文件当前位置　　　D. 以上都不对

14. 16 位系统中,将一个整数 12000 分别以 ASCII 码文件和二进制文件形式存放,各自需要占据的存储空间字节数分别是(　　　)。

A. 5 和 2　　　　B. 2 和 5　　　　C. 2 和 2　　　　D. 5 和 5

15. 若要用 fopen() 函数打开一个新的二进制文件,该文件要既能读也能写,则文件读写方式字符串应是(　　　)。

A. "a +"　　　　B. "r +"　　　　C. "rb +"　　　　D. "ab +"

16. 函数 fscanf 的功能是(　　　)。

A. 将信息从文件输入　　　　　　　B. 将信息输出到文件

C. 将信息从控制台输入　　　　　　D. 将信息输出到控制台终端上

17. 下面叙述中,不正确的是(　　　)。

A. C 语言中的文本文件以 ASCII 形式存储数据

B. C 语言对二进制文件的访问速度比文本文件快

C. C 语言中，随机读写方式不适用于文本文件

D. C 语言中，顺序读写方式不适用于二进制文件

18. 如果程序中有语句 FILE ＊fp；fp = fopen("abc. txt", "w")；，则程序准备做( )。

    A. 对文件读写操作   B. 对文件读操作

    C. 对文件写操作   D. 对文件不操作

19. 使用函数 fopen() 以文本方式打开或建立可读可写文件，要求：若指定的文件不存在，则新建一个，并使文件指针指向其开头；若指定的文件存在，打开它，将文件指针指向其结尾。正确的"文件使用方式"是( )。

    A. "r +"   B. "w +"   C. "a +"   D. "a"

20. 若定义：int a[5]；，fp 是指向某一已经正确打开了的文件的指针，下面的函数调用形式中不正确的是( )。

    A. fread(a[0],sizeof(int),5,fp)；   B. fread(&a[0],5 ＊ sizeof(int),1,fp)；

    C. fread(a,sizeof(int),5,fp)；   D. fread(a,5 ＊ sizeof(int),1,fp)；

21. 若要打开 D 盘上子目录 tt 下的二进制文件 test. bin，在调用函数 fopen 时，第一个参数的正确格式是( )。

    A. "d:tt\\test. bin"   B. "d:\tt\\test. bin"

    C. "d:\\tt\\test. bin"   D. "d:\tt\test. bin"

22. 正常执行文件关闭操作时，fclose() 函数的返回值是( )。

    A. −1   B. TRUE   C. 0   D. 1

23. feof() 函数( )。

    A. 可用于二进制文件也可用于文本文件

    B. 只用于二进制文件

    C. 不能用于二进制文件

    D. 只能用于文本文件

24. 语句"fseek(fp, −100L,1)；"的功能是( )。

    A. 将 fp 所指向的文件的读写指针移到距文件首 100 个字节处

    B. 将 fp 所指向的文件的读写指针移到距文件尾 100 个字节处

    C. 将 fp 所指向的文件的读写指针从当前位置向文件首方向移动 100 个字节

    D. 将 fp 所指向的文件的读写指针从当前位置向文件尾方向移动 100 个字节

25. 在 C 程序中，可把整型数以二进制形式存放到文件中的函数的是( )。

    A. fprintf()   B. fread()   C. fwrite()   D. fputc()

26. 下面关于 C 语言文件操作的结论中，( )是正确的。

    A. 对文件操作必须先关闭文件

    B. 对文件操作必须先打开文件

    C. 对文件操作顺序无要求

    D. 对文件操作前必须先测试文件是否存在，然后再打开文件

27. 如果需要打开一个已经存在的非空文件"f"进行修改，正确的打开语句是( )。

    A. fp = fopen("f","r")；   B. fp = fopen("f","ab +")；

C. fp = fopen("f","w + ");   D. fp = fopen("f","r + ");

28. fscanf()函数的正确调用形式是(   )。

    A. fscanf(文件指针,格式字符串,输出表列);

    B. fscanf(格式字符串,输出表列,文件指针);

    C. fscanf(格式字符串,文件指针,输出表列);

    D. fscanf(文件指针,格式字符串,输入表列);

29. 下面不是系统指定的标准设备文件有(   )。

    A. fopen()   B. stdin()   C. stdout()   D. stderr!()

30. 下面(   )操作后,文件的读写指针不指向文件首。

    A. rewind(fp)   B. fseek(fp,0L,0)

    C. fseek(fp,0L,2)   D. fopen("f1. c","r")

31. 下面程序把终端输入的字符输出到名为 abc. txt 的文件中,直到从终端读入字符"#"时结束输入和输出操作程序有错,出错原因是(   )。

```
#include < stdio. h >
int main()
{
    FILE  * fout;
    char ch;
    fout = fopen('abc. txt', 'w');
    ch = fgetc(stdin);
    while(ch! = '#')
    {
        fputc(ch,fout);
        ch = fgete(stdin);
    }
    fclose(fout);
    return 0;
}
```

    A. 函数 fopen()调用形式有误

    B. 输入文件没有关闭

    C. 函数 fgetc()调用形式有误

    D. 文件指针 stdin()没有定义

32. 函数 fgetc()的作用是从文件读入一个字符,该文件的打开方式必须是(   )。

    A. 读或读写   B. 追加

    C. 只写   D. 答案 B 和 C 都正确

33. 利用 fseek()函数可实现的操作是(   )。

    A. 文件的随机读写   B. 文件的顺序读写

    C. 改变文件的位置指针   D. 以上答案均正确

34. 若执行 fopen()函数时发生错误,则函数的返回值是(   )。

A. 地址值　　　　　B. EOF　　　　　C. 0　　　　　D. 1

35. 系统的标准输入文件是指(　　)。

A. 显示器　　　　　B. 硬盘　　　　　C. 键盘　　　　　D. 软盘

36. 以下程序的运行结果是(　　)。

```c
#include <stdio.h>
int main()
{
    FILE *fp;
    int a[10] = {1,2,3,0,0},i;
    fp = fopen("d2.dat","wb");
    fwrite(a,sizeof(int),5,fp);
    fwrite(a,sizeof(int),5,fp);
    fclose(fp);
    fp = fopen("d2.dat","rb");
    fread(a,sizeof(int),10,fp);
    fclose(fp);
    for(i=0;i<10;i++)
        printf("%d",a[i]);
    return 0;
}
```

A. 1,2,3,0,0,0,0,0,0,0,　　　　　B. 1,2,3,1,2,3,0,0,0,0,

C. 123,0,0,0,0,123,0,0,0,0,　　　D. 1,2,3,0,0,1,2,3,0,0,

37. 以下程序的运行结果是(　　)。

```c
#include <stdio.h>
int main()
{
    FILE *fp;
    int a[10] = {1,2,3},i,n;
    fp = fopen("dl.dat","w");
    for(i=0;i<3;i++)
        fprintf(fp,"%d",a[i]);
    fprintf(fp,"\n");
    fclose(fp);
    fp = fopen("dl.dat","r");
    fscanf(fp,"%d",&n);
    fclose(fp);
    printf("%d\n",n);
    return 0;
}
```

A. 12300　　　　　　B. 123　　　　　　C. 1　　　　　　　D. 321

38. 以下程序执行后, abc. dat 文件的内容是(　　　)。

```
#include  < stdio. h >
int main( )
{
    FILE  * pf;
    char  * s1 = "China", * s2 = "Beijing";
    pf = fopen( "abc. dat", "wb + ");
    fwrite( s2 , 7 , 1 , pf);
    rewind( pf);
    fwrite( s1 , 5 , 1 , pf);
    fclose( pf);
    return 0;
}
```

A. China　　　　　B. Chinang　　　　　C. ChinaBeijing　　　　　D. BeijingChina

39. 若文本文件 fileA. txt 中原有内容为: hello, 则运行以下程序后, 文件 fileA. txt 中的内容为
(　　　)。

```
#include  < stdio. h >
int main( )
{
    FILE  * f;
    f = fopen( "fileA. txt", "w");
    fprintf( f, "abc");
    fclose( f);
    return 0;
}
```

A. helloabc　　　　B. abclo　　　　　C. abc　　　　　　　D. abchello

40. 以下程序运行后的输出结果是(　　　)。

```
#include  < stdio. h >
int main( )
{
    FILE  * fp,
    int   k, n, j, a[6] = {1,2,3,4,5,6};
    fp = fopen( "d2. dat", "w");
    for( i = 0; i < 6; i ++ )
        fprintf( fp, "% d \n", a[ i]);
    fclose( fp);
    fp = fopen( "d2. dat", "r");
    for( i = 0; i < 3; i ++ )
```

```
            fscanf(fp,"%d,%d",&k,&n);
        fclose(fp);
        printf("%d,%d\n",k,n);
        return 0;
    }
```

   A. 1,2   B. 3,4   C. 5,6   D. 123.456

二、程序题

1. 编写 C 语言程序把从键盘录入的文本用(以 * 号作为文本结束标志)存储到一个名为 test. txt 的新文件中。

2. 从键盘上读取 3 个字符串,依次写入 C 盘根目录下名为"str1. txt"的文本文件。

3. 编程统计 C 盘 Mydir 文件夹中文本文件 data. txt 中出现字符'@ '的次数,并将统计结果写入文本文件 C:\Mydir\res. txt 中。

4. 读入一个文件,输出其中最长的一行的行号和内容。

5. 编写 C 语言程序将磁盘中的一个文件复制到另一个文件中。

6. 编写 C 语言程序将 10 名员工的数据从键盘输入,然后送入磁盘文件 work. dat 中保存。设职工数据包括职工号、职工名、性别、年龄、工资,再从文件读取这些数据,依次显示在屏幕上。

项目 **10**

位运算

项目目标

- 掌握位运算的概念和运算法则；
- 掌握位运算的使用方法；
- 掌握位段的概念和方法。

10.1　掌握位运算符和位运算

任务描述

前面介绍的各种运算都是以字节为最基本位进行的,但在很多系统程序中常要求在位(bit)一级进行运算或处理。C 语言提供了位运算的功能,这使 C 语言也能像汇编语言一样用来编写系统程序。

知识学习

所谓位运算,就是对一个比特(Bit)位进行操作。比特是一个电子元器件,8 个比特构成一个字节(Byte),它已经是粒度最小的可操作单元了。C 语言提供了 6 种位运算符,见表10.1。

表 10.1　位运算符

位运算符	&	|	^	~	<<	>>
说明	按位与	按位或	按位异或	取反	左移	右移

(1)按位与运算

按位与运算符"&"是双目运算符。其功能是参与运算的两数各对应的二进位相与。只有

317

对应的两个二进位均为1时,结果位才为1,否则为0。参与运算的数以补码方式出现。

例如:9&5可写算式如下:

```
  00001001          (9 的二进制补码)
& 00000101          (5 的二进制补码)
--------------------------------------
  00000001          (1 的二进制补码)
```

可见9&5=1。按位与运算通常用来对某些位清0或保留某些位。例如把a的高八位清0,保留低八位,可作a&255运算(255的二进制数为0000000011111111)。

(2)按位或运算

按位或运算符"|"是双目运算符。其功能是参与运算的2个数各对应的二进位相或。只要对应的2个二进位有一个为1时,结果位就为1。参与运算的2个数均以补码出现。

例如:9|5可写算式如下:

```
  00001001          (9 的二进制补码)
| 00000101          (5 的二进制补码)
--------------------------------------
  00001101          (13 的二进制补码)
```

可见9|5=13。

(3)按位异或运算

按位异或运算符"^"是双目运算符。其功能是参与运算的两数各对应的二进位相异或,当两对应的二进位相异时,结果为1,参与运算数仍以补码出现。

例如9^5可写成算式如下:

```
  00001001          (9 的二进制补码)
^ 00000101          (5 的二进制补码)
--------------------------------------
  00001100          (12 的二进制补码)
```

可见9^5=12。

(4)求反运算

求反运算符"~"为单目运算符,具有右结合性。其功能是对参与运算的数的各二进位按位求反。

例如~9的运算为:

```
~ 00001001          (9 的二进制补码)
--------------------------------------
  11110110          (-10 的二进制补码)
```

可见~9=-10。

(5)左移运算

左移运算符"<<"是双目运算符。其功能把"<<"左边的运算数的各二进位全部左移若

干位,由"<<"右边的数指定移动的位数,高位丢弃,低位补 0。

例如:

　　a << 4

指把 a 的各二进位向左移动 4 位。如 a = 00000011(十进制 3),左移 4 位后为 00110000(十进制 48)。

(6)右移运算

右移运算符" >> "是双目运算符。其功能是把" >> "左边的运算数的各二进位全部右移若干位," >> "右边的数指定移动的位数。

例如:

　　设 a = 15,

　　a >> 2

表示把 000001111 右移为 00000011(十进制 3)。

注意:对于有符号数,在右移时,符号位将随同移动。当为正数时,最高位补 0,而为负数时,符号位为 1,最高位是补 0 或是补 1 取决于编译系统的规定。Turbo C 和很多系统规定为补 1。

任务总结

位运算是 C 语言的一种特殊运算功能,它是以二进制位为单位进行运算的。位运算符只有逻辑运算和移位运算两类。位运算符可以与赋值符一起组成复合赋值符,如 & = ,| = ,^= , >>= , <<= 等。利用位运算可以完成汇编语言的某些功能,如置位、位清零、移位等,还可进行数据的压缩存储和并行运算。

10.2　认识位段(位域)

任务描述

有些信息在存储时,并不需要占用一个完整的字节,而只需占几个或一个二进制位。例如在存放一个开关量时,只有 0 和 1 两种状态,用一位二进位即可。为了节省存储空间,并使处理简便,C 语言又提供了一种数据结构,称为"位段"或"位域"。

所谓"位域",就是把一个字节中的二进位划分为几个不同的区域,并说明每个区域的位数。每个域有一个域名,允许在程序中按域名进行操作。这样就可以把几个不同的对象用一个字节的二进制位域来表示。

知识学习

(1)位域的定义和位域变量的说明

位域定义与结构定义相仿,其形式为:

```
struct 位域结构名
｛位域列表｝；
```
其中位域列表的形式为：
```
类型说明符 位域名：位域长度
```
例如：
```
struct st
{
    int a:8;
    int b:2;
    int c:6;
};
```

位域变量的说明方式与结构变量的说明方式相同。可采用先定义后说明、同时定义说明和直接说明 3 种方式。

例如：
```
struct st
{
    int a:8;
    int b:2;
    int c:6;
}data;
```
说明 data 为 st 变量，共占 4 个字节。其中位域 a 占 8 位，位域 b 占 2 位，位域 c 占 6 位。

对于位域的定义尚有以下几点说明：

①一个位域必须存储在同一个字节中，不能跨两个字节。如一个字节所剩空间不够存放另一位域时，应从下一单元起存放该位域。也可以有意使某位域从下一单元开始。

例如：
```
struct st
{
    unsigned a:4;
    unsigned :0;        //空域
    unsigned b:4;       //从第 5 个字节开始存放
    unsigned c:4;
};
```
在这个位域定义中，a 占第 1 字节的 4 位，后 4 位填 0 表示不使用，b 从第 5 字节开始，占用 4 位，c 占用 4 位。

②由于位域不允许跨两个字节，因此位域的长度不能大于一个字节的长度，也就是说不能超过 8 位二进位。

③位域可以无位域名，这时它只用来做填充或调整位置。无名的位域是不能使用的。

例如：
```
struct st
```

```
        {
            int a:1;
            int  :2;              //该 2 位不能使用
            int b:3;
            int c:2;
        };
```

从以上分析可以看出,位域在本质上就是一种结构类型,不过其成员是按二进位分配的。

(2)位域的使用

位域的使用和结构成员的使用相同,其一般形式为:

位域变量名·位域名

位域允许用各种格式输出。

例 10.1　位域和位运算符的应用

```
#include  < stdio. h >
struct st
{
    unsigned a:1;
    unsigned b:3;
    unsigned c:4;
} bit, * pbit;
int main( )
{
    bit. a = 1;
    bit. b = 7;
    bit. c = 15;
    printf( "% d,% d,% d\n",bit. a,bit. b,bit. c);
    pbit = &bit;
    pbit -> a = 0;
    pbit -> b& = 3;
    pbit -> c| = 1;
    printf( "% d,% d,% d\n",pbit -> a,pbit -> b,pbit -> c);
    return 0;
}
```

程序运行结果如图 10.1 所示。

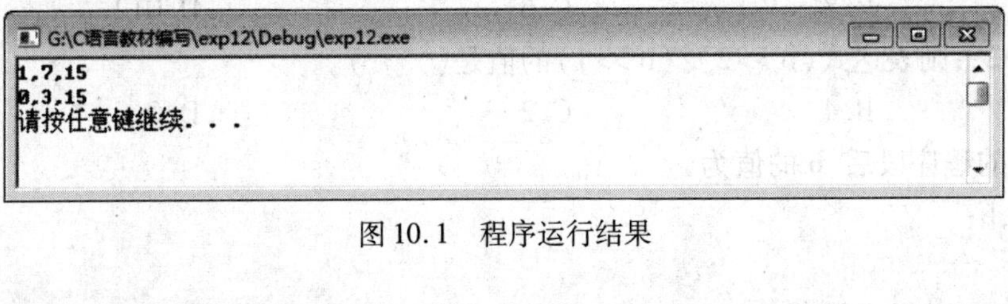

```
■ G:\C语言教材编写\exp12\Debug\exp12.exe                    □ □ ▨
1,7,15
0,3,15
请按任意键继续. . .
```

图 10.1　程序运行结果

程序分析:

上例程序中定义了位域结构 st,3 个位域为 a,b,c,说明了 st 类型的变量 bit 和指向 st 类型的指针变量 pbit。这表示位域也是可以使用指针的。程序的 9、10、11 3 行分别给 3 个位域赋值(应注意赋值不能超过该位域的允许范围)。程序第 12 行以整型量格式输出 3 个域的内容。第 13 行把位域变量 bit 的地址送给指针变量 pbit。第 14 行用指针方式给位域 a 重新赋值,赋为 0。第 15 行使用了复合的位运算符"& =",该行相当于:

pbit −> b = pbit −> b&3

位域 b 中原有值为 7,与 3 作按位与运算的结果为 3(111&011 =011,十进制值为 3)。同样,程序第 16 行中使用了复合位运算符"| =",相当于:

pbit −> c = pbit −> c|1

其结果为 15。程序第 17 行用指针方式输出了这 3 个域的值。

任务总结

位段在本质上也是结构类型,不过它的成员按二进制位分配内存。其定义、说明及使用的方式都与结构相同。位段提供了一种手段,使得其可在高级语言中实现数据的压缩,节省了存储空间,同时也提高了程序的效率。

习题 10

一、选择题

1. 以下程序段的运行结果是( )。

```
char x =56;
x = x&056;
printf("%d,%o\n",x,x);
```

  A. 56,70   B. 0,0   C. 40,50   D. 62,76

2. 用双字节存储整数,表达式 ~0x13 的值是( )。

  A. 0XFFEC   B. 0XFF71   C. 0XFF68   D. 0XFF17

3. 设有以下语句段,则 z 的二进制值是( )。

```
char x =3,y =6,z;
z = x ^ y <<2;
```

  A. 00010100   B. 00011011   C. 00011100   D. 00011000

4. 语句 printf("%d\n",12 &012); 的输出结果是( )。

  A. 12   B. 8   C. 6   D. 012

5. 设 int b =2;,则表达式(b >>2)/(b >>1)的值是( )。

  A. 8   B. 4   C. 2   D. 0

6. 执行下面的程序段后,b 的值为( )。

```
int x =35,b;
```

```
        char z = 'A';
        b = ( ( x&15 ) && ( z < 'a' ) ) ;
```

  A. 0   B. 1   C. 2   D. 3

7. 设二进制数 a 是 00101101,若想通过异或运算 a ^ b 使 a 的高 4 位取反,低 4 位不变,则二进制数 b 应是( )。

  A. 00000000   B. 00001111   C. 11110000   D. 11111111

8. 下列程序的输出结果是( )。

```
#include  < stdio. h >
int main( )
{
        char x = 040;
        printf( "% d\n",x = x << 1 );
        return 0;
}
```

  A. 100   B. 160   C. 120   D. 64

9. 设有如下定义:int x = 1,y = − 1; ,则语句:printf("% d \n",(x − − &y));的输出结果是( )。

  A. 1   B. 0   C. − 1   D. 2

10. 设位段的空间分配由右到左,则以下程序的运行结果是( )。

```
struct bit
{
        unsigned    a:2;
        unsigned    b:3;
        unsigned    c:4;
        int i;
} data;
#include  < stdio. h >
int main( )
{
        data. a = 8,data. b = 2;
        printf( "% d% d\n",data. a,data. b );
}
```

  A. 语法错误 B. 02   C. 6   D. 82

11. 以下程序运行后的输出结果是( )。

```
#include  < stdio. h >
int main( )
{
        unsigned int a,b;
        a = 7 ^ 3;
```

```
        b = ~4&3;
        printf("%d,%d\n",a,b);
        return 0;
    }
```

    A. 4　　3　　　　　　B. 7　　3　　　　　　C. 7　　0　　　　　　D. 4　　0

12. 设有定义语句：char c1 = 92,c2 = 92;,则以下表达式中值为零的是(　　　)。

    A. c1&c2　　　　　B. ~c2　　　　　　C. c1 ^ c2　　　　　D. c1|c2

13. 设 char 型变量 x 中的值为 10100111,则表达式(2 + x) ^ (~3)的值是(　　　)。

    A. 10101001　　B. 10101000　　C. 11111101　　　　D. 01010101

14. x 为任意整数,能将变量 x 清零的表达式是(　　　)。

    A. x + (~x)　　B. x&0　　　　　C. x ^ (~x)　　　D. x|0

15. 利用位运算,能够将变量 ch 中的大写字母转换为小写字母的表达式是(　　　)。

    A. ch = ch&32　　B. ch = ch|32　　C. ch = ch << 4　　　D. ch = ch >> 4

16. 下列表达式中,(　　　)可以实现对十六进制数 0xA5 除以 8,然后再赋给变量 x。

    A. x = 0xA5 << 3　B. x = 0xA5 << 8　C. x = 0xA5 >> 3　　　D. x = 0xA5 >> 8

17. 如下宏定义,对其作用描述正确的是(　　　)。

    #define BitGet(Number,pos) ((Number) >> (pos − 1)&1)

    A. 使 Number 的值除以 pos − 1

    B. 对 Number 的值除以 pos − 1 后,与 1 进行按位与

    C. 对数值 Number 的第 pos 位置 1 处理

    D. 取数值 Number 的第 pos 位的二进制值

18. 以下叙述中不正确的是(　　　)。

    A. 表达式 a& = b 等价于 a = a&b

    B. 表达式 a| = b 等价于 a = a|b

    C. 表达式 a~ = b 等价于 a = a~b

    D. 表达式 a ^ = b 等价于 a = a ^ b

19. 以下程序的运行结果是(　　　)。

```
#include < stdio. h >
int main( )
{
    char a = 0x95,b,c;
    b = (a&0xf) << 4;
    c = (a&0xf0) >> 4;
    a = b|c;
    printf("%x\n",a);
    return 0;
}
```

    A. 0　　　　　　　B. 95　　　　　　　C. 89　　　　　　　D. 59

20. 以下程序的运行结果为( )。

```
#include < stdio. h >
int main( )
{
    unsigned char a = 2,b = 4,c = 5,d;
    d = a|b; d& = c;
    printf( "% d\n",d) ;
    return 0;
}
```

  A. 3   B. 4   C. 5   D. 6

二、程序题

1. 编写一个函数 getbits,从一个 16 位的单元中取出某几位(即该几位保留原值,其余位为0)。函数调用形式为: getbits(value,n1,n2)。

  value 为该 16 位(两个字节)单元中的数据值,$n1$ 为欲取出的起始位,$n2$ 为欲取出的结束位。如: getbits(0101675,5,8)表示对八进制 101675 这个数,取出它从左起的第 5 位到第8 位。

2. 写一个函数,对于一个 16 位的二进制数取出它的奇数位(即从左边起第 1,3,5,…,15 位)。

3. 编译一函数来实现左右循环移位,函数名为 move,调用方法为:

  move(value,n) ;

  其中 value 为要循环位移的数,n 为位移的位数,如 $n < 0$ 为左移;$n > 0$ 为右移. 如 $n = 4$,表示右移 4 位,$n = -3$ 表示左移 3 位。

4. 假设 a 是一个 32 位的二进制整数,求他从右端开始的 8 ~ 15 位。

项目 **11**

C语言系统开发案例——学生信息管理系统

<hr>

项目目标

- 本案例设计的目的是训练学生的基本编程能力；
- 了解学生管理信息系统的开发流程，熟悉C语言的基本语法、文件和链表的各种基本操作；
- 掌握结构体、链表、文件等方面的知识的应用；
- 掌握利用链表存储结构实现对学生成绩管理的原理；
- 为进一步开发高质量的管理信息系统和学习后续计算机相关课程打下坚实的基础。

11.1 总体方案的设计

任务描述

采用模块化的程序设计方法，即将较大的任务按照一定的原则分为一个个较小的任务，然后分别设计各个小任务。需要注意的是划分出来的模块应该相对独立但又相关，且容易理解。可以采用模块化层次结构来分析其任务的划分，一般从上到下进行，最上面一层是总控模块，下面各层是其上一层模块的逐步细化描述。

知识学习

（1）系统功能

随着信息技术在管理上越来越深入而广泛的应用，管理信息系统的实施在技术上已逐步成熟。管理信息系统是一个不断发展的新型学科，任何一个单位要生存要发展，要高效率地把内部活动有机地组织起来，就必须建立与自身特点相适应的管理信息系统。

立足于学生，基于平时辅导员对学生的管理工作的分析，创建一个行之有效的学生信息管理系统，来帮助老师和学生更好地掌握学生的相关信息。

本系统为用户提供了简单的图形菜单和键盘操作,用户输入自己的选择,进而进行输入、输出、查询、删除、修改、排序等相关的操作。各个功能的调用通过 switch 语句来实现。

该学生信息管理系统主要包括 1 个总控模块和 5 个功能模块:

1)总控模块(void menu( ))

实现对五大功能模块选择功能。

2)文件的打开和保存模块

实现对存储文件中所有数据的读取和对程序中所有数据存入文件功能。

3)添加和删除模块

实现对学生信息的输入和某个学生信息的删除功能。

4)插入和更新模块

实现对某个输入的学生信息的插入和选择某个已经录入的学生信息的更新功能。

5)查询和排序模块

实现对输入学号或者姓名的学生信息的查询和所有学生的信息按照学号进行排序功能。

6)输出和退出模块

实现对所有学生信息的输出显示和退出学生信息管理系统功能。

(2)系统结构图

系统结构图如图 11.1 所示。

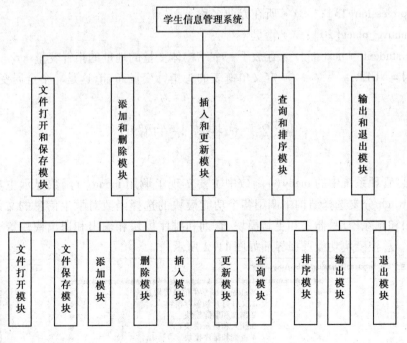

图 11.1　系统结构图

(3)数据结构的设计

学生信息管理系统存放了每个学生的学号、姓名、性别、出生日期、所在学院名称、所在专业名称、籍贯的数据库。每个人的信息存储在一个结构体变量中,它们将作为单链表的数据域,利用该结构体中的最后一个成员 next 来形成链表。为了表示出生日期的年月日,另再定义一个结构体 struct birthday,它们的结构如下:

1)出生日期结构体

```
struct birthday
{
    int year;       /* 出生年份 */
    int month;      /* 出生月份 */
    int day;        /* 出生日份 */
};
```

2)学生信息结构体

```
struct student
{
    int number;                 /* 学号 */
    char name[9];               /* 姓名 */
    char sex[3];                /* 性别:输入为中文性别:男,女 */
    struct birthday birth;      /* 出生日期 */
    char college[13];           /* 所在学院名称 */
    char profession[13];        /* 所在专业名称 */
    char native_place[20];      /* 籍贯 */
    struct student * next;      /* 存放下一个结构体变量的地址的指针变量 */
} * head = NULL;                /* 定义单链表的头指针变量 head,这是一个全局变量 */
```

11.2 总控模块的设计

学生信息管理系统中的 menu()函数中主要实现了调用 menu()函数显示主功能选择菜单,并且在 switch 分支选择结构中调用各个功能模块的选择函数对学生信息的文件打开与保存模块、添加和删除模块、插入和更新模块、查询和排序模块和输出和退出模块等五大功能模块进行选择。总控模块功能选择界面如图 11.2 所示。

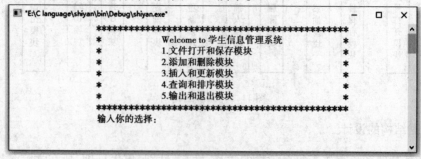

图 11.2 总控模块功能选择界面

(1) 功能实现

运行学生信息管理系统,首选会进入总控模块的主菜单的选择界面,这里列出了该系统的五大功能模块,以及如何调用相应的功能等,用户可以根据需要输入想要执行的功能,然后进入子功能模块中去。在 menu( ) 显示总控模块主菜单的函数中主要使用了 printf( ) 函数在控制台输出文字或者特殊的字符。当输入相应的数字之后,程序会根据该数字调用不同功能模块的函数,具体数字表示功能见表 11.1。

表 11.1　功能表

编　号	功　能
1	文件打开和保存模块,调用 select1( ) 函数
2	添加和删除模块,调用 select2( ) 函数
3	插入和更新模块,调用 select3( ) 函数
4	查询和排序模块,调用 select4( ) 函数
5	输出和退出模块,调用 select5( ) 函数

(2) 总控模块程序流程图

总控模块程序流程图如图 11.3 所示。

(3) 功能代码

1) 自定义函数的全局声明

由于函数之间存在着相互调用,为了能在调用函数中正确地实现被调用函数的使用,把所有的自定义函数做全局声明。

```
void menu( );        /* 主菜单函数的全局声明 */
void select1( );      /* 文件打开和保存模块 */
void select2( );      /* 添加和删除模块 */
void select3( );      /* 插入和更新模块 */
void select4( );      /* 查询和排序模块 */
void select5( );      /* 输出和退出模块 */
void open( );         /* 文件打开函数的声明 */
void save( );         /* 文件保存函数的声明 */
void append( );       /* 添加函数的声明 */
void deleted( );      /* 删除函数的声明 */
void insert( );       /* 插入函数的声明 */
void update( );       /* 更新函数的声明 */
void search( );       /* 查询函数的声明 */
void sort( );         /* 排序函数的声明 */
void output( );       /* 输出函数的声明 */
void over( );         /* 退出函数的声明 */
```

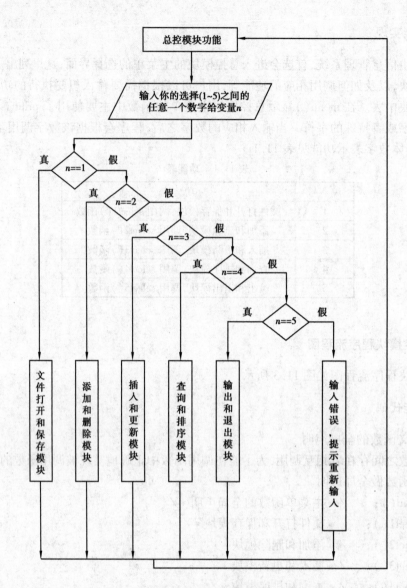

11.3　总控模块程序流程图

2）总控函数 menu( )函数的实现代码

/＊主菜单函数＊/

void menu( )

{

int n;

system("cls")；　/＊清除屏幕的作用＊/

printf("\t\t＊＊＊＊＊＊＊＊＊＊＊＊＊＊＊＊＊＊＊＊＊＊＊＊＊＊＊\n")；　/＊一个\t 实现输出 8 列空格＊/

printf("\t\t＊　　　　　Welcome to 学生信息管理系统　　　　＊\n")；

printf("\t\t＊　　　　　1.文件打开和保存模块　　　　　　　　＊\n")；

printf("\t\t＊　　　　　2.添加和删除模块　　　　　　　　　　＊\n")；

```
printf("\t\t *            3.插入和更新模块                 * \n");
printf("\t\t *            4.查询和排序模块                 * \n");
printf("\t\t *            5.输出和退出模块                 * \n");
printf("\t\t * * * * * * * * * * * * * * * * * * * * * * * * \n");
printf("\t\t 输入你的选择:");
scanf("% d",&n);
switch(n)
{
  case 1:select1();break;
  case 2:select2();break;
  case 3:select3();break;
  case 4:select4();break;
  case 5:select5();break;
  default:printf("\t\t * * * * * * * * * * * * * * * * * * * * * * * \n");
          printf("\t\t *            你所输入的值有误,请你重新选择        * \n");
printf("\t\t * * * * * * * * * * * * * * * * * * * * * * * \n\t\t");
          system("pause");        /* 实现程序的暂停 */
          menu();
}
}
```

主函数 main()的实现代码

```
/* 主函数 */
void main()
{
      menu();
}
```

11.3　文件打开与保存模块的设计

调用 open()函数实现从文件中读取学生的信息,调用 save()函数实现将学生的信息保存到文件中,并且将文件打开与保存模块设计为一个 select1();函数来实现功能的选择。
select1()第1模块代码如下:

```
/* 第1模块 :实现文件的打开和保存功能 */
void select1()
{
  int n;
  system("cls");
  printf("\t\t * * * * * * * * * * * * * * * * * * * * * * * \n");  /* 一个\t实
```

现输出 8 列空格 */

```
    printf("\t\t *              Welcome to 文件打开和保存模块           * \n");
    printf("\t\t *              1. 文件打开功能                          * \n");
    printf("\t\t *              2. 文件保存功能                          * \n");
    printf("\t\t *              3. 返回主菜单                            * \n");
    printf("\t\t * * * * * * * * * * * * * * * * * * * * * * * * * \n");
    printf("\t\t 输入你的选择:");
    scanf("% d",&n);
    switch(n)
    {
        case 1: open();         select1();break;
        case 2:  save();        select2();break;
        case 3:  menu();break;
    }
}
```

(1) 文件打开模块

下面介绍将文件中所存储的学生信息导入到程序中的 void open();函数的基础处理过程。

1)具体功能介绍

①选择确定文件打开功能之后,设置文件打开方式。

```
        fp = fopen("result. txt","r + ");
```

一般用"r + "方式实现将文件中的数据导入到程序中。

②判断文件是否正确打开,如果文件打开成功,文件指针变量 fp 将获得该文件的地址;如果文件打开失败,文件指针变量 fp 将获得空地址 NULL。

③如果文件打开成功,则进行文件数据读取,让头指针变量 head 获得第一个数据在内存中的起始地址,并利用 p 指针变量把每个学生的相关数据通过 fscanf 函数存入到指定的成员对象中。

2)文件打开模块程序流程图

文件打开模块程序流程图如图 11.4 所示。

3)代码

```
/* 文件开打功能的设计 */
void open()
{
int n;
struct student  * p;
FILE  * fp;

system("cls");
```

```c
    printf("\t\t * * * * * * * * * * * * * * * * * * \n");   /* 一个\t 实现输出 8 列空
格 */
    printf("\t\t *        Welcome to 文件打开功能              * \n");
    printf("\t\t *      1. 确定文件打开功能                    * \n");
    printf("\t\t *      2. 放弃文件打开功能                    * \n");
    printf("\t\t *      3. 返回文件打开和保存模块              * \n");
    printf("\t\t * * * * * * * * * * * * * * * * * * \n");
    printf("\t\t 输入你的选择:");
    scanf("% d",&n);
    switch(n)
    {
        case 1:   fp = fopen("result. txt","r + ");
                  if(fp == NULL)
                  {
                      printf("\t\t 文件打开失败! \n");
                      exit(0);
                  }
                  else
                  {
                      while(! feof(fp))
                      {
                        p = (struct student * )malloc(sizeof(struct student));
                        if(p == NULL)
                        {
                            printf("\t\t 申请内存失败! \n");
                            exit(1);
                        }
    fscanf(fp,"% d\t% s\t% s\t% d\t% d\t% d\t% s\t% s\t% s\n",&p -> number,p -> name,
p -> sex,&p -> birth. year,&p -> birth. month,&p -> birth. day,p -> college,p -> profession,
p -> native_place);
                        p -> next = head;
                        head = p;
                        p = p -> next;
                      }
                  }

                  fclose(fp);
                  printf("\t\t 读取文件成功! \n");
                  system("pause");
```

```
              break;
    case 2: select1(); break;
    case 3: select1(); break;
    }
    }
```

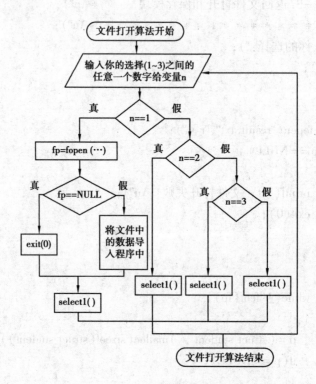

图 11.4 文件打开模块程序流程图

(2)文件保存模块

下面介绍将学生的基本信息保存到文件中的 void save();函数的基础处理过程。

1)具体功能介绍

①判断文件头指针,是否为空地址 NULL,如果为空地址则表示系统中没有任何学生信息则退出系统,否则继续运行本系统。

②设置打开文件的方式。声明文件指针,并且判断是否为其分配内存,如果申请内存失败,退出本系统,否则,继续运行本系统。

③如果系统中有学生信息并且文件指针分配有地址,则运用头指针的循环将所有的信息保存到文件中。

2)文件保存模块程序流程图

文件保存模块程序流程图如图 11.5 所示。

3)代码

/* 文件保存功能 */

```c
void save()
{
    int n;
    struct student * p;
    FILE * fp;

    system("cls");
    printf("\t\t * * * * * * * * * * * * * * * * * * * * * * * * * \n");  /* 一个\t实
现输出8列空格 */
    printf("\t\t *              Welcome to 文件保存功能          * \n");
    printf("\t\t *              1.确定文件保存功能               * \n");
    printf("\t\t *              2.放弃文件保存功能               * \n");
    printf("\t\t *              3.返回文件打开和保存模块         * \n");
    printf("\t\t * * * * * * * * * * * * * * * * * * * * * * * * * \n");
    printf("\t\t 输入你的选择:");
    scanf("%d",&n);
    switch(n)
    {
        case 1:  p = head;
                 fp = fopen("result.txt","w + ");
                 if(p == NULL)
                 {
                     printf("\t\t 程序中没有数据可以保存! \n");
                     exit(0);
                 }
                 else if(fp == NULL)
                 {
                     printf("\t\t 文件打开失败! \n");
                     exit(0);
                 }
                 else
                 {
                     do
                     {
    fprintf(fp,"%d\t%s\t%s\t%d\t%d\t%d\t%s\t%s\t%s\n",p -> number,p -> name,
p -> sex,p -> birth.year,p -> birth.month,p -> birth.day,p -> college,p -> profession,p ->
native_place);
                         p = p -> next;
                     } while(p! = NULL);
```

335

```
            fclose( fp ) ;
            printf( "\t \t 学生信息已经存入 result. txt 文件中！ \n") ;
        }

            system( "pause") ;
            select1( ) ;
            break ;
        case 2：select1( ) ；  break ;
        case 3：select1( ) ；  break ;
    }

    system( "pause") ;
}
```

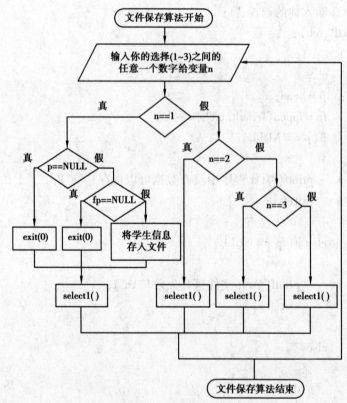

图 11.5 文件保存模块程序流程图

11.4　添加和删除模块的设计

　　调用 append( )函数实现将学生信息录入的功能,调用 deleted( )函数实现将某学生的所有信息删除的功能,并且将添加和删除模块设计为一个 select2( );函数来实现功能的选择。

　　select2( )第 2 模块代码如下:

　　/ * 第 2 模块:添加和删除功能的设计 */

```
void select2( )
{
    int n;
    system("cls");
    printf("\t\t * * * * * * * * * * * * * * * * * * * * * * * * * \n");    / * 一个 \t 实现
输出 8 列空格 */
    printf("\t\t *             Welcome to 添加和删除模块         * \n");
    printf("\t\t *             1. 添加功能                       * \n");
    printf("\t\t *             2. 删除功能                       * \n");
    printf("\t\t *             3. 返回主菜单                     * \n");
    printf("\t\t * * * * * * * * * * * * * * * * * * * * * * * * * \n");
    printf("\t\t 输入你的选择:");
    scanf("% d",&n);
    switch(n)
    {
      case 1：append( );  select2( );  break;
      case 2：deleted( );  select2( );  break;
      case 3：menu( );  break;
    }
}
```

(1)添加模块

1)具体功能介绍

　　①当选择确定添加功能后,先让 q 指针变量获得由 malloc 函数在内存中所分配的存储空间的起始地址,接着录入第 1 个同学的所有信息,并且让 next 指针变量中存储空地址 NULL。p 指针(该变量的作用是让其存储前 1 个同学信息在内存中存储空间的起始地址)指向第 1 个同学,让头指针变量 head 也指向第 1 个同学。

　　②实现提示是否继续添加学生信息的选择,当 m 变量的值输入为 1 时,让 q 指针变量获得由 malloc 函数在内存中重新所分配的存储空间的起始地址,则继续录入新的一个同学的所有信息并且把 q 的值赋值给 p 变量,以实现连接。重复上述操作,直到 m 变量的值输入为 2 为止。

2）添加模块程序流程图

添加模块程序流程图如图 11.6 所示。

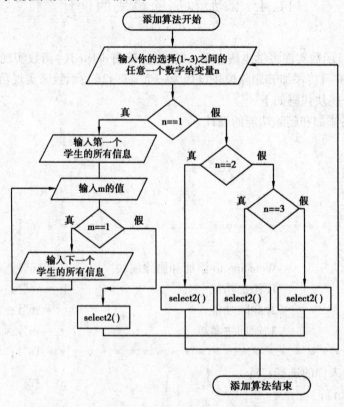

图 11.6　添加模块程序流程图

3）代码

```
/＊添加功能＊/
void append( )
{
    int n,m;
    struct student ＊p,＊q;

    system( "cls" );
    printf("\t\t＊＊＊＊＊＊＊＊＊＊＊＊＊＊＊＊＊＊＊＊＊＊＊＊＊\n");  /＊一个\t实现
输出 8 列空格＊/
    printf("\t\t＊         Welcome to 添加功能            ＊\n");
    printf("\t\t＊         1.确定添加功能                 ＊\n");
    printf("\t\t＊         2.放弃添加功能                 ＊\n");
    printf("\t\t＊         3.返回添加和删除模块菜单       ＊\n");
    printf("\t\t＊＊＊＊＊＊＊＊＊＊＊＊＊＊＊＊＊＊＊＊＊＊＊＊＊\n");
    printf("\t\t 输入你的选择:");
```

```
scanf("% d",&n);
switch(n)
{
    case 1:    q =(struct student  * )malloc(sizeof(struct student));
               printf("\t\t 开始添加数据\n");
               printf("\t\t 输入学号:");
               scanf("% d",&q -> number);
               getchar();   /* 处理上一个学号输入之后的回车键 */

               printf("\t\t 输入姓名:");
               gets(q -> name);

               printf("\t\t 输入性别:");
               gets(q -> sex);

               printf("\t\ts 输入出生日期(必须以 20xx-xx-xx 的格式输入):");
               scanf("% d-% d-% d",&(q -> birth. year),&(q -> birth. month),&(q -> birth.
day));

               getchar();   /* 处理上一个出生日期输入之后的回车键 */

               printf("\t\t 输入所属学院:");
               gets(q -> college);

               printf("\t\t 输入所属专业:");
               gets(q -> profession);

               printf("\t\t 输入籍贯:");
               gets(q -> native_place);

               q -> next = NULL;

               p = q;
               head = p;

               while(1)
               {
                   printf("\t\t * * * * * * * * * * * * * * * * * * * * * * * * \n");
                   printf("\t\t *    是否继续添加学生的信息                * \n");
```

```
            printf("\t\t *    1. 继续添加    2.放弃添加              * \n");
            printf("\t\t * * * * * * * * * * * * * * * * * * * * \n");
            printf("\t\t 输入你的选择:");
            scanf("% d",&m);
            if( m ==1)
            {
                    q = ( struct student  * )malloc( sizeof( struct student) );
                    printf("\t\t 开始添加数据\n");
                    printf("\t\t 输入学号:");
                    scanf("% d",&q -> number);
                    getchar();   / * 处理上一个学号输入之后的回车键 * /

                    printf("\t\t 输入姓名:");
                    gets( q -> name);

                    printf("\t\t 输入性别:");
                    gets( q -> sex);

                    printf("\t\ts 输入出生日期(必须以 20xx-xx-xx 的格式输入):");
        scanf("% d-% d-% d",&( q -> birth. year) ,&( q -> birth. month) ,&( q -> birth. day) );
                    getchar();   / * 处理上一个出生日期输入之后的回车键 * /

                    printf("\t\t 输入所属学院:");
                    gets( q -> college);

                    printf("\t\t 输入所属专业:");
                    gets( q -> profession);

                    printf("\t\t 输入籍贯:");
                    gets( q -> native_place);


                    q -> next = NULL;


                    p -> next = q;
                    p = p -> next;
            }
            else if( m ==2)
```

```
                    break;
                else
                    {
                    printf("\t\t 你的输入有误！\n");
                    break;
                    }
                }

            printf("\t\t 结束添加数据\n");
            system("pause");

            select2();
            break;

        case 2: select2();    break;
        case 3: select2();    break;
        default: select2();    break;
    }

}
```

（2）删除模块

1）具体功能介绍

①当选择确定删除功能后，然后输入你要删除的学生的学号。

②然后利用循环结构，将你要删除的学生的学号与系统中所有同学的学号做比较，如果相等，就输出该学生的信息，然后删除该学生的信息，并且循环提前结束。如果不相等则继续比较。

③如果 p == NULL，就证明了第 2）步查询该删除学生的信息所属循环有提前结束。同时证明没有找到要删除学生的信息。输出没有找到该学生的信息，无法实现删除功能。

2）删除模块程序流程图

删除模块程序流程图如图 11.7 所示。

3）代码

```
/* 删除功能 */
void deleted()
{
    int n, m, delete_number;
    struct student * p, * q;

    system("cls");
```

```
    printf("\t\t{ * * * * * * * * * * * * * * * * * * * * * * \n"); /* 一个\t 实现
输出8 列空格 */
    printf("\t\t *          Welcome to 删除功能             * \n");
    printf("\t\t *          1.确定删除功能                   * \n");
    printf("\t\t *          2.放弃删除功能                   * \n");
    printf("\t\t *          3.返回添加和删除模块菜单          * \n");
    printf("\t\t * * * * * * * * * * * * * * * * * * * * * * \n");
    printf("\t\t 输入你的选择:");
    scanf("% d",&n);
    switch(n)
    {
        case 1: printf("\t\t 输入你要删除的学生的学号:");
                scanf("% d",&delete_number);

                for(p = head,q = head;p! = NULL;q = p,p = p -> next)
                {
                    if( p -> number == delete_number)
                    {
                            printf("\t\t 查询到该学生的信息如下\n");
                        printf("\t\t 学号:");
                        printf("% d\n",p -> number);
                        printf("\t\t 姓名:");
                        puts( p -> name);
                        printf("\t\t 性别:");
                        puts( p -> sex);
                        printf("\t\ts 出生日期:");
        printf("% d-% d-% d\n",p -> birth. year,p -> birth. month,p -> birth. day);
                        printf("\t\t 所属学院:");
                        puts( p -> college);
                        printf("\t\t 所属专业:");
                        puts( p -> profession);
                        printf("\t\t 籍贯:");
                        puts( p -> native_place);

                        printf("\t\t * * * * * * * * * * * * * * * * * * * * \n");
                        printf("\t\t *          1.确定删除                * \n");
                        printf("\t\t *          2.放弃删除                * \n");
```

```
        printf( "\t\t * * * * * * * * * * * * * * * * * * * * \n");
        printf( "\t\t 输入你的选择:");
        scanf( "% d", &m);

        switch( m)
        {
          case 1 :   if( p! = head)
                     {
                         q -> next = p -> next;
                         free( p);
                     }
                     else
                     {
                         head = p -> next;
                         free( p);
                     }
                     break;
          case 2 : select2( );   break;
        }
        break;
      }
    }

    if( p == NULL)
    {
      printf( "\t\t 没有找到该学生的相关信息,无法实现删除功能\n");
    }
    system( "pause");
    select2( );
    break;
  case 2 : select2( );   break;
  case 3 : select2( );   break;
  }
}
```

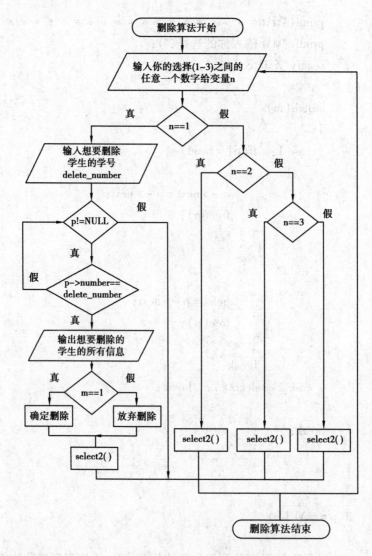

图 11.7 删除模块程序流程图

11.5 插入和更新模块的设计

调用 insert( )函数实现将学生信息插入的功能,调用 update( )函数实现将某学生的所有信息更新的功能,并且将插入和更新模块设计为一个 select3( );函数来实现功能的选择。

select3( )第 3 模块代码如下:

```
/ * 第 3 模块:实现插入和更新模块 */
void select3( )
{
    int n;
    system( "cls" );
```

```
printf("\t\t * * * * * * * * * * * * * * * * * * * * * * * \n");
printf("\t\t *            Welcome to 插入和更新模块          * \n");
printf("\t\t *            1. 插入功能                         * \n");
printf("\t\t *            2. 更新功能                         * \n");
printf("\t\t *            3. 返回主菜单                       * \n");
printf("\t\t * * * * * * * * * * * * * * * * * * * * * * * \n");
printf("\t\t 输入你的选择:");
scanf("% d",&n);
switch(n)
{
    case 1：  insert();    select3();break;
    case 2：  update();    select3();break;
    case 3：  menu();    select3();break;
}
}
```

（1）插入模块

1）具体功能介绍

①malloc 函数动态划分一个存储空间,让指针变量 s 指向它。指针变量 s 存储输入的插入学生的所有信息。

②选择确定插入还是放弃插入。确定插入后分情况讨论,如果是插入在头指针变量 head 后,则 head = s;如果是插入在已有学生信息之后,则让指针变量 q 指向最后一个学生,q -> next = s。

2）插入模块程序流程图

插入模块程序流程图如图 11.8 所示。

3）代码

```
/ * 插入功能 * /
void insert()
{
    struct student * p, * s, * q;
    int choice1;

    system("cls");
```

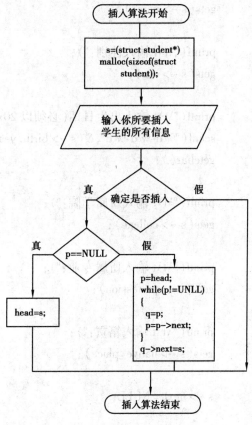

图 11.8   插入模块程序流程图

```
        printf("\t\t * * * * * * * * * * * * * * * * * * * * * * * \n");  /* 一个\t实
现输出 8 列空格 */
        printf("\t\t *             Welcome to 插入功能              * \n");
        printf("\t\t *           开始录入插入学生的相关信息          * \n");
        printf("\t\t * * * * * * * * * * * * * * * * * * * * * * * \n");

        s = (struct student * ) malloc(sizeof(struct student));

        printf("\t\t 输入学号:");
        scanf("% d",&s -> number);
        getchar();

        printf("\t\t 输入姓名:");
        gets(s -> name);

        printf("\t\t 输入性别:");
        gets(s -> sex);

        printf("\t\t 输入出生日期(必须以 20xx-xx-xx 的格式输入):");
        scanf("% d-% d-% d",&(s -> birth. year),&(s -> birth. month),&(s -> birth. day));
        getchar();

        printf("\t\t 输入所属学院:");
        gets(s -> college);

        printf("\t\t 输入所属专业:");
        gets(s -> profession);

        printf("\t\t 输入籍贯:");
        gets(s -> native_place);

        s -> next = NULL;

        printf("\t\t * * * * * * * * * * * * * * * * * * * * \n");
        printf("\t\t *     系统小秘书温馨提示                 * \n");
        printf("\t\t *   确定插入,选择:1 / 停止插入,选择:2   * \n");
        printf("\t\t * * * * * * * * * * * * * * * * * * * * \n");
        printf("\t\t 输入你的选择:");
```

```
    scanf("% d",&choice1);
    switch(choice1)
    {
        case 1: if(head == NULL)
                {
                    head = s;
                }
                else
                {
                    p = head;
                    while(p! = NULL)
                    {
                        q = p;
                        p = p -> next;
                    }

                    q -> next = s;
                }
                printf("\t\t 成功实现插入功能\n");
                system("pause");
                break;
        case 2: break;
    }
}
```

(2)更新模块

1)具体功能介绍

①确定更新功能。

输入你要更新的学生的学号给变量 number。

利用循环结构,把变量 number 与 p -> number 依次做比较,如果不相等则继续下一次判断;如果相等则输出查询到的该学号学生的所有信息,接下来重新输入该学生的所有信息。

②当输入完该学生的所有信息之后,选择是否确定更新和放弃更新。

上述操作结束后,判断 p == NULL,满足条件为真,则输出:没有找到该学生的相关信息,无法实现更新功能。

2)更新模块程序流程图

更新模块程序流程图如图 11.9 所示。

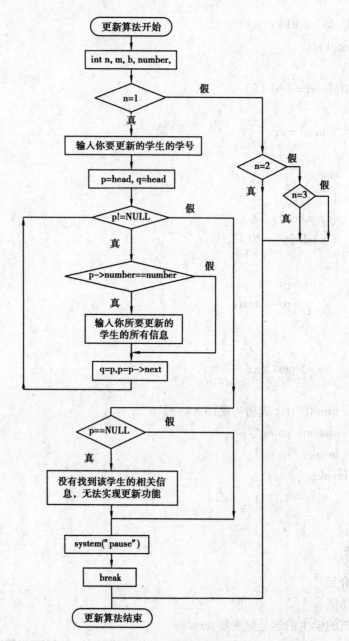

图 11.9　更新模块程序流程图

3）代码

```
/*更新功能*/
void update()
{

    int n,m,b,number;
    struct student *p,*q;
    int update_number;          /*学号*/
```

```
        char update_name[9];            /* 姓名 */
        char update_sex[3];             /* 性别:输入中文性别:男,女 */
        struct birthday update_birth;   /* 出生日期 */
        char update_college[13];        /* 所在学院名称 */
        char update_profession[13];     /* 所在专业名称 */
        char update_native_place[20];   /* 籍贯 */

        system("cls");
        printf("\t\t * * * * * * * * * * * * * * * * * * * * * * \n"); /* 一个 \t 实现
输出 8 列空格 */
        printf("\t\t *            Welcome to 更新功能            * \n");
        printf("\t\t *            1. 确定更新功能                 * \n");
        printf("\t\t *            2. 放弃更新功能                 * \n");
        printf("\t\t *               3. 返回插入和更新模块菜单     * \n");
        printf("\t\t * * * * * * * * * * * * * * * * * * * * * * \n");
        printf("\t\t 输入你的选择:");
        scanf("% d",&n);
        switch(n)
          {
        case 1:   printf("\t\t 输入你要更新的学生的学号:");
                  scanf("% d",&number);

                  for(p = head,q = head;p! = NULL;q = p,p = p -> next)
                    {
                      if(p -> number == number)
                        {
                        printf("\t\t 查询到该学生的信息如下 \n");
                        printf("\t\t 学号:");
                        printf("% d\n",p -> number);
                        printf("\t\t 姓名:");
                        puts(p -> name);
                        printf("\t\t 性别:");
                        puts(p -> sex);
                        printf("\t\ts 出生日期:");
printf("% d-% d-% d\n",p -> birth. year,p -> birth. month,p -> birth. day);
                        printf("\t\t 所属学院:");
                        puts(p -> college);
                        printf("\t\t 所属专业:");
                        puts(p -> profession);
```

```
                              printf( "\t\t 籍贯:");
                              puts( p –> native_place);


    printf( "\t\t * * * * * * * * * * * * * * * * * * * * * * \n");  / * 一个 \t 实现
输出 8 列空格 * /
                              printf( "\t\t *          1. 确定输入更新学生的信息         * \n");
                              printf( "\t\t *          2. 放弃输入更新学生的信息         * \n");
    printf( "\t\t * * * * * * * * * * * * * * * * * * * * * * \n");
                              printf( "\t\t 输入你的选择:");
                              scanf( "% d",&m);

                              switch( m)
                              {
                                  case 1:
                                          printf( "\t\t 开始更新该学生的信息 \n");
                                          printf( "\t\t 输入学号:");
                                          scanf( "% d",&update_number);
                                          getchar( );   / * 处理上一个学号输入之后的回车键 * /

                                          printf( "\t\t 输入姓名:");
                                          gets( update_name);

                                          printf( "\t\t 输入性别:");
                                          gets( update_sex);

                              printf( "\t\ts 输入出生日期( 必须以 20xx – xx – xx 的格式输入):");
scanf( "% d-% d-% d",&( update_birth. year) ,&( update_birth. month) ,&( update_birth. day) );
                                          getchar( );   / * 处理上一个出生日期输入之后的回车键 * /

                                          printf( "\t\t 输入所属学院:");
                                          gets( update_college);

                                          printf( "\t\t 输入所属专业:");
                                          gets( update_profession);

                                          printf( "\t\t 输入籍贯:");
                                          gets( update_native_place);

    printf( "\t\t * * * * * * * * * * * * * \n");
```

```
                        printf("\t\t *      1.确定更新学生的信息          * \n");
                        printf("\t\t *      2.放弃更新学生的信息          * \n");
printf("\t\t * * * * * * * * * * * * * \n");
                        printf("\t\t 输入你的选择:");
                        scanf("% d",&b);

                        switch(b)
                        {
                            case 1:
                                p -> number = update_number;
                                strcpy(p -> name,update_name);
                                strcpy(p -> sex,update_sex);
p -> birth. year = update_birth. year;
p -> birth. month = update_birth. month;
                                p -> birth. day = update_birth. day;
strcpy(p -> college,update_college);
strcpy(p -> profession,update_profession);
strcpy(p -> native_place,update_native_place);
                                printf("\t\t 更新成功! \n");
                                break;
                            case 2: break;
                        }

                        break;
                    case 2: select2(); break;
                }

            break;
            }
        }

        if(p == NULL)
        {
            printf("\t\t 没有找到该学生的相关信息,无法实现更新功能\n");
        }

        system("pause");
        break;
```

```
        case 2：break；
        case 3：break；
    }
}
```

11.6　查询和排序模块的设计

调用 search( )函数实现对学生信息的查询功能,调用 sort( )函数实现对所有学生的信息按学号从小到大排序的功能,并且将查询和排序模块设计为一个 select4( );函数来实现功能的选择。

select4( )函数实现第 4 模块代码如下:

```
/*第4模块:实现查询和排序模块*/
void select4( )
{
    int n；
    system("cls")；
    printf("\t\t * * * * * * * * * * * * * * * * * * * * * * * * * \n")；
        printf("\t\t *          Welcome to 查询和排序模块          * \n")；
    printf("\t\t *          1.查询功能                          * \n")；
    printf("\t\t *          2.排序功能                          * \n")；
    printf("\t\t *          3.返回主菜单                        * \n")；
    printf("\t\t * * * * * * * * * * * * * * * * * * * * * * * * * \n")；
    printf("\t\t 输入你的选择:")；
    scanf("% d",&n)；
    switch(n)
    {
        case 1：  search( )；   select4( )；break；
        case 2：  sort( )；     select4( )；break；
        case 3：  menu( )；     select4( )；break；
    }
}
```

(1)查询模块

1)具体功能介绍

①确定选择查询模块。

②选择查询方式。

③如果选择按照学号查询,先输入查询的学号,将 search_number 与程序中每个同学的学号进行比较,如果 search_number == p -> number 条件为真,则输出该学生的信息,并且循环提

前结束;如果 search_number == p −> number 条件为假,则进行下一个同学学号的比较。

④如果选择按照姓名查询,先输入查询的姓名,将 search_name 与程序中每个同学的姓名进行比较,如果 search_name == p −> name 条件为真,则输出该学生的信息,并且循环提前结束;如果 search_name == p −> name 条件为假,则进行下一个同学姓名的比较。

2)查询模块程序流程图

查询模块程序流程图如图 11.10 所示。

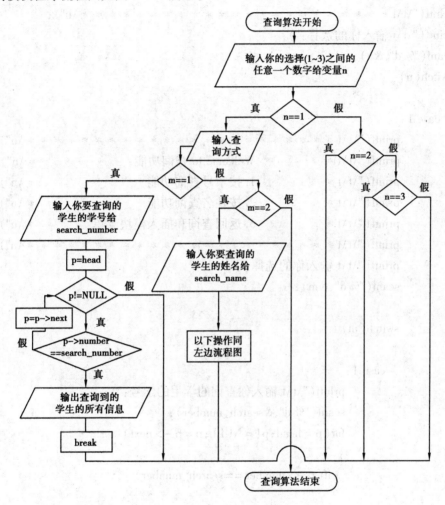

图 11.10　查询模块程序流程图

3)代码

/ * 实现查询功能 * /

```c
void search( )
{
    int n,m,search_number;
    struct student * p;
    char search_name[9];
```

```
        system("cls");
        printf("\t\t* * * * * * * * * * * * * * * * * * * * * * * * *\n");
        printf("\t\t*              Welcome to 查询功能           *\n");
        printf("\t\t*              1. 确定查询功能               *\n");
        printf("\t\t*              2. 放弃查询功能               *\n");
        printf("\t\t*              3. 返回查询和插入模块菜单      *\n");
        printf("\t\t* * * * * * * * * * * * * * * * * * * * * * * * *\n");
        printf("\t\t 输入你的选择:");
        scanf("% d",&n);
        switch(n)
        {
            case 1:
                printf("\t\t* * * * * * * * * * * * * * * * * * * * * * * * *\n");
                printf("\t\t*              Welcome to 查询功能           *\n");
                printf("\t\t*              1. 按学号查询功能             *\n");
                printf("\t\t*              2. 按姓名查询功能             *\n");
                printf("\t\t*              3. 返回查询和插入模块菜单      *\n");
                printf("\t\t* * * * * * * * * * * * * * * * * * * * * * * * *\n");
                printf("\t\t 输入你的选择:");
                scanf("% d",&m);

                switch(m)
                {
                    case 1:
                        printf("\t\t 输入你查询的学生的学号:");
                        scanf("% d",&search_number);
                        for(p = head;p! = NULL;p = p -> next)
                        {
                            if(p -> number = = search_number)
                            {
                                printf("\t\t 查询到该学生的信息如下\n");
                                printf("\t\t 学号:");
                                printf("% d\n",p -> number);
                                printf("\t\t 姓名:");
                                puts(p -> name);
                                printf("\t\t 性别:");
                                puts(p -> sex);
                                printf("\t\ts 出生日期:");
        printf("% d-% d-% d\n",p -> birth. year,p -> birth. month,p -> birth. day);
```

354

```
            printf("\t\t 所属学院:");
            puts(p -> college);
            printf("\t\t 所属专业:");
            puts(p -> profession);
            printf("\t\t 籍贯:");
            puts(p -> native_place);
            break;      /* 找到就不再找了,循环查找提前结束 */
          }
        }

        if(p == NULL)
        {
          printf("\t\t 没有找到该学生的相关信息,查询失败! \n");
        }

        system("pause");
        break;
  case 2: getchar();/* 处理上一次输入数字之后的回车键 */
        printf("\t\t 输入你查询的学生的姓名:");
        gets(search_name);
        for(p = head;p! = NULL;p = p -> next)
        {
          if(strcmp(p -> name,search_name) ==0)
          {
          printf("\t\t 查询到该学生的信息如下 \n");
          printf("\t\t 学号:");
          printf("% d\n",p -> number);
          printf("\t\t 姓名:");
          puts(p -> name);
          printf("\t\t 性别:");
          puts(p -> sex);
          printf("\t\ts 出生日期:");

printf("% d-% d-% d\n",p -> birth. year,p -> birth. month,p -> birth. day);
          printf("\t\t 所属学院:");
          puts(p -> college);
          printf("\t\t 所属专业:");
          puts(p -> profession);
          printf("\t\t 籍贯:");
```

```
                    puts( p -> native_place) ;
                    break ;        /* 找到就不再找了,循环查找提前结束 */
                }
            }

            if( p == NULL)
            {
                printf( "\t\t 没有找到该学生的相关信息,查询失败! \n") ;
            }

            system( "pause") ;
            break ;
        case 3: break ;
        }
        break ;

    case 2: break ;
    case 3: break ;
    }
}
```

(2)排序模块

1)具体功能介绍

利用冒泡法的编程方式,完成对所有学生的信息按照学号从小到大排序输出的功能。

①让 q 指针指向第一个同学,让 k 指针指向第二个同学。

②做 q -> number > k -> number 的比较,如果满足条件为真,则交换 2 个同学的所有信息,否则不交换。

③然后 q 指针变量改为指向其后者,k 指针变量也改为指向其后者。继续第②步。

④当 q -> next! = NULL 为假时,则循环结束。

⑤转至第①步,重复①、②、③、④操作直到 p ->! = NULL 为假为止!

2)排序模块程序流程图

排序模块程序流程图如图 11.11 所示。

3)代码

```
/* 排序功能 */
void sort( )
{
    struct student * p, * t, * q, * k, * q1, * q2 ;
    system( "cls") ;
    printf( "\t\t * * * * * * * * * * * * * * * * * * * * * * * * \n") ;   /* 一个 \t 实现输
```

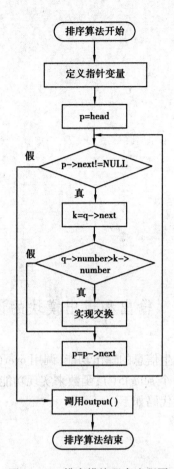

图 11.11　排序模块程序流程图

出 8 列空格 */

```
printf("\t\t *                    Welcome to 排序功能                    * \n");
printf("\t\t * * * * * * * * * * * * * * * * * * * * * * * * \n");

t = (struct student * )malloc(sizeof(struct student));
for(p = head;p -> next! = NULL;p = p -> next)
    for(q = head;q -> next! = NULL;q = q -> next)
    {
        k = q -> next;
        if(q -> number > k -> number && k! = NULL && q! = NULL)
        {
            //t -> birth = k -> birth;
            //strcpy(t -> college,q -> college);
            //strcpy(t -> name,q -> name);
            q1 = q -> next;
            q2 = k -> next;
```

```
            * t = * k;
            * k = * q;
            * q = * t;

            q -> next = q1;
            k -> next = q2;
          }
      }

    output( );
    system( "pause" );
}
```

11.7 输出和退出模块的设计

调用 output( )函数实现对学生信息的输出功能,调用 over( )函数实现程序运行结束功能,并且将输出和退出模块设计为一个 select5( );函数来实现功能的选择。

select5( )函数实现第 5 模块代码如下:

```
/* 第 5 模块 输出和退出模块 */
void select5( )
{
    int n;
    system( "cls" );
    printf( "\t\t * * * * * * * * * * * * * * * * * * * * * * * * * \n" );
    printf( "\t\t *            Welcome to 输出和退出模块        * \n" );
    printf( "\t\t *            1. 输出功能                      * \n" );
    printf( "\t\t *            2. 退出功能                      * \n" );
    printf( "\t\t *            3. 返回主菜单                    * \n" );
    printf( "\t\t * * * * * * * * * * * * * * * * * * * * * * * * * \n" );
    printf( "\t\t 输入你的选择:" );
    scanf( "% d", &n );
    switch( n )
    {
      case 1:  output( );   select5( );   break;
      case 2:  over( );     select5( );   break;
      case 3:  menu( );     select5( );   break;
    }
}
```

（1）输出模块

1）具体功能介绍

①先输出学生信息的属性名。

②p = head。

③如果 p! = NULL 为真,则输出该学生的信息,且 p = p –> next,否则循环结束。

2）输出模块程序流程图

输出模块程序流程图如图 11.12 所示。

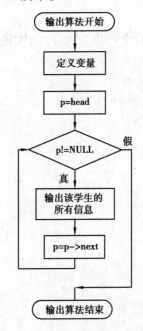

图 11.12　输出模块程序流程图

3）代码

```
/* 输出所有学生的信息 */
void output( )
{
    struct student * p;
    system("cls");
    printf("\t\t * * * * * * * * * * * * * * * * * * * * * * \n");    /* 一个 \t 实现
输出 8 列空格 */
    printf("\t\t *          Welcome to 输出功能            * \n");
    printf("\t\t *        开始输出所有学生的相关信息        * \n");
    printf("\t\t * * * * * * * * * * * * * * * * * * * * * * \n");
    printf("% - 10s","学号");
    printf("% - 10s","姓名");
    printf("% - 5s","性别");
    printf("% - 13s","出生日期");
```

359

```
    printf("% - 15s","所属学院");
    printf("% - 15s","所属专业");
    printf("% - 22s","籍贯");
    printf("\n");
    for(p = head;p! = NULL;p = p -> next)
    {
        printf("% - 10d",p -> number);
        printf("% - 10s",p -> name);
        printf("% - 5s",p -> sex);
        printf("%4d-%2d-%2d    ",p -> birth. year,p -> birth. month,p -> birth. day);
        printf("% - 15s",p -> college);
        printf("% - 15s",p -> profession);
        printf("% - 22s",p -> native_place);
        printf("\n");
    }

    printf("\t\t 输出完毕\n");
    system("pause");
}
```

(2)退出模块

1)具体功能介绍

调用 exit()函数实现程序运行结束。

2)退出模块程序流程图

退出模块程序流程图如图 11.13 所示。

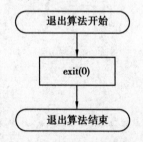

图 11.13　退出模块程序流程图

3)代码

```
/ * 退出程序 * /
void over()
{
    printf("\t\t 程序运行结束,欢迎下次使用! \n");
    system("pause");
```

```
    exit(0);
}
```

任务总结

开发人员应该根据学生信息管理系统的需求分析对项目整体进行结构分析,并对各个功能进行编程实现,最终完成该系统。在该系统中,由于学生的信息类型较多而且复杂,因此对学生信息进行处理时需要对学生数据整体进行处理。本系统作为学生学习完 C 语言程序设计之后的综合性练习,基本囊括了 C 语言的基础知识,但也存在众多的不完善的地方,有待同学们在课后根据自己的具体分析可做功能的完善和扩展。

习题 11

1. 通讯录管理系统

   使用 C 语言开发一个通讯录管理系统。要求如下:

   (1)通讯录包含的信息有姓名、所在省、所在市、所在单位、联系电话、联系邮箱。

   (2)通讯录管理系统具体功能如下:

   ①通讯录输入功能

   ②通讯录输出功能

   ③通讯录查询功能

   ④通讯录修改功能

   ⑤通讯录数据保存功能

   ⑥通讯录数据载入功能

   ⑦退出通讯录管理系统功能

2. 火车订票管理系统

   使用 C 语言开发一个火车订票管理系统。要求如下:

   (1)火车订票系统相关数据信息分为两部分:

   ①火车信息:列车号、出发城市、目的城市、发车时间、到达时间、票价、票数

   ②订票人信息:订票人序号、订票人姓名、订票人身份证号码、订票张数

   (2)火车订票管理系统具体功能:

   ①火车票录入信息功能

   ②查询火车票信息功能

   ③订票功能

   ④修改火车票信息功能

   ⑤显示火车票信息功能

   ⑥保存订票信息和火车票信息功能

   ⑦导入订票信息和火车票信息功能

附　录

附录 A　常用字符 ASCII 码对照表

Bin （二进制）	Oct （八进制）	Dec （十进制）	Hex （十六进制）	缩写/字符	解释
0000 0000	0	0	0x00	NUL（null）	空字符
0000 0001	1	1	0x01	SOH（start of headline）	标题开始
0000 0010	2	2	0x02	STX（start of text）	正文开始
0000 0011	3	3	0x03	ETX（end of text）	正文结束
0000 0100	4	4	0x04	EOT（end of transmission）	传输结束
0000 0101	5	5	0x05	ENQ（enquiry）	请求
0000 0110	6	6	0x06	ACK（acknowledge）	收到通知
0000 0111	7	7	0x07	BEL（bell）	响铃
0000 1000	10	8	0x08	BS（backspace）	退格
0000 1001	11	9	0x09	HT（horizontal tab）	水平制表符
0000 1010	12	10	0x0A	LF（NL line feed, new line）	换行键
0000 1011	13	11	0x0B	VT（vertical tab）	垂直制表符
0000 1100	14	12	0x0C	FF（NP form feed, new page）	换页键
0000 1101	15	13	0x0D	CR（carriage return）	回车键
0000 1110	16	14	0x0E	SO（shift out）	不用切换
0000 1111	17	15	0x0F	SI（shift in）	启用切换
0001 0000	20	16	0x10	DLE（data link escape）	数据链路转义

续表

Bin（二进制）	Oct（八进制）	Dec（十进制）	Hex（十六进制）	缩写/字符	解释
0001 0001	21	17	0x11	DC1（device control 1）	设备控制 1
0001 0010	22	18	0x12	DC2（device control 2）	设备控制 2
0001 0011	23	19	0x13	DC3（device control 3）	设备控制 3
0001 0100	24	20	0x14	DC4（device control 4）	设备控制 4
0001 0101	25	21	0x15	NAK（negative acknowledge）	拒绝接收
0001 0110	26	22	0x16	SYN（synchronous idle）	同步空闲
0001 0111	27	23	0x17	ETB（end of trans. block）	结束传输块
0001 1000	30	24	0x18	CAN（cancel）	取消
0001 1001	31	25	0x19	EM（end of medium）	媒介结束
0001 1010	32	26	0x1A	SUB（substitute）	代替
0001 1011	33	27	0x1B	ESC（escape）	换码（溢出）
0001 1100	34	28	0x1C	FS（file separator）	文件分隔符
0001 1101	35	29	0x1D	GS（group separator）	分组符
0001 1110	36	30	0x1E	RS（record separator）	记录分隔符
0001 1111	37	31	0x1F	US（unit separator）	单元分隔符
0010 0000	40	32	0x20	（space）	空格
0010 0001	41	33	0x21	!	叹号
0010 0010	42	34	0x22	"	双引号
0010 0011	43	35	0x23	#	井号
0010 0100	44	36	0x24	$	美元符
0010 0101	45	37	0x25	%	百分号
0010 0110	46	38	0x26	&	和号
0010 0111	47	39	0x27	'	闭单引号
0010 1000	50	40	0x28	(	开括号
0010 1001	51	41	0x29	)	闭括号
0010 1010	52	42	0x2A	*	星号
0010 1011	53	43	0x2B	+	加号
0010 1100	54	44	0x2C	,	逗号
0010 1101	55	45	0x2D	-	减号/破折号
0010 1110	56	46	0x2E	.	句号

续表

Bin （二进制）	Oct （八进制）	Dec （十进制）	Hex （十六进制）	缩写/字符	解释
0010 1111	57	47	0x2F	/	斜杠
0011 0000	60	48	0x30	0	字符 0
0011 0001	61	49	0x31	1	字符 1
0011 0010	62	50	0x32	2	字符 2
0011 0011	63	51	0x33	3	字符 3
0011 0100	64	52	0x34	4	字符 4
0011 0101	65	53	0x35	5	字符 5
0011 0110	66	54	0x36	6	字符 6
0011 0111	67	55	0x37	7	字符 7
0011 1000	70	56	0x38	8	字符 8
0011 1001	71	57	0x39	9	字符 9
0011 1010	72	58	0x3A	:	冒号
0011 1011	73	59	0x3B	;	分号
0011 1100	74	60	0x3C	<	小于
0011 1101	75	61	0x3D	=	等号
0011 1110	76	62	0x3E	>	大于
0011 1111	77	63	0x3F	?	问号
0100 0000	100	64	0x40	@	电子邮件符号
0100 0001	101	65	0x41	A	大写字母 A
0100 0010	102	66	0x42	B	大写字母 B
0100 0011	103	67	0x43	C	大写字母 C
0100 0100	104	68	0x44	D	大写字母 D
0100 0101	105	69	0x45	E	大写字母 E
0100 0110	106	70	0x46	F	大写字母 F
0100 0111	107	71	0x47	G	大写字母 G
0100 1000	110	72	0x48	H	大写字母 H
0100 1001	111	73	0x49	I	大写字母 I
0100 1010	112	74	0x4A	J	大写字母 J
0100 1011	113	75	0x4B	K	大写字母 K
0100 1100	114	76	0x4C	L	大写字母 L

续表

Bin （二进制）	Oct （八进制）	Dec （十进制）	Hex （十六进制）	缩写/字符	解释
0100 1101	115	77	0x4D	M	大写字母 M
0100 1110	116	78	0x4E	N	大写字母 N
0100 1111	117	79	0x4F	O	大写字母 O
0101 0000	120	80	0x50	P	大写字母 P
0101 0001	121	81	0x51	Q	大写字母 Q
0101 0010	122	82	0x52	R	大写字母 R
0101 0011	123	83	0x53	S	大写字母 S
0101 0100	124	84	0x54	T	大写字母 T
0101 0101	125	85	0x55	U	大写字母 U
0101 0110	126	86	0x56	V	大写字母 V
0101 0111	127	87	0x57	W	大写字母 W
0101 1000	130	88	0x58	X	大写字母 X
0101 1001	131	89	0x59	Y	大写字母 Y
0101 1010	132	90	0x5A	Z	大写字母 Z
0101 1011	133	91	0x5B	[	开方括号
0101 1100	134	92	0x5C	\	反斜杠
0101 1101	135	93	0x5D	]	闭方括号
0101 1110	136	94	0x5E	^	脱字符
0101 1111	137	95	0x5F	_	下划线
0110 0000	140	96	0x60	`	开单引号
0110 0001	141	97	0x61	a	小写字母 a
0110 0010	142	98	0x62	b	小写字母 b
0110 0011	143	99	0x63	c	小写字母 c
0110 0100	144	100	0x64	d	小写字母 d
0110 0101	145	101	0x65	e	小写字母 e
0110 0110	146	102	0x66	f	小写字母 f
0110 0111	147	103	0x67	g	小写字母 g
0110 1000	150	104	0x68	h	小写字母 h
0110 1001	151	105	0x69	i	小写字母 i
0110 1010	152	106	0x6A	j	小写字母 j

续表

Bin（二进制）	Oct（八进制）	Dec（十进制）	Hex（十六进制）	缩写/字符	解释
0110 1011	153	107	0x6B	k	小写字母 k
0110 1100	154	108	0x6C	l	小写字母 l
0110 1101	155	109	0x6D	m	小写字母 m
0110 1110	156	110	0x6E	n	小写字母 n
0110 1111	157	111	0x6F	o	小写字母 o
0111 0000	160	112	0x70	p	小写字母 p
0111 0001	161	113	0x71	q	小写字母 q
0111 0010	162	114	0x72	r	小写字母 r
0111 0011	163	115	0x73	s	小写字母 s
0111 0100	164	116	0x74	t	小写字母 t
0111 0101	165	117	0x75	u	小写字母 u
0111 0110	166	118	0x76	v	小写字母 v
0111 0111	167	119	0x77	w	小写字母 w
0111 1000	170	120	0x78	x	小写字母 x
0111 1001	171	121	0x79	y	小写字母 y
0111 1010	172	122	0x7A	z	小写字母 z
0111 1011	173	123	0x7B	{	开花括号
0111 1100	174	124	0x7C	|	垂线
0111 1101	175	125	0x7D	}	闭花括号
0111 1110	176	126	0x7E	~	波浪号
0111 1111	177	127	0x7F	DEL（delete）	删除

附录 B　C 语言中常见关键字表

关键字	功能或含义	关键字	功能或含义
auto	声明自动变量	for	一种循环语句
break	跳出当前循环	goto	无条件跳转语句
case	开关语句分支	if	条件语句
char	声明字符型变量或函数返回值类型	long	声明长整型变量或函数返回值类型

关键字	功能或含义	关键字	功能或含义
while	循环语句的循环条件	int	声明整型变量或函数
continue	结束当前循环,开始下一轮循环	float	声明浮点型变量或函数返回值类型
extern	声明变量或函数是在其他文件或本文件的其他位置定义	return	子程序返回语句(可以带参数,也可不带参数)
do	循环语句的循环体	short	声明短整型变量或函数
double	声明双精度浮点型变量或函数返回值类型	signed	声明有符号类型变量或函数
else	条件语句否定分支(与 if 连用)	sizeof	计算数据类型或变量长度(即所占字节数)
enum	声明枚举类型	static	声明静态变量
default	开关语句中的"默认"分支	struct	声明结构体类型
register	声明寄存器变量	switch	用于开关语句
unsigned	声明无符号类型变量或函数	typedef	用于给数据类型取别名
union	声明共用体类型	volatile	说明变量在程序执行中可被隐含地改变
void	声明函数无返回值或无参数,声明无类型指针	const	声明只读变量

附录 C C 语言中的运算符

1. 算术运算符

运算符	描述	实例
+	把两个操作数相加	A + B 将得到 30
−	从第一个操作数中减去第二个操作数	A − B 将得到 −10
*	把两个操作数相乘	A * B 将得到 200
/	分子除以分母	B / A 将得到 2
%	取模运算符,整除后的余数	B % A 将得到 0
++	自增运算符,整数值增加 1	A ++ 将得到 11
−−	自减运算符,整数值减少 1	A −− 将得到 9

2. 关系运算符

运算符	描述	实例
==	检查两个操作数的值是否相等,如果相等则条件为真	(A == B) 不为真。
!=	检查两个操作数的值是否相等,如果不相等则条件为真	(A != B) 为真。
>	检查左操作数的值是否大于右操作数的值,如果是则条件为真	(A > B) 不为真。
<	检查左操作数的值是否小于右操作数的值,如果是则条件为真	(A < B) 为真。
>=	检查左操作数的值是否大于或等于右操作数的值,如果是则条件为真	(A >= B) 不为真。
<=	检查左操作数的值是否小于或等于右操作数的值,如果是则条件为真	(A <= B) 为真。

3. 逻辑运算符

运算符	描述	实例
&&	称为逻辑与运算符。如果两个操作数都非零,则条件为真	(A && B) 为真。
||	称为逻辑或运算符。如果两个操作数中有任意一个非零,则条件为真	(A || B) 为真。
!	称为逻辑非运算符。用来逆转操作数的逻辑状态。如果条件为真则逻辑非运算符将使其为假	!(A && B) 为假。

4. 位运算符

p	q	p & q	p | q	p ^ q
0	0	0	0	0
0	1	0	1	1
1	1	1	1	0
1	0	0	1	1

5. 赋值运算符

运算符	描述	实例
=	简单的赋值运算符,把右边操作数的值赋给左边操作数	C = A + B 将把 A + B 的值赋给 C
+=	加且赋值运算符,把右边操作数加上左边操作数的结果赋值给左边操作数	C += A 相当于 C = C + A
−=	减且赋值运算符,把左边操作数减去右边操作数的结果赋值给左边操作数	C − A 相当于 C = C − A
*=	乘且赋值运算符,把右边操作数乘以左边操作数的结果赋值给左边操作数	C *= A 相当于 C = C * A

续表

运算符	描述	实例
/ =	除且赋值运算符,把左边操作数除以右边操作数的结果赋值给左边操作数	C / = A 相当于 C = C / A
% =	求模且赋值运算符,求两个操作数的模赋值给左边操作数	C % = A 相当于 C = C % A
<< =	左移且赋值运算符	C << = 2 等同于 C = C << 2
>> =	右移且赋值运算符	C >> = 2 等同于 C = C >> 2
& =	按位与且赋值运算符	C & = 2 等同于 C = C & 2
^ =	按位异或且赋值运算符	C ^ = 2 等同于 C = C ^ 2
| =	按位或且赋值运算符	C | = 2 等同于 C = C | 2

6. 杂项运算符

运算符	描述	实例
sizeof( )	返回变量的大小	sizeof(a) 将返回 4,其中 a 是整数
&	返回变量的地址	&a; 将给出变量的实际地址
*	指向一个变量	*a; 将指向一个变量
? :	条件表达式	如果条件为真? 则值为 X;否则值为 Y

7. C 语言中的运算符优先级

类别	运算符	结合性
后缀	( ) [ ] -> . ++ --	从左到右
一元	+ -! ~ ++ --(type) * & sizeof	从右到左
乘除	* / %	从左到右
加减	+ -	从左到右
移位	<< >>	从左到右
关系	< <= > >=	从左到右
相等	== ! =	从左到右
位与 AND	&	从左到右
位异或 XOR	^	从左到右
位或 OR	|	从左到右
逻辑与 AND	&&	从左到右
逻辑或 OR	||	从左到右

C语言程序设计基础教程

续表

类别	运算符	结合性
条件	?:	从右到左
赋值	= += -= *= /= %= >>= <<= &= ^= |=	从右到左
逗号	,	从左到右

附录 D C语言中常用库文件及函数

1. 数学函数

调用数学函数时,要求在源文件中包下以下命令行:

#include <math.h>

函数原型说明	功能	返回值	说明
int abs(int x)	求整数 x 的绝对值	计算结果	
double fabs(double x)	求双精度实数 x 的绝对值	计算结果	
double acos(double x)	计算 $\cos^{-1}(x)$ 的值	计算结果	x 在 -1~1 范围内
double asin(double x)	计算 $\sin^{-1}(x)$ 的值	计算结果	x 在 -1~1 范围内
double atan(double x)	计算 $\tan^{-1}(x)$ 的值	计算结果	
double atan2(double x)	计算 $\tan^{-1}(x/y)$ 的值	计算结果	
double cos(double x)	计算 $\cos(x)$ 的值	计算结果	x 的单位为弧度
double cosh(double x)	计算双曲余弦 $\cosh(x)$ 的值	计算结果	
double exp(double x)	求 e^x 的值	计算结果	
double fabs(double x)	求双精度实数 x 的绝对值	计算结果	
double floor(double x)	求不大于双精度实数 x 的最大整数		
double fmod(double x,double y)	求 x/y 整除后的双精度余数		
double frexp(double val,int *exp)	把双精度 val 分解尾数和以 2 为底的指数 n,即 val = x*2n,n 存放在 exp 所指的变量中	返回位数 x $0.5 \leq x < 1$	
double log(double x)	求 ln x	计算结果	x>0
double log$_{10}$(double x)	求 $\log_{10} x$	计算结果	x>0
double modf(double val,double *ip)	把双精度 val 分解成整数部分和小数部分,整数部分存放在 ip 所指的变量中	返回小数部分	

370

函数原型说明	功能	返回值	说明
double pow(double x，double y)	计算 xy 的值	计算结果	
double sin(double x)	计算 sin(x)的值	计算结果	x 的单位为弧度
double sinh(double x)	计算 x 的双曲正弦函数 sinh(x)的值	计算结果	
double sqrt(double x)	计算 x 的开方	计算结果	x≥0
double tan(double x)	计算 tan(x)	计算结果	
double tanh(double x)	计算 x 的双曲正切函数 tanh(x)的值	计算结果	

2. 字符函数

调用字符函数时，要求在源文件中包下以下命令行：

#include ＜ctype. h＞

函数原型说明	功能	返回值
int isalnum(int ch)	检查 ch 是否为字母或数字	是,返回 1;否则返回 0
int isalpha(int ch)	检查 ch 是否为字母	是,返回 1;否则返回 0
int iscntrl(int ch)	检查 ch 是否为控制字符	是,返回 1;否则返回 0
int isdigit(int ch)	检查 ch 是否为数字	是,返回 1;否则返回 0
int isgraph(int ch)	检查 ch 是否为 ASCII 码值在 ox21 到 ox7e 的可打印字符(即不包含空格字符)	是,返回 1;否则返回 0
int islower(int ch)	检查 ch 是否为小写字母	是,返回 1;否则返回 0
int isprint(int ch)	检查 ch 是否为包含空格符在内的可打印字符	是,返回 1;否则返回 0
int ispunct(int ch)	检查 ch 是否为除了空格、字母、数字之外的可打印字符	是,返回 1;否则返回 0
int isspace(int ch)	检查 ch 是否为空格、制表或换行符	是,返回 1;否则返回 0
int isupper(int ch)	检查 ch 是否为大写字母	是,返回 1;否则返回 0
int isxdigit(int ch)	检查 ch 是否为 16 进制数	是,返回 1;否则返回 0
int tolower(int ch)	把 ch 中的字母转换成小写字母	返回对应的小写字母
int toupper(int ch)	把 ch 中的字母转换成大写字母	返回对应的大写字母

3. 字符串函数

调用字符函数时，要求在源文件中包下以下命令行：

#include ＜ string. h ＞

函数原型说明	功能	返回值
char * strcat(char * s1,char * s2)	把字符串 s2 接到 s1 后面	s1 所指地址
char * strchr(char * s,int ch)	在 s 所指字符串中,找出第一次出现字符 ch 的位置	返回找到的字符的地址,找不到返回 NULL
int strcmp(char * s1,char * s2)	对 s1 和 s2 所指字符串进行比较	s1 < s2,返回负数;s1 == s2,返回 0;s1 > s2,返回正数
char * strcpy(char * s1,char * s2)	把 s2 指向的串复制到 s1 指向的空间	s1 所指地址
unsigned strlen(char * s)	求字符串 s 的长度	返回串中字符(不计最后的'\0')个数
char * strstr(char * s1,char * s2)	在 s1 所指字符串中,找出字符串 s2 第一次出现的位置	返回找到的字符串的地址,找不到返回 NULL

4. 输入输出函数

调用字符函数时,要求在源文件中包下以下命令行:

#include <stdio. h>

函数原型说明	功能	返回值
void clearer(FILE * fp)	清除与文件指针 fp 有关的所有出错信息	无
int fclose(FILE * fp)	关闭 fp 所指的文件,释放文件缓冲区	出错返回非 0,否则返回 0
int feof (FILE * fp)	检查文件是否结束	遇文件结束返回非 0,否则返回 0
int fgetc (FILE * fp)	从 fp 所指的文件中取得下一个字符	出错返回 EOF,否则返回所读字符
char * fgets (char * buf,int n, FILE * fp)	从 fp 所指的文件中读取一个长度为 n - 1 的字符串,将其存入 buf 所指存储区	返回 buf 所指地址,若遇文件结束或出错返回 NULL
FILE * fopen (char * filename,char * mode)	以 mode 指定的方式打开名为 filename 的文件	成功,返回文件指针(文件信息区的起始地址),否则返回 NULL
int fprintf (FILE * fp, char * format, args,…)	把 args,…的值以 format 指定的格式输出到 fp 指定的文件中	实际输出的字符数
int fputc(char ch, FILE * fp)	把 ch 中字符输出到 fp 指定的文件中	成功返回该字符,否则返回 EOF

续表

函数原型说明	功能	返回值
int fputs (char * str, FILE * fp)	把 str 所指字符串输出到 fp 所指文件	成功返回非负整数,否则返回 –1(EOF)
int fread(char * pt, unsigned size, unsigned n, FILE * fp)	从 fp 所指文件中读取长度 size 为 n 个数据项存到 pt 所指文件	读取的数据项个数
int fscanf (FILE * fp, char * format, args, ···)	从 fp 所指的文件中按 format 指定的格式把输入数据存入 args, ··· 所指的内存中	已输入的数据个数,遇文件结束或出错返回 0
int fseek (FILE * fp, long offer, int base)	移动 fp 所指文件的位置指针	成功返回当前位置,否则返回非 0
long ftell (FILE * fp)	求出 fp 所指文件当前的读写位置	读写位置,出错返回 –1L
int fwrite(char * pt, unsigned size, unsigned n, FILE * fp)	把 pt 所指向的 n * size 个字节输入到 fp 所指文件	输出的数据项个数
int getc (FILE * fp)	从 fp 所指文件中读取一个字符	返回所读字符,若出错或文件结束返回 EOF
int getchar(void)	从标准输入设备读取下一个字符	返回所读字符,若出错或文件结束返回 –1
char * gets(char * s)	从标准设备读取一行字符串放入 s 所指存储区,用'\0'替换读入的换行符	返回 s,出错返回 NULL
int printf (char * format, args, ···)	把 args, ··· 的值以 format 指定的格式输出到标准输出设备	输出字符的个数
int putc (int ch, FILE * fp)	同 fputc	同 fputc
int putchar(char ch)	把 ch 输出到标准输出设备	返回输出的字符,若出错则返回 EOF
int puts(char * str)	把 str 所指字符串输出到标准设备,将'\0'转成回车换行符	返回换行符,若出错,返回 EOF
int rename(char * oldname, char * newname)	把 oldname 所指文件名改为 newname 所指文件名	成功返回 0,出错返回 –1

C 语言程序设计基础教程

续表

函数原型说明	功能	返回值
void rewind(FILE * fp)	将文件位置指针置于文件开头	无
int scanf(char * format, args,…)	从标准输入设备按 format 指定的格式把输入数据存入到 args,…所指的内存中	已输入的数据的个数

5. 动态分配函数和随机函数

调用字符函数时,要求在源文件中包下以下命令行:

#include ＜stdlib.h＞

函数原型说明	功能	返回值
void * calloc(unsigned n, unsigned size)	分配 n 个数据项的内存空间,每个数据项的大小为 size 个字节	分配内存单元的起始地址;如不成功,返回 0
void * free(void * p)	释放 p 所指的内存区	无
void * malloc(unsigned size)	分配 size 个字节的存储空间	分配内存空间的地址;如不成功,返回 0
void * realloc(void * p, unsigned size)	把 p 所指内存区的大小改为 size 个字节	新分配内存空间的地址;如不成功,返回 0
int rand(void)	产生 0～32767 的随机整数	返回一个随机整数
void exit(int state)	程序终止执行,返回调用过程,state 为 0 正常终止,非 0 非正常终止	无